普通高等教育"十二五"规划教材

# 流 体 力 学

齐清兰　霍倩　主编

U0294321

中国水利水电出版社

www.waterpub.com.cn

# 内 容 提 要

本书是根据高等院校土建类各相关专业 50 学时流体力学课程教学基本要求而编写的。全书共分十章，系统地阐述了流体静力学和流体动力学基础理论，流动阻力及能量损失，孔口、管嘴出流和有压管路，明渠均匀流和明渠非均匀流，堰流及闸孔出流，渗流，流体力学中非线性方程的求根问题等内容。每章之前有导读，正文之后有思考题、计算题。

本书可作为高等院校土建类各相关专业的教材，也可作为水文地质与工程地质、水文与水资源等专业的参考教材和全国注册土木工程师考试的参考书，也可供有关专业的工程技术人员参考。

## 图书在版编目（CIP）数据

流体力学 / 齐清兰，霍倩主编. -- 北京 ：中国水利水电出版社，2012.8（2018.7重印）
普通高等教育"十二五"规划教材
ISBN 978-7-5170-0132-4

Ⅰ. ①流… Ⅱ. ①齐… ②霍… Ⅲ. ①流体力学－高等学校－教材 Ⅳ. ①O35

中国版本图书馆CIP数据核字(2012)第211205号

| 书 名 | 普通高等教育"十二五"规划教材<br>**流体力学** |
|---|---|
| 作 者 | 齐清兰 霍倩 主编 |
| 出版发行 | 中国水利水电出版社<br>（北京市海淀区玉渊潭南路 1 号 D 座　100038）<br>网址：www. waterpub. com. cn<br>E－mail：sales@waterpub. com. cn<br>电话：(010) 68367658（营销中心） |
| 经 售 | 北京科水图书销售中心（零售）<br>电话：(010) 88383994、63202643、68545874<br>全国各地新华书店和相关出版物销售网点 |
| 排 版 | 中国水利水电出版社微机排版中心 |
| 印 刷 | 北京市密东印刷有限公司 |
| 规 格 | 184mm×260mm　16 开本　16 印张　379 千字 |
| 版 次 | 2012 年 8 月第 1 版　2018 年 7 月第 2 次印刷 |
| 印 数 | 3001—5000 册 |
| 定 价 | **36.00 元** |

# 前 言

本书是根据高等院校土建类各相关专业 50 学时流体力学课程教学基本要求而编写的。本教材进一步体现少学时流体力学的教学特点，坚持基本理论必需、够用为度，突出重点、难点和讲究实用，并将 MATLAB 解决复杂流体力学问题的方法编入教材。

本书共分十章，主要内容包括流体静力学，流体动力学，流动阻力及能量损失，孔口、管嘴出流和有压管路，明渠均匀流，明渠非均匀流，堰流及闸孔出流，渗流，流体力学中非线性方程的求根问题。根据课程要求，书中附有针对性较强的例题、思考题及计算题。

本书由石家庄铁道大学齐清兰、霍倩主编，石家庄铁道大学李强和石家庄市水利技术推广中心刘淑英参加编写工作。具体分工：第一、三、四章由齐清兰编写，第六、七、十章由霍倩编写，第二、九章由李强编写，第五、八章由刘淑英编写，全书由齐清兰统稿。

本书带"＊"的章节，教师和学生可根据具体情况决定取舍。由于作者水平有限，书中不妥之处在所难免，恳请读者批评指正。

编者

2012 年 6 月

# 目　录

# 第一章 绪 论

**【本章导读】**

流体力学是研究流体平衡和机械运动的规律及其实际应用的一门学科。本章首先概要介绍这门学科研究对象（液体和气体）的一般特征以及流体力学的发展历史，然后详细阐述液体和气体的若干物理性质，如黏滞性、压缩性等，在忽略某些特性的基础上，引出了流体力学的三大基本模型：连续介质模型、理想流体模型、不可压缩流体模型。本章最后一节讨论了作用在流体上的力。

本章学习要求：理解和掌握流体质点、连续介质模型、黏滞性与理想流体模型、压缩性和膨胀性、表面力与质量力等基本概念。掌握流体区别于固体的重要特性。掌握牛顿内摩擦定律及其应用。

## 第一节 概 述

### 一、流体力学的任务及研究对象

流体力学是用实验和理论分析的方法来研究流体平衡和机械运动的规律及其实际应用的一门学科。流体力学按其研究内容侧重面不同，分为理论流体力学和应用流体力学。前者侧重研究理论体系，注重数学推导，后者侧重于解决工程实际问题。本教材以应用为主，属后者范畴。

在地球上，物质存在的主要形式是固体、液体和气体。由于同体积内分子数目、分子间距、分子内聚力等物质内部微观属性存在差异，导致它们的宏观表象也不同：固体有一定的体积和一定的形状；液体有一定的体积而无一定的形状，但有自由表面；气体无一定的体积也无一定的形状。流体包括液体和气体，流体力学的研究对象为液体和气体。

从力学分析意义上看，流体和固体的主要差别在于它们对外力抵抗的能力不同。固体有能力抵抗一定的拉力、压力和剪切力，相应的科学是材料力学、弹性力学等；而流体几乎不能承受拉力，处于静止状态下的流体还不能抵抗剪切力，即流体在很小剪切力的作用下将发生连续不断的变形，直到剪切力消失为止，流体的这种特性称为易流动性。流体可承受压力，但气体与液体压缩性不同，气体易于压缩，而液体难于压缩。液体与气体在运动状态下表现出相似的规律，易流动性是两种物质的共性，也是流体区别于固体的根本标志，因此在历史发展中，逐渐形成了流体力学这一门独立学科。

### 二、流体力学的发展历史

流体力学的萌芽，人们认为是从距今约 2000 多年前西西里岛上的希腊学者阿基米德（Archimedes，公元前 287—前 212 年）写的"论浮体"一文开始的。他对静止时的液体力学性质作了第一次科学总结，而这些知识也早已在我国、印度、埃及等国家里，由劳动人民累积起来。

15 世纪中叶至 18 世纪下半叶，生产力有了很大的发展，遇到许多流体力学问题，但由于科学水平的限制，人们主要用实验的方法或直觉来解决。

1738 年，瑞士数学家伯诺里（D. Bernoulli，1700—1782 年）出版了名著《流体动力学》，建立了表达流体位势能、压强势能和动能之间的能量转换关系的伯诺里方程。1755年，瑞士数学家欧拉（L. Euler，1707—1783 年）提出了流体的连续介质模型以及流体运动的解析方法。这些成就为研究流体运动的规律奠定了理论基础，在此基础上形成一门属于数学的古典"流体力学"。

在古典"流体力学"的基础上纳维和斯托克斯提出了著名的实际黏性流体的基本运动方程，为流体力学的长远发展奠定了理论基础。但由于古典"流体力学"所用数学求解的复杂性和流体模型的局限，不能很好地解决工程问题，于是科学家与工程技术人员试图从实验角度来解决流体力学问题，故形成了以实验方法来总结经验公式的"实验流体力学"。通过实验研究的途径人们制定了一些经验公式，以满足工程的需要。其中有些经验公式缺乏理论基础，使应用范围狭窄且缺乏进一步发展的基础，但却为后人留下不少宝贵的遗产。

从 19 世纪起，纯理论研究或单独用实验方法研究流体运动规律已不能适应高速发展的生产需要，从而走向了理论分析与实验研究相结合的道路。两者的紧密配合进一步推动了流体力学的发展，形成了现代流体力学。如 1876 年英国物理学家雷诺（O. Reynolds，1842—1912 年）在系统实验的基础上，揭示了流体运动时的两种形态——层流和紊流，于次年他又提出了紊流运动的基本方程式——雷诺方程；1933 年尼古拉兹（J. Nikuradze，1894—1979 年）通过对人工粗糙管的系统实验得出了水流阻力与水头损失的关系。又如，法国工程师达西（H. Darcy，1803—1858 年）、爱尔兰工程师曼宁（Robert Manning，1816—1897年）、英国工程师弗汝德（W. Froude，1810—1879 年）及德国工程师普朗特（L. Prandtl，1875—1953 年）等都进行了大量的实验研究和理论分析，从而形成了理论和实践相结合的研究道路，促进了流体力学的新发展。

我国是文明古国，水利事业的历史悠久，人们在长期实践中逐步加深了对流体运动规律的认识。如：4000 多年前的大禹治水，就已经认识到治水应顺水之性，须引导和疏通。秦朝在公元前 256—前 210 年间修建了都江堰、郑国渠和灵渠，隋朝（587—610 年）完成的南北大运河，说明当时对明渠水流和堰流的认识已达到相当高的水平。距今 1000 多年前的计时工具"铜壶滴漏"，就是根据孔口出流原理使盛水容器水位发生变化来计算时间，表明当时对孔口出流的规律已有相当的认识。清朝雍正年间，何梦瑶在《算迪》一书中提出了流量等于过水断面面积乘以断面平均流速的计算方法。

在 20 世纪 60 年代以后，由于计算机的发展与普及，流体力学的应用更是日益广泛。在建筑工程中的应用，如地基降水、路基排水、地下水渗流、水下与地下建筑物的受力分析、围堰修建等；在市政工程中的应用，如桥涵孔径的设计、给水排水、管网计算、泵站和水塔的设计、隧道通风等；在城市防洪工程中的应用，如河道的过流能力，堤、坝的作用力与渗流问题，防洪闸坝的过流能力问题等；在建筑环境与设备工程中的应用，如供热、通风与泵站设计等；在安全工程中的应用，如室内自喷消防系统设计等。

**三、本课程的基本要求**

（1）具有较为完整的理论基础，包括：

1）掌握流体力学的基本概念；

2）掌握流体的总流分析方法；

3）掌握流体运动能量转化和水头损失的规律。

（2）具有对一般流动问题的分析和计算能力，包括：

1）水力荷载的计算；

2）管道、渠道和堰过流能力的计算，井的渗流计算；

3）水头损失的分析和计算。

（3）掌握测量水位、压强、流速、流量的常规方法。

（4）重点掌握基本概念、基本方程、基本应用，即流体力学的基础知识。

# 第二节　流体的连续介质模型

从分子结构的观点来看，物质都是由分子组成的，组成物质的分子是不连续的，彼此间有空隙。由于分子间有空隙存在，故严格地说，流体是不连续的。但是，流体力学的任务并不是研究个别分子的微观运动，而是研究大量分子"集体"所显示的特性，也就是所谓的宏观特性或宏观量。因此，可以设想把所讨论的流体无限制地分割成为无限小的流体微元，相当于微小的分子集团，它的尺度大小同一切流动空间相比微不足道，却含有大量分子，并具有一定的质量，叫做流体的"质点"（或微团）。从而认为，流体就是由这样的一个紧挨着一个的连续的质点所组成、其中再也没有任何空隙的连续体，即所谓"连续介质"。同时又认为流体的物理、力学特性，如密度、速度、压力和能量等，也从而具有随同位置而连续变化的性质。这样就排除了分子运动的复杂性，而把物理量视为时空连续函数，可应用数学分析中的连续函数理论来分析流体的运动，应用方便。连续介质假定对大多数流体都是适用的，但对于很稀薄的气体，应视为不连续体，而不能应用连续介质模型。

# 第三节　流体的主要物理性质

流体具有惯性、黏滞性、压缩性、膨胀性和表面张力特性等重要物理性质，流体的黏性是本节介绍的重点。

## 一、惯性

一切物质都具有惯性，惯性是物质保持原有运动状态的特性。质量是物体惯性大小的量度，质量越大，惯性也越大。单位体积流体所具有的质量称为密度

$$\rho = \frac{m}{V} \tag{1-1 (a)}$$

其量纲为 $[M/L^3]$，国际单位是 $kg/m^3$。

对于非均质流体，密度随点而异。若取包含某点在内的体积 $\Delta V$，其中质量为 $\Delta m$，则该点密度需用极限方式表示

$$\rho = \lim_{\Delta V \to 0} \frac{\Delta m}{\Delta V} = \frac{dm}{dV} \tag{1-1 (b)}$$

重度 $\gamma$ 是单位体积流体所具有的重量，与密度的关系

$$\gamma = \rho g \tag{1-2}$$

其量纲为 $[M/L^2T^2]$，国际单位是 $N/m^3$。在工程计算中一般采用 $g=9.8m/s^2$。

气体的密度随压强和温度而变化，一个标准大气压（101.325kPa）下 0℃空气的密度为 1.29kg/m³。

纯净的水在一个标准大气压条件下，其密度和重度随温度的变化见表 1-1。几种常见流体的重度见表 1-2。

**表 1-1**　　　　　　　　　　水 的 密 度 和 重 度

| 温度（℃） | 重度（kN/m³） | 密度（kg/m³） | 温度（℃） | 重度（kN/m³） | 密度（kg/m³） |
|---|---|---|---|---|---|
| 0 | 9.806 | 999.9 | 40 | 9.731 | 992.2 |
| 5 | 9.807 | 1000.0 | 50 | 9.690 | 988.1 |
| 10 | 9.805 | 999.7 | 60 | 9.645 | 983.2 |
| 15 | 9.799 | 999.1 | 70 | 9.590 | 977.8 |
| 20 | 9.790 | 998.2 | 80 | 9.529 | 971.8 |
| 25 | 9.778 | 997.1 | 90 | 9.467 | 965.3 |
| 30 | 9.755 | 995.7 | 100 | 9.399 | 958.4 |

**表 1-2**　　　　　　　　　　几种常见流体的重度

| 流体名称 | 水　银 | 汽　油 | 酒　精 | 四氯化碳 | 海　水 |
|---|---|---|---|---|---|
| 重度（N/m³） | 133280 | 6664～7350 | 7778.3 | 15600 | 9996～10084 |
| 温度（℃） | 0 | 15 | 15 | 20 | 15 |

在工程计算中，通常将液体的密度和重度看作常量，如采用水的密度 $\rho=1000kg/m^3$（重度 $\gamma=9800N/m^3$）。

**二、黏滞性和理想流体模型**

与固体不同，流体具有易流动性，静止时不能承受任何微小的切应力及抵抗剪切变形。当流体处在运动状态时，流体质点之间存在着相对运动，则质点间要产生内摩擦力抵抗其相对运动，这种性质称为流体的黏滞性，此内摩擦力又称为黏滞力。黏滞性是流体的基本特性之一，只有在相对运动时才显示出来，静止流体是不显示黏滞性的。

以沿固体平面壁作直线流动的液体为例说明流体的黏滞性。如图 1-3-1 所示，当液体沿着一个固体平面壁作平行的直线流动时，液体质点是有规则的一层一层向前运动而不互相混掺（这种各流层间互不干扰的运动称为"层流运动"，以后将详细讨论这种运动的特性）。由于液体具有黏滞性的缘故，靠近壁面附近流速较小，远离壁面处流速较大，因而各个不同液层的流速大小是不相同的。若距固体边界为 $y$ 处的流速为 $u$，在相邻的 $y+dy$ 处的流速为 $u+du$，由于两相邻液层间存在着相对运动，在两流层之间将成对地产生内摩擦力。下面一层液体对上面一层液体作用了一个与流速方向相反的摩擦力，而上面一层液体对下面一层液体则作用了一个与流速方向一致的摩擦力，这两个力大小相等，方向相反，都具有抵抗其相对运动的性质。

根据前人的科学实验证明，内摩擦力 $F$ 与流体的性质有关，并与流速梯度 $\dfrac{du}{dy}$ 及接触面积 $\omega$ 成正比，而与接触面上的正压力无关，即

$$F \propto \omega \frac{du}{dy} \qquad\qquad (1-3)$$

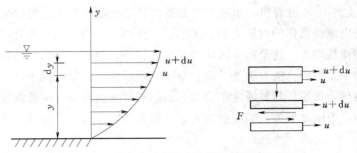

图 1-3-1　黏性流体的相对运动

引入比例系数 $\mu$，并以 $\tau$ 表示单位面积上的摩擦力（即黏滞切应力），则得

$$\tau = \frac{F}{\omega} = \mu \frac{\mathrm{d}u}{\mathrm{d}y} \qquad (1-4)$$

式（1-4）就是著名的"牛顿内摩擦定律"，它可表述为：作层流运动的流体，相邻流层间单位面积上所作用的内摩擦力（或黏滞力），与流速梯度成正比，同时与流体的性质有关。式中的 $\mu$ 是与流体的物理性质有关的比例系数，称为动力黏滞系数（或动力黏性系数）。黏性大的流体 $\mu$ 值大，黏性小的流体 $\mu$ 值小。$\mu$ 的国际单位为 $N \cdot s/m^2$ 或 $Pa \cdot s$。

流体的黏性还可以用 $\nu$ 来表示，$\nu$ 称为运动黏滞系数，与动力黏滞系数的关系为

$$\nu = \frac{\mu}{\rho}$$

其国际单位是 $m^2/s$。

流体的黏滞系数主要随温度变化。水的运动黏滞系数 $\nu$ 随温度变化的经验公式为

$$\nu = \frac{0.01775}{1 + 0.0337t + 0.000221t^2} \qquad (1-5)$$

其中 $t$ 为水温，以℃计，$\nu$ 以 $cm^2/s$ 计，为了使用方便，在表 1-3 中列出不同温度时水的 $\nu$ 值。

表 1-3　　　　　　　　　　　　　　不同水温时的 $\nu$ 值

| 温度（℃） | 0 | 2 | 4 | 6 | 8 | 10 | 12 | 14 | 16 | 18 | 20 |
|---|---|---|---|---|---|---|---|---|---|---|---|
| $\nu$（$cm^2/s$） | 0.01775 | 0.01674 | 0.01568 | 0.01473 | 0.01387 | 0.01310 | 0.01239 | 0.01176 | 0.01118 | 0.01062 | 0.01010 |
| 温度（℃） | 22 | 24 | 26 | 28 | 30 | 35 | 40 | 45 | 50 | 55 | 60 |
| $\nu$（$cm^2/s$） | 0.00989 | 0.00919 | 0.00877 | 0.00839 | 0.00803 | 0.00725 | 0.00659 | 0.00603 | 0.00556 | 0.00515 | 0.00478 |

在表 1-4 中，列举了一个大气压下（98.07kN/m²）不同温度时空气的黏滞系数。

表 1-4　　　　　　　　　　　　　一个大气压下空气的黏滞系数

| $t$（℃） | $\mu$（$10^{-3}Pa \cdot s$） | $\nu$（$10^{-6}m^2/s$） | $t$（℃） | $\mu$（$10^{-3}Pa \cdot s$） | $\nu$（$10^{-6}m^2/s$） |
|---|---|---|---|---|---|
| 0 | 0.0172 | 13.7 | 90 | 0.0216 | 22.9 |
| 10 | 0.0178 | 14.7 | 100 | 0.0218 | 23.6 |
| 20 | 0.0183 | 15.7 | 120 | 0.0228 | 26.2 |
| 30 | 0.0187 | 16.6 | 140 | 0.0236 | 28.5 |
| 40 | 0.0192 | 17.6 | 160 | 0.0242 | 30.6 |
| 50 | 0.0196 | 18.6 | 180 | 0.0251 | 33.2 |
| 60 | 0.0201 | 19.6 | 200 | 0.0259 | 35.8 |
| 70 | 0.0204 | 20.5 | 250 | 0.0280 | 42.8 |
| 80 | 0.0210 | 21.7 | 300 | 0.0298 | 49.9 |

由表 1-3 及表 1-4 可看出，水和空气的黏滞系数随温度变化的规律是不同的，这是因为流体黏滞性是由流动流体的内聚力和分子动量交换所引起的。随温度升高，液体的黏滞性减小，而气体黏滞性增大。这是由于液体分子间距较小，相互吸引力即内聚力较大，内聚力是影响黏滞性的主要原因。随着温度升高，分子间距增大，内聚力减小，黏滞性降低。气体分子间距大，内聚力很小，其黏滞性主要与分子间动量交换有关，随着温度升高，分子间动量交换加剧，切应力随之增加，黏滞性增大。一般在相同条件下，液体的黏滞系数要大于气体的黏滞系数。

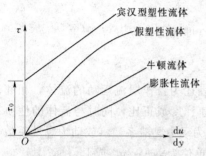

图 1-3-2 牛顿流体和非牛顿流体图示

必须指出，牛顿内摩擦定律只适用于一般流体，对于某些特殊流体是不适用的。一般把符合牛顿内摩擦定律的流体称为牛顿流体，如水、空气、汽油、煤油、甲苯、乙醇等。不符合的叫做非牛顿流体，如接近凝固的石油、泥浆等。它们的差别可用图 1-3-2 表示。本书只讨论牛顿流体。

当考虑流体的黏性后，将使流体运动的分析变得很复杂。在流体力学中，为了简化分析，可以对流体的黏性暂不考虑，而引出没有黏性的理想流体模型。在理想流体模型中，黏滞系数 $\mu=0$。由理想流体模型分析所得的结论应用到实际流体中时，必须对没有考虑黏性而引起的偏差进行修正。

### 三、压缩性和膨胀性

流体受压后体积减小，同时其内部将产生一种企图恢复原状的内力（弹性力）与所受压力维持平衡，撤除压力后，流体可立即恢复原状，这种性质称为流体的压缩性或弹性。若流体受热，则体积膨胀，密度减小，这种性质称为流体的膨胀性。

1. 液体的压缩性和膨胀性

液体的压缩性可用体积压缩系数 $\beta$ 或体积弹性系数 $K$ 来量度。设压缩前的体积为 $V$，密度为 $\rho$，压强增加 $dp$ 后，体积减小 $dV$，密度增加 $d\rho$，其体积压缩系数为

$$\beta=-\frac{\dfrac{dV}{V}}{dp} \tag{1-6}$$

由于当 $dp$ 为正时，$dV$ 必为负值，故式（1-6）右端加一负号，保持 $\beta$ 为正数。$\beta$ 的单位为 $m^2/N$。

体积压缩系数又可表示为

$$\beta=\frac{\dfrac{d\rho}{\rho}}{dp} \tag{1-7}$$

体积弹性系数 $K$ 是体积压缩系数的倒数，即

$$K=\frac{1}{\beta}=-\frac{dp}{\dfrac{dV}{V}}=\frac{dp}{\dfrac{d\rho}{\rho}} \tag{1-8}$$

$K$ 的单位为 $N/m^2$。

表 1-5 列举了水在温度 0℃ 时，不同压强下的压缩系数。

表 1 - 5　　　　　　　　　　　　水 的 压 缩 系 数 (0℃)

| 压强（at） | 5 | 10 | 20 | 40 | 80 |
|---|---|---|---|---|---|
| $\beta$（$m^2/N$） | $0.538\times10^{-9}$ | $0.536\times10^{-9}$ | $0.531\times10^{-9}$ | $0.528\times10^{-9}$ | $0.515\times10^{-9}$ |

液体的膨胀性，用体胀系数 $\alpha_v$ 表示，与压缩系数相反，当温度增加 $dT$ 时，液体的密度减小率为 $-d\rho/\rho$，体积变化率为 $dV/V$，则体胀系数 $\alpha_v$ 为

$$\alpha_v=\frac{dV/V}{dT} \tag{1-9}$$

或

$$\alpha_v=-\frac{d\rho/\rho}{dT} \tag{1-10}$$

由表 1 - 1 可看出，在温度较低时（10～20℃），温度每增加 1℃，水的密度减小约为 15/10000；在温度较高时（90～100℃），温度每增加 1℃，水的密度减小约为 7/10000。由表 1 - 5 可看出：若 $dp$ 为一个大气压，$dV/V$ 约为 1/20000。这说明水的压缩性和膨胀性很小，一般情况下可以忽略不计。只有在某些特殊情况下，才考虑水的压缩性和膨胀性。如输水管路中的水击现象，热水采暖问题等。

2. 气体的压缩性和膨胀性

气体的密度由理想气体状态方程确定。在温度不过低，压强不过高时，气体密度、压强和温度之间的关系服从理想气体状态方程为

$$\frac{p}{\rho}=RT \tag{1-11}$$

式中：$p$ 为气体的绝对压强，Pa；$T$ 为气体的热力学温度，K；$\rho$ 为气体的密度，$kg/m^3$；$R$ 为气体常数，$N\cdot m/(kg\cdot K)$，空气的 $R$ 值是 287。

在温度不变的等温情况下，对于同种气体，$RT=$ 常数，因此气态方程简化为 $p/\rho=$ 常数。原状态的压强 $p$ 和密度 $\rho$ 与另一种状态下的压强 $p_1$ 和密度 $\rho_1$ 的关系为

$$\frac{p}{\rho}=\frac{p_1}{\rho_1} \tag{1-12}$$

式（1-12）表明在等温情况下压强和密度成正比。一般来说，随着压强增大，气体体积缩小，密度增大；但是气体有一个极限密度，对应的压强称极限压强。当压强超过极限压强时，密度便不再增大，所以式（1-12）适用于远小于极限压强的情况。

在压强不变的定压情况下，对于某种气体，$p/R=$ 常数，因此由状态方程得 $\rho T=$ 常数。初始温度 $T_0$ 下的密度 $\rho_0$ 与其他状态下的温度和密度的关系为

$$\rho_0 T_0=\rho T \tag{1-13}$$

式（1-13）表明在定压条件下，温度与密度成反比。这一规律对各种不同温度下的一切气体均适用。特别是在中等压强范围内，对于空气及其他不易液化的气体相当准确。只有当温度降到气体液化的程度，才有较明显误差。

表 1 - 6 列出了在标准大气压（760mmHg）下，不同温度时的空气容重及密度。

表 1-6 在标准大气压时的空气重度及密度

| 温度<br>(℃) | 重度<br>(N/m³) | 密度<br>(kg/m³) | 温度<br>(℃) | 重度<br>(N/m³) | 密度<br>(kg/m³) | 温度<br>(℃) | 重度<br>(N/m³) | 密度<br>(kg/m³) |
|---|---|---|---|---|---|---|---|---|
| 0 | 12.70 | 1.293 | 25 | 11.62 | 1.185 | 60 | 10.40 | 1.060 |
| 5 | 12.47 | 1.270 | 30 | 11.43 | 1.165 | 70 | 10.10 | 1.029 |
| 10 | 12.24 | 1.248 | 35 | 11.23 | 1.146 | 80 | 9.81 | 1.000 |
| 15 | 12.02 | 1.226 | 40 | 11.05 | 1.128 | 90 | 9.55 | 0.973 |
| 20 | 11.80 | 1.205 | 50 | 10.72 | 1.093 | 100 | 9.30 | 0.947 |

气体虽然具有压缩性和膨胀性，但是针对具体问题，通过分析压缩性是否起显著作用后，可决定在计算时是否可忽略。当气体运动速度较低（远小于音速），在流动过程中压强和温度变化不大，密度仍可看做常数，这种气体称为不可压缩气体。反之，对于气体速度较高（接近或超过音速）的情况，在流动过程中密度变化很大，密度已不能视为常数的气体称为可压缩气体。在土木工程中所遇到的大多数气体流动，速度远小于音速，其密度变化不大，比如烟道内气体的流动，可当做不可压缩流体看待。所以空气和水一样在多数工程计算中均看作不可压缩流体。

**四、表面张力及表面张力系数**

液体表面层由于分子引力不均衡而产生的沿表面作用于任一界限上的张力，称为表面张力。它可使水滴成半球状悬在水龙头出口而不下滴。当细管子插入液体中时，表面张力会使管中的液体自动上升或下降一个高度，形成所谓的毛细现象。如图 1-3-3 所示，对于 20℃ 的水，玻璃管中的水面高出容器水面的高度 $h$ 约为

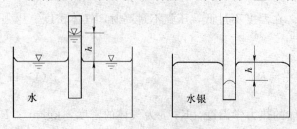

图 1-3-3 水和水银的毛细现象

$$h = \frac{29.8}{d}(\text{mm}) \qquad [1-14（a）]$$

对水银，玻璃管中汞面低于容器汞面的高度 $h$ 约为

$$h = \frac{10.15}{d}(\text{mm}) \qquad [1-14（b）]$$

上面两式中的 $d$ 为玻璃管的内径，以 mm 计。由此可见，管的内径越小，$h$ 的数值越大，因此，通常要求测压管的直径不小于 1cm。

表面张力仅在液体与其他介质（如气体或固体）分界面附近的液体表面产生，液体内部并不存在，所以它是一种局部受力现象。表面张力的大小用表面张力系数 $\sigma$ 表示，其单位为 N/m。$\sigma$ 的大小随液体种类和温度变化而异。对于 20℃ 的水，$\sigma=0.074$N/m，对于水银 $\sigma=0.54$N/m。由于表面张力很小，一般说来对液体的宏观运动不起作用，可以忽略不计，只有在某些特殊情况下，如水滴及气泡形成、液体射流的裂散及水力小模型试验等问题中才显示其影响。

**五、汽化压强**

液体分子逸出液面向空间扩散的过程称为汽化，液体汽化为蒸汽。汽化的逆过程称为凝

结，蒸汽凝结为液体。在液体中，汽化和凝结同时存在，当这两个过程达到动平衡时，宏观的汽化现象停止，此时液体的压强称为饱和蒸汽压强，或汽化压强。液体的汽化压强与温度有关，水的汽化压强见表 1-7。

表 1-7　　　　　　　　　　　水 的 汽 化 压 强

| 水温（℃） | 0 | 5 | 10 | 15 | 20 | 25 | 30 | 40 | 50 | 60 | 70 | 80 | 90 | 100 |
|---|---|---|---|---|---|---|---|---|---|---|---|---|---|---|
| 汽化压强（kN/m²） | 0.61 | 0.87 | 1.23 | 1.70 | 2.34 | 3.17 | 4.24 | 7.38 | 12.33 | 19.92 | 31.16 | 47.34 | 70.10 | 101.33 |

当水流某处的压强低于汽化压强时，水汽就要游离出来，对水流和相邻固体壁将发生不良影响，会产生气蚀现象，在工程上是要时常注意的。

综上所述，从工程应用的角度看来，在一般情况下，所研究的流体是一种易于流动的、具有黏性的、不可压缩的连续介质。只有在特殊情况下才考虑压缩性、表面张力及汽化压强等特性。

# 第四节　作用在流体上的力

处于平衡或运动状态的流体，都受有各种力的作用，如重力、惯性力、摩擦力和表面张力等。如果按其作用的特点，这些力可分为表面力和质量力两大类。

## 一、表面力

表面力是指作用在所研究的流体体积表面上的力。表面力的大小与受力面积成正比，故又称面积力。因流体几乎不能承受拉力，故流体表面力的分力只有垂直于作用面的压力和平行于作用面的切力，习惯上以压应力（压强）和切应力表示。若在运动流体中取隔离体为研究对象（图 1-4-1），在其表面 $A$ 点取一微元面积 $\Delta\omega$，作用于 $A$ 点的压应力和切应力分别为

$$p = \lim_{\Delta\omega \to 0} \frac{\Delta P}{\Delta\omega}$$

$$\tau = \lim \frac{\Delta T}{\Delta\omega}$$

压应力（压强）和切应力的单位均为 Pa（N/m²）。

## 二、质量力

作用于所研究的流体体积内所有质点上的力称为质量力。质量力的大小与质量成正比。在均质流体中，质量力又与流体体积成正比，故又称体积力。单位质量流体所受到的质量力称为单位质量力。

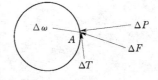

图 1-4-1　法向力与切向力

设所研究的流体质量为 $M$，作用于其上的质量力为 $F$，则单位质量力 $f$ 为

$$f = \frac{F}{M} \qquad\qquad (1-15)$$

若质量力 $F$ 在直角坐标轴上的投影为 $F_x$、$F_y$、$F_z$。单位质量力的分量分别用 $X$，$Y$，$Z$ 表示，则

$$
\left.
\begin{aligned}
X &= \frac{F_x}{M} \\
Y &= \frac{F_y}{M} \\
Z &= \frac{F_z}{M}
\end{aligned}
\right\}
\tag{1-16}
$$

单位质量力具有加速度的量纲，因此它的单位为 $m/s^2$。最常见的质量力有重力和惯性力。

## 思　考　题

1-1　为什么要引出连续介质的概念？它对研究流体规律的意义何在？

1-2　什么叫流体的黏滞性？在什么条件下才能显示黏滞性？

1-3　理想流体和实际流体有何区别？为什么要引出理想流体的概念？

1-4　若作用在流体上的质量力只有重力，且选择 $z$ 坐标轴的方向垂直向上，此时单位质量力 $X$、$Y$、$Z$ 各为多少？

## 计　算　题

1-1　某种汽油的重度为 $7.00kN/m^3$，问其密度为多少？

1-2　20℃的水，其体积为 $2.5m^3$，当温度升至 80℃，求体积增加多少？

1-3　使 10℃的水的体积减小 0.1％及 1.0％时，应增大压强各为多少？

1-4　水的体积为 $5m^3$，当温度不变时，压强从 1 个大气压增加到 5 个大气压，其体积缩小了 $0.001m^3$，试求水的弹性系数 $K$。

1-5　已知一明渠，流速分布函数为 $u = -625y^2 + 50y$，运动黏性系数 $\nu = 1 \times 10^{-6} m^2/s$，求 $y = 0$，2cm 处的黏滞切应力。

# 第二章 流体静力学

**【本章导读】**

流体静力学是研究流体处于平衡状态的规律及其在实际中的应用。流体的平衡状态有两种:一种是静止状态,即流体相对于地球没有运动,处于相对静止;另一种是相对平衡状态,即所研究的流体相对于地球虽在运动,但流体对于容器或者流体内部质点之间却没有相对运动,处于相对平衡。本章只研究处于静止状态的流体。

平衡状态下流体质点之间没有相对运动时,流体的黏滞性不起作用,故平衡状态下的流体不呈现切应力。由于流体几乎不能承受拉应力,所以平衡流体质点间的相互作用是通过压应力(称静压强)形式呈现出来。因此,流体静力学主要研究流体在静止状态下的力学规律,主要阐述流体静压强的特性及其分布规律,以及作用在平面或曲面上的静水总压力的计算方法,并在此基础上解决一些工程实际问题。

本章学习要求:理解和掌握等压面、绝对压强、相对压强、真空值、测压管高度、测压管水头、真空度等基本概念。掌握重力作用下流体静压强的分布规律以及液体压强分布图的绘制方法。掌握求解作用在平面上和曲面上静水总压力的求解方法,并能综合运用流体静力学知识解决实际工程问题。

## 第一节 流体静压强及其特性

### 一、流体静压强的定义

在静止流体中取一微元体作隔离体。为保持隔离体仍处于静止状态,需要在隔离体表面上施加外力,以代替四周流体对隔离体的作用,如图 2-1-1 所示。设用任一平面 ABCD 将此体积分为 Ⅰ、Ⅱ 两部分,假定将 Ⅰ 部分移去,并以与其等效的力代替它对 Ⅱ 部分的作用,显然,余留部分不会失去原有的平衡。

从平面 ABCD 上取出一微面积 $\Delta\omega$,$a$ 点是该面的几何中心,$\Delta P$ 为移去流体作用在面积 $\Delta\omega$ 上的作用力,则 $\Delta P$ 称为面积 $\Delta\omega$ 上的流体静压力,作用在 $\Delta\omega$ 上的平均流体静压强 $\overline{p}$ 可用下式表示,即

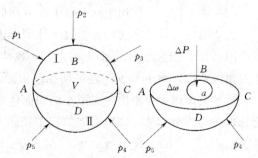

图 2-1-1 平衡流体中隔离体的受力

$$\overline{p}=\frac{\Delta P}{\Delta\omega}$$

$$(2-1)$$

当 $\Delta\omega$ 无限缩小到点 $a$ 时，平均压强 $\dfrac{\Delta P}{\Delta\omega}$ 便趋于某一极限值，此极限值定义为该点的流体静压强，通常用符号 $p$ 表示

$$p=\lim_{\Delta\omega\to0}\frac{\Delta P}{\Delta\omega}=\frac{\mathrm{d}P}{\mathrm{d}\omega} \tag{2-2}$$

压力的单位为 N 或 kN，压强的单位为 Pa（N/m²）或 kPa。

**二、流体静压强的特性**

流体静压强具有两个重要特性。

（1）第一特性：流体静压强的方向垂直指向被作用面。

在容器中的某静止流体内任取一分界面 $n$—$n$，如图 2 - 1 - 2 所示。$n$—$n$ 面将容器中流体分为上、下两部分，上部分流体对 $n$—$n$ 面以下流体的作用力属于表面力。在 $n$—$n$ 面上任取一点，假如其所受的流体静压强 $p$ 是任意方向，则 $p$ 可分解为法向应力 $p_n$ 与切向应力 $p_\tau$。显然，根据流体的性质，在 $p_\tau$ 作用下，流体将失去平衡而流动，这与静止流体的前提不符，故 $p_\tau=0$，可见，$p$ 必须垂直于过该点的切平面。又由于流体不能承受拉应力，故流体静压强 $p$ 只能为压应力。

由此可见，只有内法线方向才是流体静压强 $p$ 的唯一方向，如图 2 - 1 - 3 所示。

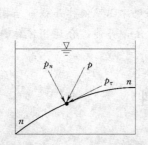
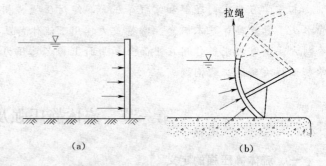

图 2 - 1 - 2　静压强方向分析图　　　　　图 2 - 1 - 3　静压强法向方向示意图

（2）第二特性：作用于同一点上各方向的流体静压强大小相等。

在证明这一特性之前，先通过下述例子进一步说明该特性的含义。如图 2 - 1 - 4 所示容器中的 A 点，当它作为 $ab$ 面上的点时，流体静压强为 $p_1$；作为 $cd$ 面上的点时，压强为 $p_2$，根据第二特性，则 $p_1=p_2$。兹证明如下：

从平衡流体中分割出一无限小的四面体 $OABC$（图 2 - 1 - 5），斜面 $ABC$ 的法线方向任意选取。为简单起见，让四面体的三个棱边与坐标轴重合（$z$ 轴与重力方向平行），各棱边长为 $\Delta x$、$\Delta y$、$\Delta z$。现以 $p_x$、$p_y$、$p_z$ 和 $p_n$ 分别表示坐标面和斜面 $ABC$ 上的平均压强，$n$ 为 $ABC$ 的外法线方向。如果能够证明，当四面体 $OABC$ 无限地缩小到 $O$ 点时，$p_x=p_y=p_z=p_n$，则流体静压强的第二特性得到证明。为此目的，需要研究微小四面体在各种力作用下的平衡问题。因为微小四面体是从平衡流体中分割出来的，它在所有外力作用下必处于平衡。作用于微小四面体上的外力包括两部分，一部分是四个表面上的表面力，即周围流体作用的流体静压力，另一部分是质量力。在静止流体中质量力只有重力，在相对平衡流体中质量力还包括惯性力。

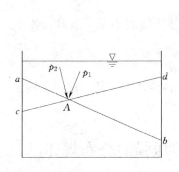

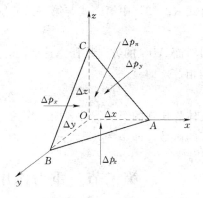

图 2-1-4　静压强第二特性示意图　　　　图 2-1-5　微小四面体平衡

令 $\Delta P_x$ 为作用在 $OBC$ 面上的流体静压力；$\Delta P_y$ 为作用在 $OAC$ 面上的流体静压力；$\Delta P_z$ 为作用在 $OAB$ 面上的流体静压力；$\Delta P_n$ 为作用在斜面 $ABC$ 上的流体静压力。

令四面体体积为 $\Delta V$，由几何学可知，$\Delta V = \dfrac{1}{6}\Delta x \Delta y \Delta z$；假定作用在四面体上的单位质量力在三个坐标方向的投影为 $X$、$Y$、$Z$；总质量力在三个坐标方向投影为

$$F_x = \frac{1}{6}\rho \Delta x \Delta y \Delta z X$$

$$F_y = \frac{1}{6}\rho \Delta x \Delta y \Delta z Y$$

$$F_z = \frac{1}{6}\rho \Delta x \Delta y \Delta z Z$$

按照平衡条件，所有作用于微小四面体上的外力在各坐标轴上投影的代数和为零，即

$$\left.\begin{aligned}
\Delta P_x - \Delta P_n \cos(n,x) + \frac{1}{6}\rho \Delta x \Delta y \Delta z X = 0 \\
\Delta P_y - \Delta P_n \cos(n,y) + \frac{1}{6}\rho \Delta x \Delta y \Delta z Y = 0 \\
\Delta P_z - \Delta P_n \cos(n,z) + \frac{1}{6}\rho \Delta x \Delta y \Delta z Z = 0
\end{aligned}\right\} \qquad (2-3)$$

式中：$(n,x)$、$(n,y)$、$(n,z)$ 分别为斜面 $ABC$ 的法线 $n$ 与 $x$、$y$、$z$ 轴的交角；$\rho$ 为四面体所具有的密度。

若以 $\Delta\omega_x$、$\Delta\omega_y$、$\Delta\omega_z$、$\Delta\omega_n$ 分别表示四面体四个表面 $OBC$、$OAC$、$OAB$、$ABC$ 的面积，则 $\Delta\omega_x = \Delta\omega_n \cos(n,x)$，$\Delta\omega_y = \Delta\omega_n \cos(n,y)$，$\Delta\omega_z = \Delta\omega_n \cos(n,z)$。

将式（2-3）中第一式各项同除以 $\Delta\omega_x$，并引入 $\Delta\omega_x = \Delta\omega_n \cos(n,x) = \dfrac{1}{2}\Delta y \Delta z$ 的关系，则有

$$\frac{\Delta P_x}{\Delta\omega_x} - \frac{\Delta P_n}{\Delta\omega_n} + \frac{1}{3}\rho \Delta x X = 0 \qquad (2-4)$$

式中：$\dfrac{\Delta P_x}{\Delta\omega_x}$、$\dfrac{\Delta P_n}{\Delta\omega_n}$ 分别表示 $\Delta\omega_x$、$\Delta\omega_n$ 面上的平均流体静压强。如果令微小四面体无限缩小至 $O$ 点，$\Delta x$、$\Delta y$、$\Delta z$ 以及 $\Delta\omega_x$、$\Delta\omega_n$ 均趋于零，对式（2-4）取极限，则有

$$p_x = p_n$$

对式（2-3）中第二式与第三式分别除以 $\Delta\omega_y$、$\Delta\omega_z$，并作类似的处理后同样可得

$$p_y = p_n, p_z = p_n$$

因斜面 $ABC$ 的方向是任意选取的，所以当四面体无限缩小至一点时，各个方向流体静压强均相等，即

$$p_x = p_y = p_z = p_n$$

流体静压强的第二特性表明，作为连续介质的平衡流体内，任一点的流体静压强仅是空间坐标的函数，即 $p = p(x, y, z)$，而与受压面方位无关。

## 第二节 重力作用下流体静压强的分布规律

前面已经说明了流体静压强的特性，下面推导流体静力学的基本方程。

**一、液体静力学的基本方程**

如图 2-2-1 所示，在均质液体中取一竖直柱形隔离体，其水平截面积为 $d\omega$，顶部压强 $p_1$，底部压强 $p_2$，顶部、底部距液面的距离分别为 $h_1$、$h_2$，距基准面的距离分别为 $z_1$、$z_2$，液面压强用 $p_0$ 表示。

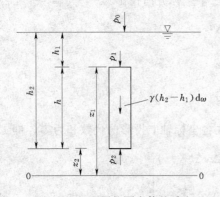

图 2-2-1 圆柱隔离体的受力

下面分析其受力情况。在重力作用下，水平方向没有质量力，所有水平方向表面力的合力等于零。在竖直方向，顶面压力等于 $p_1 d\omega$，方向向下，底面的压力等于 $p_2 d\omega$，方向向上，质量力是重力 $\gamma(h_2 - h_1)d\omega$，或表示为 $\gamma(z_1 - z_2)d\omega$，方向向下。各力处于平衡状态，则有

$$p_1 d\omega + \gamma(h_2 - h_1)d\omega - p_2 d\omega = 0$$

或

$$p_1 d\omega + \gamma(z_1 - z_2)d\omega - p_2 d\omega = 0$$

整理得

$$p_2 = p_1 + \gamma(h_2 - h_1) = p_1 + \gamma h \tag{2-5}$$

或

$$z_1 + \frac{p_1}{\gamma} = z_2 + \frac{p_2}{\gamma} \tag{2-6 (a)}$$

上式表明静止液体中任意两点的 $z + \dfrac{p}{\gamma}$ 值相等，即静止液体中各点的 $z + \dfrac{p}{\gamma}$ 等于常数，即

$$z + \frac{p}{\gamma} = C \tag{2-6 (b)}$$

如果在式（2-5）中取 $h_1 = 0$，即柱体的顶面与液面重合，那么，位于液面以下深度为 $h$ 的压强为

$$p = p_0 + \gamma h \tag{2-7}$$

式（2-6）、式（2-7）是重力作用下液体静力学基本方程的两种表达式。

式（2-6）表明，当 $z_1 > z_2$ 时，则 $p_1 < p_2$，即位置较低点的压强恒大于位置较高点的压强。它的适用条件是静止的、连续的、质量力只有重力的同一均质液体。

式（2-7）说明，静止液体中，压强随深度按线性规律增加，且液体内任一点的压强 $p$ 恒等于液面上的压强 $p_0$ 与从该点至液面的单位面积上的垂直液柱重量 $\gamma h$ 之和。液面压强 $p_0$ 的变化可以等值地传递到液体的其他各点，这就是帕斯卡定律。

若液面暴露在大气中，其上作用着大气压强 $p_a$。作用着大气压强的液面常称作自由液面，此时式（2-7）可表示为 $p = p_a + \gamma h$。而大气压强一般是随海拔及气温的变化而变化。在工程技术中，常用工程大气压表示压强，一个工程大气压（1at）相当于 736mm 水银柱对柱底产生的压强。在工程计算中，如无特殊说明，可将大气压强看作常量，取

$$p_a = 1at(1 \text{ 个工程大气压}) = 9.8 \times 10^4 \text{Pa}$$

**二、等压面**

由式（2-7）可以看出，液面下深度 $h$ 相等的各点压强相等。压强相等的各点组成的面称为等压面。例如，自由液面以及处于平衡状态下的两种液体的交界面都是等压面。对于重力作用下的静止液体，液面是和重力方向垂直的水平面，因为如果不和重力方向垂直的话，沿液面就有一个切向分力，液体就要移动，和静止这个前提不符（严格讲，和重力方向垂直的面是近似和地球面同心的球面，不过就流体力学的实用范围来讲，完全可以看做是水平面）。由此可见，重力作用下静止液体的等压面都是水平面。但必须注意，这一结论只适用于质量力只有重力的同一种连续介质。对于不连续的介质，或者一个水平面穿过了两种不同介质，如图 2-2-2（b）、（c）所示，则位于同一水平面上的各点，压强并不一定相等。

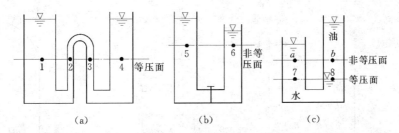

图 2-2-2　等压面示意图
(a) 同种连通液体；(b) 同种非连通液体；(c) 连通非同种液体

综上所述，在同一种连续的静止液体中，水平面是等压面。

**三、气体压强计算**

液体静力学基本方程也适用于不可压缩气体。由于气体重度很小，在高差不大的情况下，气柱产生的压强值很小，因而可忽略 $\gamma h$ 的影响，则式（2-7）简化为

$$p = p_0$$

认为空间各点气体压强相等，例如盛有液体的封闭容器上方的气体空间和测压管内气体空间的各点气体压强相等。

**四、绝对压强、相对压强、真空值**

压强的大小根据起量点的不同，分别用绝对压强和相对压强来表示。

以设想没有大气存在的绝对真空状态作为零点计量的压强，称为绝对压强，用 $p_{abs}$ 表示。

以当地大气压强作为零点计量的压强，称为相对压强，用 $p$ 表示。

绝对压强和相对压强，是按两种不同基准计量的压强，它们之间相差一个当地大气压强 $p_a$ 值。

两者关系可表示为

$$p_{abs}=p+p_a$$

或

$$p=p_{abs}-p_a \qquad (2-8)$$

如图 2-2-3（a）所示的密闭容器，已知液面压强为 $p_0$，$A$ 点在液面以下的深度为 $h$，若已知 $p_0$ 为绝对压强，则 $A$ 点的绝对压强 $p_{Aabs}=p_0+\gamma h$，相对压强 $p_A=p_0+\gamma h-p_a$，若已知 $p_0$ 为相对压强，则 $A$ 点的相对压强 $p_A=p_0+\gamma h$，绝对压强 $p_{Aabs}=p_0+\gamma h+p_a$。当液面暴露在大气中时，如图 2-2-3（b）所示，则 $A$ 点的绝对压强 $p_{Aabs}=p_a+\gamma h$，相对压强 $p_A=\gamma h$。

需要指出，在实际工程中，建筑物表面和液面多作用大气压强 $p_a$，一般情况下，这种压强作用可以抵消，对建筑物起作用的仅是相对压强，故如无特殊说明，后面所讨论的压强一般指相对压强。

根据定义，绝对压强总是正值，而相对压强可能是正值，也可能是负值。当液体中某点的绝对压强小于当地大气压强 $p_a$，即其相对压强为负值时，则称该点存在真空。真空的大小常用真空值 $p_v$ 表示，真空值指该点绝对压强小于当地大气压强的数值（或该点相对压强的绝对值）。即

$$p_v=p_a-p_{abs}=|p| \qquad (2-9)$$

为了区分以上几种压强的相互关系，现将它们表示于图 2-2-4 中。

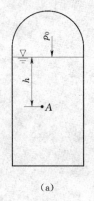

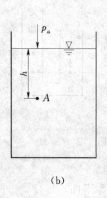

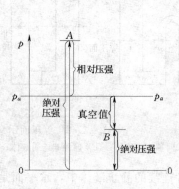

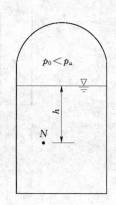

图 2-2-3 绝对压强和相对压强计算
（a）封闭容器；（b）敞口容器

图 2-2-4 绝对压强、相对压强和真空值

图 2-2-5 ［例 2-1］图

【例 2-1】 如图 2-2-5 所示，在封闭容器内装有水，其液面的绝对压强 $p_0=68.6\text{kPa}$。求水面以下 $h=2\text{m}$ 处 $N$ 点的绝对压强、相对压强及真空值。

**解：** 应用式（2-7），则

$N$ 点的绝对压强 $\qquad p_{Nabs}=p_0+\gamma h=68.6+9.8\times2=88.2(\text{kPa})$

$N$ 点的相对压强 $\qquad p=p_{Nabs}-p_a=88.2-98=-9.8(\text{kPa})$

$N$ 点的真空值 $\qquad p_v=p_a-p_{Nabs}=98-88.2=9.8(\text{kPa})$

**五、液体静压强分布图**

根据流体静压强的两个特性和式（2-7）可绘制压强随液体深度变化的几何图形，称为液体静压强分布图。压强分布图中的线段长度和箭头分别表示某点压强的大小和方向。在实际工程中，往往只需计算相对压强，下面介绍相对压强分布图的绘制方法。

（1）由 $p=p_0+\gamma h$（当液面为大气压强时 $p=\gamma h$）计算压强值，选好比例尺，用线段长度表示某点压强大小。

（2）为了表示出压强的方向，在线端加箭头，箭头的方向应垂直指向受压面。

（3）连直线或曲线，画成一个完整的压强分布图。如图 2-2-6 所示。

当绘制作用于平面上的压强分布图时，因压强随液体深度是直线变化，所以只要算出两点压强值，按比例标出长度，连直线即可；当绘制作用于具有转折的平面上的压强分布图时，需要以转折点为分界，在转折点处的两个压强大小相等，但压强方向应各自垂直于受压面；对于具有等半径的圆弧曲面上的压强分布图，其各点的压强方向应沿半径方向指向圆心。

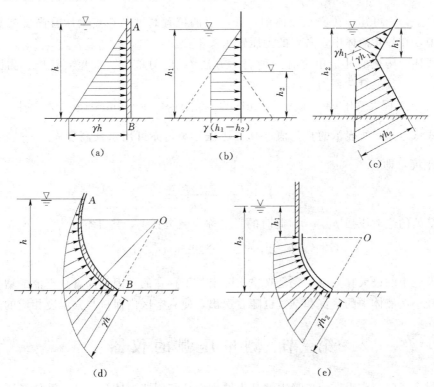

图 2-2-6　各种情形下流体静压强的分布图
（a）单侧受水平面；（b）两侧受水平面；（c）折线受水平面；
（d）单侧受水圆弧一；（e）单侧受水圆弧二

### 六、测压管高度、测压管水头、真空度

液体中任一点的压强，还可以用液柱高度表示，这种压强的计量方法在工程上应用较多，下面说明用液柱高度计量压强的方法，并引出与此相关的几个概念。

如图 2-2-7 所示的某一封闭容器，液面压强为 $p_0$。若在器壁任一点 $A$ 处开一小孔，连上一根上端开口与大气相通的玻璃管（称为测压管），则在 $A$ 点压强 $p_A$ 的作用下，液体将沿测压管升至 $h_A$ 高度，从测压管方面看，$A$ 点的相对压强为

$$p_A=\gamma h_A$$

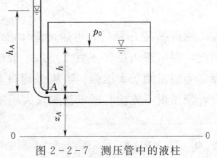

图 2-2-7　测压管中的液柱

即

$$h_A = \frac{p_A}{\gamma} \qquad (2-10)$$

可见，液体中任一点的相对压强可以用测压管内的液柱高度（称为测压管高度）来表示。图 2-2-7 中的 $h_A = \frac{p_A}{\gamma}$ 便是相对压强 $p_A$ 的测压管高度。

任一点的测压管高度与该点在基准面以上的位置高度之和称为测压管水头。图 2-2-7 中 A 点的测压管水头便为 $z_A + \frac{p_A}{\gamma}$。

从式（2-6）可知，在静止液体中，任一点的位置高度与该点测压管高度之和是一常数；或者说，在静止液体中，各点的测压管水头不变。

综上所述，压强的计量单位有三种表示方法[1]：应力单位、工程大气压、测压管高度（即液柱高度）。其换算关系为

1at(工程大气压)＝98kPa＝10mH₂O(米水柱高)＝736mmHg(毫米汞柱)

对于式（2-9）所表示的真空值（真空压强） $p_v$，亦可用水柱高度 $h_v = \frac{p_v}{\gamma}$ 表示，此时 $h_v$ 称为真空度，即

$$h_v = \frac{p_v}{\gamma} = \frac{p_a - p_{abs}}{\gamma} \qquad (2-11)$$

假设某处的绝对压强 $p_{abs}=0$，此时的真空称为完全真空，其真空度为

$$h_v = \frac{p_a - 0}{\gamma} = \frac{98000\text{N/m}^2}{9800\text{N/m}^3} = 10\text{mH}_2\text{O}$$

这是理论上的最大真空度。完全真空实际上是不存在的，因为随着真空值的增加，即绝对压强的减小，液体中的蒸汽和空气也随着逸出，使真空区内保持与其温度相应的蒸汽压。

## 第三节 测量压强的仪器

在工程实践中，常根据流体静力学基本原理设计和制造液体测压计。液体测压计具有构造简单、直观、使用方便和精度较高等优点。下面介绍几种简单的液体测压计。

### 一、测压管

利用测压管量测某点压强是一种最简单的液柱式测压计，如图 2-3-1 所示。当欲测容器中 A 点的压强时，可在与 A 点相同高度的器壁上开一小孔，并安装一根上端开口的玻璃管。根据管内液面上升的高度 $h$，就能测得 A 点的绝对压强或相对压强。由式（2-7）可得

$$p_{Aabs} = p_a + \gamma h \quad \text{或} \quad p_A = \gamma h$$

测得 A 点压强后，可通过流体静力学基本方程求得容器内任一点的压强。为保证量测精度，测压管内径 $d$ 不宜太小，一般取 $d > 10\text{mm}$，这样可消除毛细现象影响。测压管的缺点是不能量测较大压强。当压强超过 0.2at（工程大气压）时，则需要长度 2m 以上的测压管，使用很不方便。所以量测较大压强时，一般采用 U 形水银测压计。

---

[1] 按国际单位制中，压强单位为 Pa，但考虑到行业的具体情况，本书对 at、mH₂O 等单位予以保留。

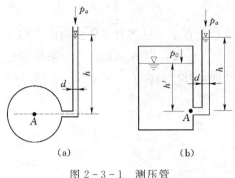

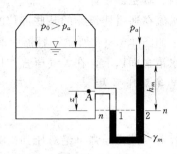

图 2-3-1 测压管

图 2-3-2 水银测压计

## 二、水银测压计

水银测压计的构造也很简单,是将装有水银的 U 形管安装在需要量测压强的器壁上,管子一端与大气相通,如图 2-3-2 所示。根据等压面条件,$n—n$ 为等压面,则 1、2 两点压强相等,即 $p_1=p_2$。从图中还可看出,1、2 两点的相对压强分别为

$$p_1=p_A+\gamma z \qquad p_2=\gamma_m h_m$$

所以

$$p_A+\gamma z=\gamma_m h_m$$

或

$$p_A=\gamma_m h_m-\gamma z \tag{2-12}$$

式中:$\gamma_m$ 为水银的重度。在测压计上量得 $h_m$ 和 $z$ 值,即可求得 A 点压强,并可推算其他各点压强。

## 三、水银压差计

用水银压差计可测出液体中两点的压强差。如图 2-3-3 所示的水银压差计,U 形管内装有水银,使用时将 U 形管两端分别与欲测点相接,待水银柱面稳定后即可施测。其关系推导如下。

由图知

$$p_1=p_A+\gamma z_A , p_2=p_B+\gamma (z_B-h_m)+\gamma_m h_m$$

根据等压面原理,$p_1=p_2$,于是得 A、B 两点压差为

$$p_A-p_B=(\gamma_m-\gamma)h_m-\gamma(z_A-z_B) \tag{2-13}$$

若预测两点位于同一高程上,则 $z_A=z_B$,式(2-13)为

$$p_A-p_B=(\gamma_m-\gamma)h_m \tag{2-14}$$

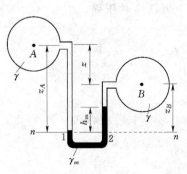

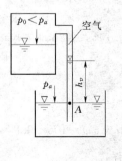

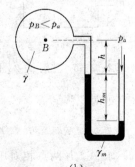

图 2-3-3 水银压差计

图 2-3-4 真空测压计

(a) 水柱真空测压计;(b) 水银真空测压计

### 四、真空测压计

水流在通过建筑物的某些部位时，有可能会产生真空。量测真空压强的仪器称为真空测压计，如图 2-3-4 所示，容器中液面压强小于大气压强，即 $p_0 < p_a$。从容器外接一玻璃管插入水箱水面以下，在大气压强作用下，管内液面上升一高度 $h_v$，如图 2-3-4（a）所示，则 $A$ 点绝对压强为

$$p_A = p_a = p_0 + \gamma h_v$$

所以容器内液面压强（绝对压强）为

$$p_0 = p_a - \gamma h_v$$

由上式得液面的真空值

$$p_v = p_a - p_0 = \gamma h_v \tag{2-15}$$

则真空度为

$$\frac{p_v}{\gamma} = h_v \tag{2-16}$$

由图 2-3-4（a）可以看出，真空度即为测压管液面在自由液面以上的上升高度。

如果需要量测较大真空值，可采用 U 形水银真空计，如图 2-3-4（b）所示。若容器内 $B$ 点压强小于大气压强，按上述分析方法，可得 $B$ 点的真空值

$$p_v = p_a - p_B = \gamma_m h_m + \gamma h \tag{2-17}$$

总之，液柱式测压计具有构造简单，量测精度较高等优点，是实验室中的常备仪器。其缺点是量测范围小，携带不方便等。此外，还有金属测压计以及电测仪器等，本书不再作介绍。

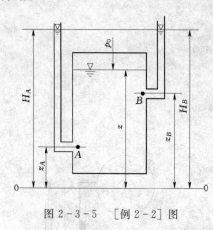

图 2-3-5 ［例 2-2］图

**【例 2-2】** 有一封闭水箱，箱内的水面至基准面高度 $z = 2m$，水面以下 $A$、$B$ 两点的位置高度分别为 $z_A = 1.0m$，$z_B = 1.2m$，液面压强 $p_0 = 105kPa$（绝对压强），如图 2-3-5 所示。试求：①$A$、$B$ 两点的绝对压强和相对压强；②$A$、$B$ 两点的测压管水头。

**解：** 根据题中所给条件，先求压强，再求测压管水头。

（1）求 $A$、$B$ 两点绝对压强，由式（2-7）得 $A$ 点绝对压强

$$p_{Aabs} = p_0 + \gamma h = p_0 + \gamma(z - z_A) = 105 + 9.8 \times (2-1)$$
$$= 114.8 \text{(kPa)}$$

$B$ 点绝对压强

$$p_{Babs} = p_0 + \gamma(z - z_B) = 105 + 9.8 \times (2-1.2) = 112.84 \text{(kPa)}$$

（2）求 $A$、$B$ 两点相对压强：

$A$ 点相对压强

$$p_A = p_{Aabs} - p_a = 114.8 - 98 = 16.8 \text{(kPa)}$$

$B$ 点相对压强

$$p_B = p_{Babs} - p_a = 112.84 - 98 = 14.84 \text{(kPa)}$$

（3）求 $A$、$B$ 两点测压管水头：根据测压管水头定义，可得 $A$、$B$ 两点测压管水头为

$$H_A = z_A + \frac{p_A}{\gamma} = 1.0 + \frac{16.8}{9.8} = 2.714 \text{(m)}$$

$$H_B = z_B + \frac{p_B}{\gamma} = 1.2 + \frac{14.84}{9.8} = 2.714 \text{(m)}$$

**【例 2-3】** 已知盛水容器内 $A$ 点相对压强为 19.6kPa，其他数据如图 2-3-6 所示。试求：①容器两侧测压管内的水柱 $h$ 及水银柱高度 $h_m$；②水面压强。

**解：** 由题意可得容器左侧测压管的水柱高为

$$h = \frac{p_A}{\gamma} = \frac{19.6}{9.8} = 2 \text{(m)}$$

容器右侧的 U 形测压计中，$n—n$ 为等压面，即 $p_1 = p_2$，而 1、2 两点压强由图 2-3-6 中可求得

$$p_1 = \gamma_m h_m$$
$$p_2 = \gamma(h + 1.2 + 0.2) = 9.8 \times (2 + 1.2 + 0.2) = 33.32 \text{(kPa)}$$

根据以上条件即求得水银柱高为

$$h_m = \frac{p_1}{\gamma_m} = \frac{p_2}{\gamma_m} = \frac{33.32}{133.28} = 0.25 \text{(m)}$$

从容器内部看，$A$ 点压强 $p_A = p_0 + \gamma h_A$，于是可得液面压强，即

$$p_0 = p_A - \gamma p_A = 19.6 - 9.8 \times 1.2 = 7.84 \text{(kPa)}$$

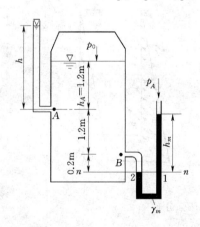
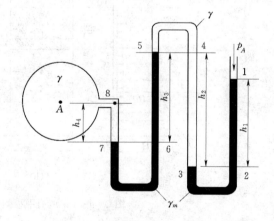

图 2-3-6　［例 2-3］图　　　　　图 2-3-7　［例 2-4］图

**【例 2-4】** 如图 2-3-7 所示多级 U 形水银测压计，求容器中 $A$ 点压强。已知两个 U 形管的水银柱高为 $h_1 = 1.1$m、$h_3 = 1.1$m，水柱高为 $h_2 = 1.3$m、$h_4 = 0.6$m。

**解：** 由等压面原理可知

$$\begin{cases} p_3 = p_2 \\ p_4 = p_5 \\ p_6 = p_7 \\ p_8 = p_A \end{cases}$$

且

$$
\begin{cases}
p_2 = \gamma_m h_1 \\
p_4 = p_3 - \gamma h_2 \\
p_6 = p_5 + \gamma_m h_3 \\
p_8 = p_7 - \gamma h_4
\end{cases}
$$

经整理得 $A$ 点压强为

$$
\begin{aligned}
p_A &= \gamma_m(h_1 + h_3) - \gamma(h_2 + h_4) \\
&= 133.28 \times (1.1 + 1.1) - 9.8 \times (1.3 + 0.6) \\
&= 274.6(\text{kPa})
\end{aligned}
$$

# 第四节 作用在平面上的静水总压力

在实际工程中，常常需要计算作用在建筑物表面上的静水总压力，从而确定建筑物的水力荷载。根据工程需要，建筑物表面有平面，也有曲面。本节讨论平面壁上的静水总压力的大小、方向和作用点。

在求解作用于平面上的静水总压力时，通常采用图解法和解析法两种方法。无论用哪种方法计算，其结果相同，它们都是根据流体静压强的分布规律推求平面上的总压力。

**一、图解法**

图解法只适用于矩形平面。如图 2-4-1 所示，矩形平板闸门 $AB$ 左侧挡水，门宽为 $b$，闸前水深为 $H$。首先绘制静水压强分布图，如图 2-4-1 （a）所示。

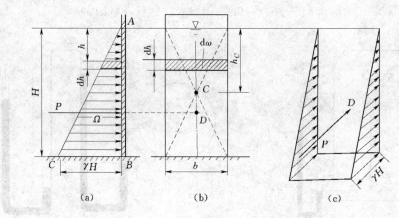

图 2-4-1 矩形平板闸门的压强分布

（1）静水总压力的大小：在闸门上任意水深 $h$ 处取一微小面积 $\mathrm{d}\omega$，因门宽为 $b$，微小高度 $\mathrm{d}h$，则 $\mathrm{d}\omega = b\mathrm{d}h$。因 $\mathrm{d}h$ 无限小，可近似认为微小面积上各点压强相等，即 $p = \gamma h$。则作用在该微小面积上的静水压力 $\mathrm{d}P = p\mathrm{d}\omega = \gamma b h \mathrm{d}h$。作用在整个闸门上的静水总压力 $P$ 为

$$
P = \int_\omega \mathrm{d}P = \int_0^H \gamma b h \, \mathrm{d}h = \gamma b \int_0^H h \mathrm{d}h = \frac{1}{2}\gamma H^2 b \tag{2-18}
$$

$\frac{1}{2}\gamma H^2$ 为压强分布图 $ABC$ 的面积，令该面积为 $\Omega = \frac{1}{2}\gamma H^2$，则式 （2-18） 改写为如下形式，即

$$P = \Omega b \qquad (2-19)$$

由此可见，矩形平面上的静水总压力等于压强分布图的面积乘以平面宽度。应指出，$\Omega b$ 为压强分布图的体积，如图 2-4-1（c）所示。就是说作用于平面上的静水总压力等于压强分布图形的体积。

（2）静水总压力的方向：由压强分布图可看出，静水压强是一组平行力系。平行力系的合力方向与力系平行。所以静水总压力的方向必与压强方向相同，即垂直指向受压面。

（3）静水总压力的作用点：静水总压力的作用点又称压力中心。因矩形平面有纵对称轴，静水总压力 $P$ 的作用点必位于纵对称轴上，同时，$P$ 的作用线还应通过压强分布图的形心。图 2-4-1（a）所示的压强分布图为三角形分布，在这种情况下，压力中心点 $D$ 至底边距离为 $H/3$。在图 2-4-2（a）中，作用点距 $B$ 点的距离 $e = \dfrac{L}{3}$。

当压强分布图的形状较复杂时，可用合力矩定理（即平行力系的合力对某一轴之矩等于各分力对该轴之矩的代数和）来确定压力中心的位置。如图 2-4-2（b）所示的受压面 $AB$，宽度为 $b$，其上的压强分布图为梯形，下面用合力矩定理确定作用点位置。

现将梯形压强分布图分解为两部分，一部分为矩形，另一部分为三角形，分别计算其静水总压力的大小和作用点沿平面方向距底边的距离，则

矩形 $$P_1 = \gamma h_1 L b \qquad e_1 = \frac{L}{2}$$

三角形 $$P_2 = \frac{1}{2}\gamma(h_2 - h_1)L b \qquad e_2 = \frac{L}{3}$$

设静水总压力的作用点沿平面方向距底边距离为 $e$，根据合力矩定理，则有

$$(P_1 + P_2)e = P_1\frac{L}{2} + P_2\frac{L}{3}$$

那么 $$e = \frac{L}{3}\left(\frac{2h_1 + h_2}{h_1 + h_2}\right)$$

由此可确定压力中心 $D$ 的位置，如图 2-4-2（b）所示。

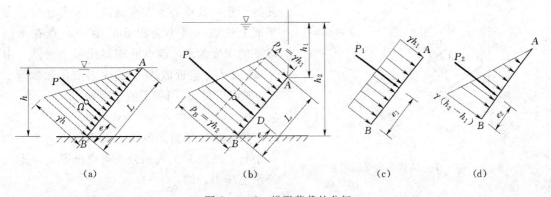

图 2-4-2　梯形荷载的分解

应指出，一定要注意压强分布图形心、受压面形心、压力中心的区别，切勿将三者混淆。其他一些典型平面形状上的压力中心点及静水总压力列于表 2-1 中。

**表 2－1**　　　　　　　　　　几种常见平面静水总压力及作用点位置计算表

| 平面在水中位置* | 平 面 形 式 | | 静水总压力 $P$ 值 | 压力中心距水面的斜距 |
|---|---|---|---|---|
| | 矩形 | 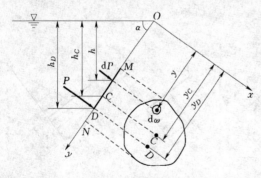 | $P=\dfrac{\gamma}{2}Lb(2L_1+L)\times\sin\alpha$ | $L_D=L_1+\dfrac{(3L_1+2L)L}{3(2L_1+L)}$ |
| | **等腰梯形 | | $P=\gamma\sin\alpha$ $\times\dfrac{3L_1(B+b)+L(B+2b)}{6}$ | $L_D=L_1$ $+\dfrac{[2(B+2b)L_1+(B+3b)L]L}{6(B+b)L_1+2(B+2b)L}$ |
| | 圆形 | | $P=\dfrac{\pi}{8}D^2(2L_1+D)\times\gamma\sin\alpha$ | $L_D=L_1+\dfrac{D(8L_1+5D)}{8(2L_1+D)}$ |
| | 半圆形 | | $P=\dfrac{D^2}{24}(3\pi L_1+2D)\times\gamma\sin\alpha$ | $L_D=L_1+\dfrac{D(32L_1+3\pi D)}{16(3\pi L_1+2D)}$ |

＊　当闸门为铅垂放置时，$\alpha=90°$，此时 $L_1$ 为 $h_1$，$L_D$ 为 $h_D$。

＊＊　对等腰三角形平面，相当于等腰梯形平面中令 $b=0$ 的情况。

### 二、解析法

解析法适用于任意形状的平面。如图 2－4－3 所示，将任意形状平面 $MN$ 倾斜地放置在静水中，平面延展面与自由水平面（其上作用的压强为大气压强）交角为 $\alpha$，延展面与自由水面的交线是一条水平线（$Ox$）。若以 $Oy$ 为轴旋转 $90°$，便可清楚地看到 $MN$ 的形状及尺寸，下面求解平面 $MN$ 上的静水总压力的大小、方向及作用点。

图 2－4－3　任意形状平面受压示意图

（1）静水总压力的大小：设 $\omega$ 为该任意平面的面积，其形心点在水面下深度为 $h_C$。在平面上任取一微小面积 $d\omega$，其中心点在水面以下的深度为 $h$，该点的相对压强 $p=\gamma h$，由于 $d\omega$ 很小，可近似认为 $d\omega$ 上各点压强都等于 $p$，则作用在 $d\omega$ 面积上的压力为

$$dp=\gamma h d\omega=\gamma y\sin\alpha d\omega$$

由于整个平面上各微小面积的压力方向相互平行，所以对上式积分便得整个平面 $\omega$ 上的静水总压力，即

$$P=\int_\omega dP=\int_\omega \gamma y\sin\alpha d\omega=\gamma\sin\alpha\int_\omega y d\omega$$

式中：$\displaystyle\int_\omega y d\omega$ 为面积 $\omega$ 对 $Ox$ 轴的静矩，积分结果为 $y_C\omega$，所以上式可写成

$$P = \gamma \sin\alpha \, y_C \omega$$

式中：$y_C$ 为平面形心点到 $Ox$ 轴的距离。

由图中几何关系可知，$y_C \sin\alpha = h_C$，于是得静水总压力为

$$P = \gamma h_C \omega \tag{2-20}$$

或

$$P = p_C \omega \tag{2-21}$$

上式表明：作用于任意形状平面上静水总压力的大小，等于受压面面积 $\omega$ 与其形心处静水压强 $\gamma h_C$ 的乘积。就是说，任意形状平面形心点的压强等于该平面的平均压强。

（2）静水总压力的方向：由于作用在各微小面积上的压力为一簇平行力系，并且垂直于所作用的平面。因此，总压力的方向也必然垂直指向被作用面。

（3）静水总压力的作用点：任意平面上静水总压力的作用点 $D$，可通过合力矩定理来确定。参照图 2-4-3，对 $Ox$ 轴取矩，有

$$P y_D = \int_\omega y \, \mathrm{d}P = \int_\omega y \gamma y \sin\alpha \mathrm{d}\omega = \gamma \sin\alpha \int_\omega y^2 \mathrm{d}\omega = \gamma \sin\alpha J_x$$

式中：$J_x = \int_\omega y^2 \mathrm{d}\omega$，为受压面面积对 $Ox$ 轴的惯性矩，即

$$y_D = \frac{\gamma \sin\alpha J_x}{\gamma \sin\alpha y_C \omega} = \frac{J_x}{y_C \omega} \tag{2-22}$$

同时，根据惯性矩的平行移轴定理，有 $J_x = J_C + y_C^2 \omega$，$J_C$ 为受压面对通过其形心并与 $Ox$ 轴平行的轴的惯性矩，于是

$$y_D = \frac{J_C + y_C^2 \omega}{y_C \omega} = y_C + \frac{J_C}{y_C \omega} \tag{2-23}$$

由式（2-23）知，由于 $J_C / y_C \omega \geqslant 0$，故 $y_D \geqslant y_C$，即 $D$ 点一般在 $C$ 点的下面，只有当受压面水平，$y_C \to \infty$ 时，$J_C / y_C \omega \to 0$，$D$ 点与 $C$ 点重合。

在实际工程中，受压平面多是轴对称面（对称轴与 $Oy$ 轴平行），总压力 $P$ 的作用点必位于对称轴上，这就完全确定了 $D$ 点的位置。

对于矩形平面，可分别采用图解法或解析法计算静水总压力，同时，两种方法也可联合应用。

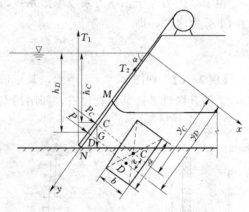

【例 2-5】　在涵洞进口设一倾角为 $60°$ 的矩形平板闸门，如图 2-4-4 所示，门高 $a=3\text{m}$，宽度 $b=2\text{m}$，闸门形心点在水面以下深度 $h_C=9.6\text{m}$，闸门自重 $G=980\text{N}$。试求：①当闸门绕 $M$ 点转动开启，提升力 $T_1$ 为多少？②若闸门开

图 2-4-4　[例 2-5] 图

启方式改为沿斜门槽滑动开启，所需拉力 $T_2$ 为多少（设闸门与门槽之间滑动摩擦系数 $f=0.25$）？

解：作用在闸门上的力有静水总压力 $P$，闸门自重 $G$ 及提升力 $T_1$ 或 $T_2$。下面采用解析法求静水总压力。

（1）总压力的大小：由式（2-20）得

$$P = \gamma h_C \omega = 9.8 \times 9.6 \times 3 \times 2 = 264.48 (\text{kN})$$

（2）总压力的方向：垂直指向闸门平面。

（3）总压力的作用点：对于矩形平面

$$J_C = \frac{b}{12}a^3 = \frac{2 \times 3^3}{12} = 4.5(\text{m}^4)$$

而

$$J_C = \frac{h_C}{\sin\alpha} = \frac{9.6}{\sin 60°} = 11.09(\text{m})$$

故

$$y_D = y_C + \frac{J_C}{y_C\omega} = 11.09 + \frac{4.5}{11.09 \times 3 \times 2} = 11.16(\text{m})$$

即作用点距 $M$ 点为

$$y' = 11.16 - \left(\frac{h_C}{\sin\alpha} - \frac{a}{2}\right) = 11.16 - (11.09 - 1.5) = 1.57(\text{m})$$

（4）垂直提升力 $T_1$：根据力矩方程，对 $M$ 点取矩，则

$$T_1 a\cos 60° = Py' + G\frac{a\cos 60°}{2}$$

将已知数据代入，得

$$T_1 = \frac{1}{1.5}\left(564.48 \times 1.57 + 0.98 \times \frac{1.5}{2}\right) = 590.4(\text{kN})$$

（5）沿闸门槽方向的提升力 $T_2$：因改变提升闸门方式，需要考虑摩擦力。由于闸门是倾斜的，故知闸门自重在斜面上有两个分力

垂直分力　　　　　$G_1 = G\cos 60° = 0.98 \times 0.5 = 0.49(\text{kN})$

沿斜面向下的分力　$G_2 = G\sin 60° = 0.98 \times 0.866 = 0.849(\text{kN})$

由于摩擦力等于正压力乘以摩擦系数，所以闸门提升力应等于摩擦力与闸门自重沿斜面的向下分力之和，即

$$T_2 = (P + G_1)f + G_2 = (564.48 + 0.49) \times 0.25 + 0.849 = 142.1(\text{kN})$$

**【例 2-6】** 如图 2-4-5 所示，某矩形闸门高 $a = 4\text{m}$，宽 $b = 3\text{m}$，下端装有铰与地面连接，上端有铁链维持其铅直位置，如闸门上游水位高出门顶 $h_1 = 5\text{m}$，下游水位高出门顶 $h_2 = 1\text{m}$，试求铁链受的拉力 $T$。

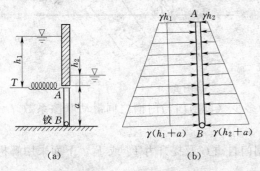

图 2-4-5　[例 2-6] 图

**解：** 采用图解法计算静水总压力。压强分布图见图 2-4-5（b），两侧抵消后的压强分布图为矩形。

（1）总压力的大小：由式（2-19）为

$$P = \gamma(h_1 - h_2)ab = 9.8 \times (5-1) \times 4 \times 3$$
$$= 470.4(\text{kN})$$

（2）总压力的方向：垂直闸门水平向右。

（3）总压力的作用点：总压力通过矩形分布图的形心作用在闸门的纵对称轴上，距铰 $B$

处的距离　　　　　　　　　　　　　　$x = \frac{a}{2} = 2(\text{m})$

（4）铁链受的拉力 $T$：根据力矩方程，对 $B$ 点取矩

$$Ta = P\frac{a}{2}$$

则有

$$T = \frac{P}{2} = \frac{470.4}{2} = 235.2(\text{kN})$$

# 第五节　作用在曲面上的静水总压力

在实际工程中，有许多建筑物表面呈曲面形状，如弧形闸门、拱坝坝面等，求解曲面上的静水总压力要比计算平面静水总压力复杂。由流体静压强特性知道，作用在曲面上的各点压强的大小和方向都不断地变化。因此，作用在曲面上各微小面积上的压力 $dP$ 不是平行力系，故不能按平行力系的叠加方法计算总压力，而是采取力学中"先分解，后合成"的方法确定总压力。本节研究日常生活和实际工程中应用的主要曲面——二向曲面（即具有平行母线的柱面）的静水总压力问题，不涉及三向曲面。读者根据二向曲面总压力的计算原理，不难推导出三向曲面总压力的计算方法。

如图 2-5-1 所示，二向曲面 $AB$ 的母线垂直于纸面，母线长为 $b$，柱面的一侧受有静水压力。以下说明用解析法求作用在曲面 $AB$ 上的静水总压力的大小、方向和作用点。

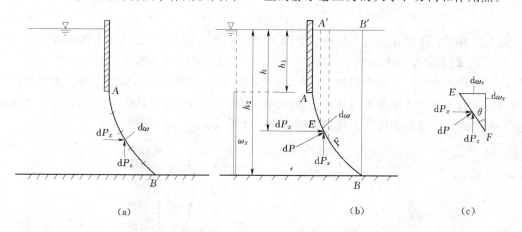

图 2-5-1　二向曲面受压计算示意图

为克服非平行力系的计算困难，可将曲面 $\omega$ 看作是由无数微小面积 $d\omega$ 组成的，而作用在每一微小面积上的压力 $dP$ 可分解成水平分力 $dP_x$ 及垂直分力 $dP_z$。然后分别积分 $dP_x$ 及 $dP_z$ 得到 $P$ 的水平分力 $P_x$ 及垂直分力 $P_z$。这样便把求曲面总压力 $P$ 的问题也变成了求平行力系合力 $P_x$ 与 $P_z$ 的问题。如图 2-5-1（a）所示。

## 一、静水总压力的水平分力

作许多母线分 $AB$ 曲面为无穷多个微小曲面，以 $EF$ 表示其中之一，并近似认为它是平面，其面积为 $d\omega$，如图 2-5-1（b）所示，$EF$ 面的形心点在液面下的深度为 $h$，作用在这一微小面积上的力 $dP$ 在水平方向的投影为

$$dP_x = dP\cos\theta = \gamma h d\omega \cos\theta = \gamma h d\omega_x$$

式中：$d\omega_x = d\omega\cos\theta$，为微小面积在铅直面上的投影面积。由于所有微小弧面上的水平分力方向是相同的，所以对 $dP_x$ 积分便得 $AB$ 曲面上总压力的水平分力，即

$$P_x = \int dP_x = \int_{\omega_x} \gamma h \, d\omega_x = \gamma \int_{\omega_x} h \, d\omega_x = \gamma h_c \omega_x \qquad (2-24)$$

式中：$\int_{\omega_x} h \, d\omega_x = h_c \omega_x$，表示曲面的垂直投影平面 $\omega_x$ 对水平轴（水面与垂直投影面的交线）的静矩；$h_c$ 为面积 $\omega_x$ 的形心在水面下的深度。

可见，水平分力 $P_x$ 等于曲面的垂直投影面积 $\omega_x$ 的形心点压强与该投影面积 $\omega_x$ 的乘积。即：作用于曲面上总压力的水平分力等于作用在该曲面的垂直投影面上的静水总压力。

**二、静水总压力的垂直分力**

由图 2-5-1（b）知，作用在微小面积 $d\omega$ 上的静水总压力的垂直分力为

$$dP_z = dP\sin\theta = \gamma h \, d\omega\sin\theta = \gamma h \, d\omega_z$$

同理，对上式积分，得整个曲面面积上的静水总压力的垂直分力 $P_z$，即

$$P_z = \int dP_z = \int_{\omega_x} \gamma h \, d\omega_z = \gamma \int_{\omega_z} h \, d\omega_z$$

式中：$h \, d\omega_z$ 是微小面积 $EF$ 所托液体的体积。故 $\int_{\omega_z} h \, d\omega_z$ 相当于曲面 $AB$ 所托液体的体积，即截面积为 $A'ABB'$、长为 $b$ 的柱体体积，以 $V$ 表示，称为压力体。

于是

$$P_z = \gamma V \qquad (2-25)$$

由上式可见，作用在曲面上的静水总压力 $P$ 的垂直分力 $P_z$ 等于其压力体的重量。

至于 $P_z$ 的方向是向上或向下，决定于液体及压力体与受压曲面间的相互位置。

当液体和压力体位于曲面同侧时，$P_z$ 向下，$P_z$ 的大小等于压力体的重量。此时的压力体称为实压力体。当液体及压力体各在曲面的一侧时，则 $P_z$ 向上，$P_z$ 的大小等于压力体的重量，此时的压力体称为虚压力体，如图 2-5-2 所示。

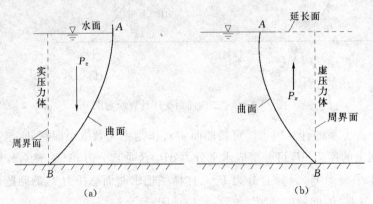

图 2-5-2　虚实压力体示意图

由此可见，计算垂直分力 $P_z$ 的关键是正确计算压力体体积，正确判断 $P_z$ 的方向。因此，要特别注意压力体的绘制。压力体是由以下各面包围而成。

（1）受压曲面本身。

（2）通过曲面整个周界边缘所作的铅直面。

（3）自由液面（其上作用的相对压强等于零）或自由液面的延长面。

当曲面为凹凸相间的复杂柱面时，可在曲面与铅垂面相切处将曲面分开，分别绘出各部分的压力体，并定出各部分垂直分力 $P_z$ 的方向，然后叠加起来得到整个曲面的压力体。图 2-5-3 所示的曲面 $ABCD$，可分成 $ABC$ 及 $CD$ 两部分，其压力体及相应 $P_z$ 的方向如图 2-5-3 中（a）、（b）所示，合成后的压力体如图 2-5-3（c）所示。

当曲面两侧均有液体作用时，可分别对每一侧的液体绘制压力体，最后再合成。

### 三、静水总压力的合力

当求出水平分力 $P_x$ 和垂直分力 $P_z$ 之后，按力的合成原理求解总压力的大小、方向和作用点。总压力的大小可用下式计算

$$P = \sqrt{P_x^2 + P_z^2} \qquad (2-26)$$

总压力的方向为

$$\tan\alpha = \frac{P_z}{P_x} \text{或} \alpha = \arctan\frac{P_z}{P_x} \qquad (2-27)$$

式中：$\alpha$ 为总压力 $P$ 与水平线的夹角。

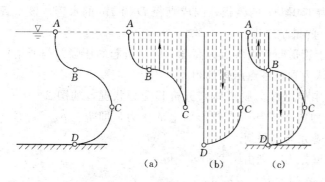

图 2-5-3　复杂曲面压力体绘制

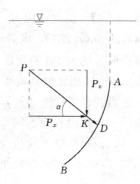

图 2-5-4　曲面作用点的确定

要确定总压力作用点的位置，首先应定出其水平分力 $P_x$ 和垂直分力 $P_z$ 的作用线。$P_x$ 的作用线通过曲面的垂直投影面 $\omega_x$ 的压力中心，而 $P_z$ 的作用线应通过压力体的体积形心。此二力的合力 $P$ 的作用线与曲面的交点，即为静水总压力 $P$ 的作用点，如图 2-5-4 所示。顺便指出，$P_x$ 的作用线与 $P_z$ 作用线的交点 $K$ 不一定恰好落在曲面上。

**【例 2-7】** 一弧形闸门，宽度 $b=4\text{m}$，圆心角 $\varphi=45°$，半径 $r=2.0\text{m}$，闸门旋转轴恰与水面齐平，如图 2-5-5 所示，求水对闸门轴的压力。

**解：**闸门前水深

$$h = r\sin\varphi = 2 \times \sin45° = 2 \times 0.707 = 1.414\text{(m)}$$

水对闸门轴的压力为 $P = \sqrt{P_x^2 + P_z^2}$

其中　$P_x = \gamma h_C \omega_x = \frac{1}{2}\gamma r^2 b$

$$= \frac{1}{2} \times 9800 \times 1.414^2 \times 4$$

$$= 39188.16 \text{ (N)} = 39.19\text{(kN)}$$

$$P_z = \gamma V = \gamma(b \times \text{面积 } ABK)$$

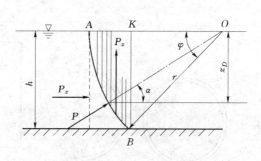

图 2-5-5　[例 2-7] 图

$$\text{面积} ABK = \frac{1}{8}\text{圆面积} - \text{面积} OKB = \frac{1}{8}\pi r^2 - \frac{1}{2}h^2$$

$$= \frac{1}{8} \times 3.14 \times 2^2 - \frac{1}{2} \times 1.414^2 = 0.57(\text{m}^2)$$

因此

$$P_z = 9800 \times 4 \times 0.57 = 22344(\text{N}) = 22.34(\text{kN})$$

而

$$P = \sqrt{39.19^2 + 22.34^2} = 45.11(\text{kN})$$

又

$$\tan\alpha = \frac{P_z}{P_x} = \frac{22.34}{39.19} = 0.57$$

故力 $P$ 对水平线的倾角

$$\alpha = \tan^{-1}(0.57) = 29.68° \approx 30°$$

由于力 $P$ 必然通过闸门的旋转轴，因此，力 $P$ 在弧形闸门上的作用点的垂直位置为

$$z_D = r\sin\alpha = r\sin30° = 2 \times \frac{1}{2} = 1(\text{m})$$

**【例 2-8】** 用允许应力 $[\sigma]$ 为 150MPa 的钢板，制成直径 $D$ 为 1m 的水管，该水管内的压强高达 $500\text{mH}_2\text{O}$，求管壁应有的最小厚度。

**解：** 取长度为 1m 的管段。由于管道断面内各点因高度不同而引起的压强差与所给压强高度 $500\text{mH}_2\text{O}$ 相比极其微小，可认为管壁各点压强都相等。

设想沿管径将管壁切开，取其中半管作为脱离体来分析其受力状况，如图 2-5-6 所示。作用在半环内表面上的水平压力等于半环垂直投影面上的压力，即 $P = p\omega_x = pD \times 1$，这一压力，由半环壁上的拉应力承受并与之平衡。

如用 $T$ 表示 1m 长管段上的管壁拉力，则由图 2-5-6 得

$$2T = P = pD \times 1$$

故

$$T = \frac{pD}{2}$$

设 $T$ 在管壁厚度 $e$ 内是均匀分布的，则

$$e \geqslant \frac{T}{[\sigma]} = \frac{pD}{2[\sigma]} = \frac{9800 \times 500 \times 1}{2 \times 150 \times 10^6} = 0.0163(\text{m}) = 1.63(\text{cm})$$

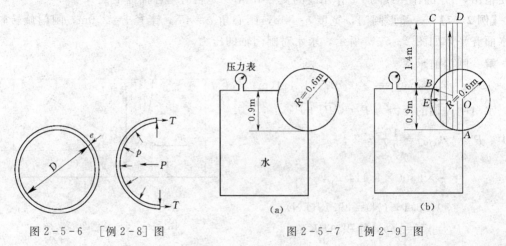

图 2-5-6 〔例 2-8〕图　　　　　图 2-5-7 〔例 2-9〕图

**【例 2-9】** 一水箱的横剖面如图 2-5-7 所示，垂直于纸面方向长 $L=1.2\text{m}$，里面充满了承压水，压力表读数为 0.14at（工程大气压），求作用在圆柱体上静水总压力的水平分力和垂直分力。

**解：** 压力表压强换算成水柱高：$p=0.14\text{at}$，$\dfrac{p}{\gamma}=1.4\text{mH}_2\text{O}$。静水总压力的水平分力

$$P_x=\gamma h_C \omega_x=9800\times\left(1.4+\frac{0.9}{2}\right)\times0.9\times1.2=19580(\text{N})=19.58(\text{kN})$$

方向水平向右。静水总压力的垂直分力

$$P_z=\gamma V_{AEBCDA}=\gamma(\text{扇形 } AOB+\text{梯形 } OBCD)\times L$$

$$\angle BOE=\arcsin\frac{0.3}{0.6}=30°$$

$$\angle AOB=30°+90°=120°$$

$$L=1.2\text{m}$$

所以

$$P_z=\gamma\left(\frac{120°}{360°}\pi R^2+\frac{1.4+1.7}{2}\times0.6\cos30°\right)\times1.2=13903(\text{N})=13.9(\text{kN})$$

方向垂直向上。

# 思 考 题

2-1 试分析思考题图 2-1 中点压强分布图错在哪里？

2-2 如思考题图 2-2 所示，两种液体盛在一个容器中，其中 $\gamma_1<\gamma_2$，下面两个静力学方程：

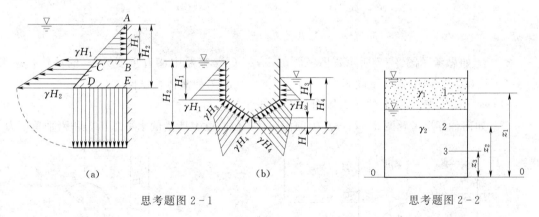

思考题图 2-1　　　　　　　　　　　思考题图 2-2

（1）$z_1+\dfrac{p_1}{\gamma_1}=z_2+\dfrac{p_2}{\gamma_2}$；（2）$z_2+\dfrac{p_2}{\gamma_2}=z_3+\dfrac{p_3}{\gamma_2}$，试分析哪个对？哪个错？说出对错的原因。

2-3 如思考题图 2-3 所示两种液体，盛在同一容器中，且 $\gamma_1<\gamma_2$，在容器侧壁装了两根测压管，试问：图中所标明的测压管中水位对否？为什么？

2-4 如思考题图 2-4 所示的复式比压计，试问：$A—A$、$B—B$、$C—C$、$D—D$、$C—E$ 中哪个是等压面，哪个不是等压面？为什么？

2-5 如思考题图 2-5 所示的管路，在 $A$、$B$、$C$ 三点装上测压管，在阀门完全关闭的

情况下，试问：

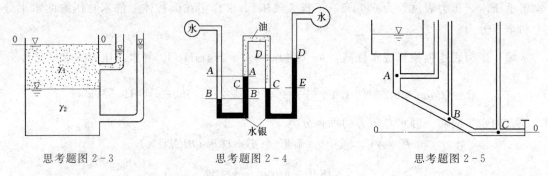

思考题图 2-3　　　　　思考题图 2-4　　　　　思考题图 2-5

（1）各测压管中的水面高度如何？

（2）标出各点的位置水头、压强水头和测压管水头。

2-6　如思考题图 2-6 所示，5 个容器的底面积均为 $\omega$，水深均为 $H$，放在桌面上，试问：

（1）各容器底面 $\omega$ 上受的静水总压力为多少？

（2）每种情况下桌子面上承受的力为多少？

（3）为什么容器底面上的静水总压力与桌面上受到的力是不相等的？

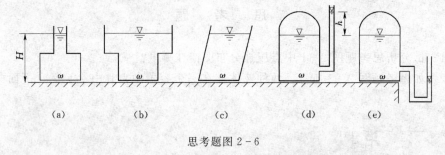

思考题图 2-6

2-7　如思考题图 2-7 所示，思考题图 2-7（a）容器中盛有重度为 $\gamma_1$ 的液体，思考题图 2-7（b）容器中盛有重度为 $\gamma_2$、$\gamma_1$（$\gamma_2 < \gamma_1$）的两种液体，试问：

（1）两图中曲面 $AB$ 上的压力体图是否相同？

（2）如何计算思考题图 2-7（b）中曲面 $AB$ 单位宽度上所受的水平总压力和铅垂总压力？

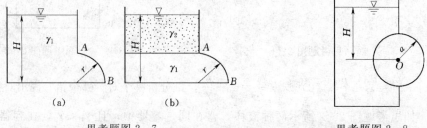

思考题图 2-7　　　　　　　　　　思考题图 2-8

2-8　如思考题图 2-8 所示，在一盛满液体的容器壁上装置一个均质的圆柱，其半径为 $a$，由于圆柱始终有一半淹没在液体中，根据阿基米德原理，此一半圆柱始终受到一个向上的浮力，因而有人认为这个浮力将使圆柱不停地绕 $O$ 轴旋转，这种看法对否？为什么？

# 计 算 题

2-1 一封闭容器如计算题图 2-1 所示，测压管液面高于容器液面 $h$ 为 1.5m，若容器盛的是水或汽油，求容器液面的相对压强 $p_0$。汽油重度采用 7350N/m³。

2-2 上题中，若测压管液面低于容器液面 $h$ 为 1.5m，问容器内是否出现真空，其最大真空值 $p_v$ 为多少？

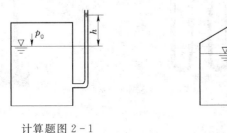

计算题图 2-1        计算题图 2-3

2-3 一封闭水箱如计算题图 2-3 所示，金属测压计测得的压强值为 4900N/m²（相对压强），金属测压计中心比 $A$ 点高 0.5m，而 $A$ 点在液面下 1.5m。问液面的绝对压强及相对压强为多少？

2-4 一密闭储液罐，在边上 8.0m 高度处装有金属测压计，其读数为 57.4kN/m²；另在高度为 5.0m 处亦安装了金属测压计，读数为 80.0kN/m²。问该罐内液体的重度 $\gamma$ 和密度 $\rho$ 为多少？

2-5 一敞口储液池，贮有 5m 深度的水，在水上还有 2m 深的油（$\gamma_{油}=8.0$kN/m³）。试绘出直立池壁的静水压强分布图，并问池底的相对压强为多少？

2-6 封闭容器水面绝对压强 $p_0=85$kPa，中央玻璃管是两端开口的（计算题图 2-6），求玻璃管应伸入水面以下多少深度时，则既无空气通过玻璃管进入容器，又无水进入玻璃管。

2-7 一给水管路在其出口闸门关闭时（计算题图 2-7），试确定管路中 $A$、$B$ 两点的测压管高度和测压管水头。

2-8 容器内液面绝对压强 $p_0=147$kPa，在计算题图 2-8 所示各点高程情况下，求 1、2 点的相对压强、绝对压强以及测压管水头。

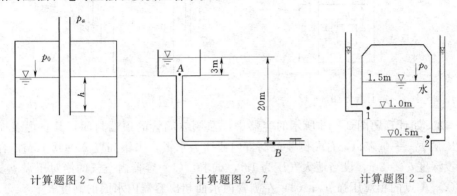

计算题图 2-6        计算题图 2-7        计算题图 2-8

2-9 根据复式水银测压管所示读数：$z_1=1.80$m，$z_2=0.7$m，$z_3=2.0$m，$z_4=0.9$m，$z_A=1.5$m，$z_0=2.5$m，试求压力箱中液面的相对压强 $p_0$。水银的重度 $\gamma_p$ 为 133.28kN/m³

（计算题图 2-9）。

2-10　有一封闭水箱如计算题图 2-10 所示，箱内空气的绝对压强 $p_0 = 0.2at$（工程大气压），已知 $H = 13.6m$，另测得大气压强等于 760mmHg（毫米汞柱）。试求水银上升的高度 $h_p$（$\gamma_{汞} = 133.28kN/m^3$，且空气重量不计）。

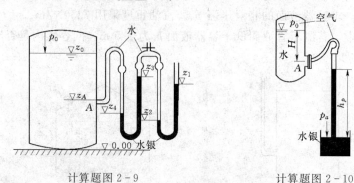

计算题图 2-9　　　　　　　计算题图 2-10

2-11　绘出如计算题图 2-11 所示边壁上的静水压强分布图。

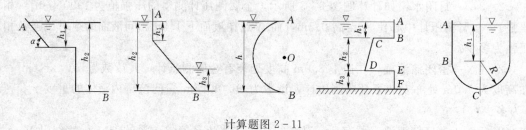

计算题图 2-11

2-12　如计算题图 2-12 中所示的盛满水的容器，有四个支座，求容器底的总压力和四个支座的反力。

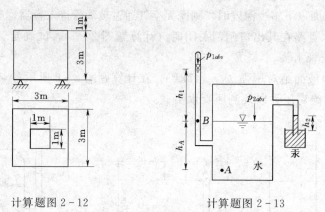

计算题图 2-12　　　　　　计算题图 2-13

2-13　如计算题图 2-13 所示的容器中，左侧玻璃管的顶端封闭，其自由表面上气体的绝对压强 $p_{1abs} = 0.75at$，右端倒装玻璃管内液体为水银，水银高度 $h_2 = 0.12m$，容器内 $A$ 点的淹没深度 $h_A = 2m$，设当地大气压为 1at，试求：（1）容器内空气的绝对压强 $p_{2abs}$ 和真空压强；（2）$A$ 点的相对压强 $p_A$；（3）左侧管内水面超出容器内水面的高度 $h_1$。

2-14　一矩形闸门的位置与尺寸如计算题图 2-14 所示，闸门上缘 $A$ 处设有轴，下缘连接铰链，以备开闭。若忽略闸门自重及轴间摩擦力，求开启闸门所需的拉力 $T$。

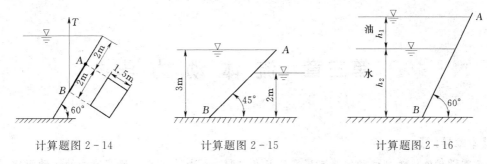

计算题图 2-14　　　　　计算题图 2-15　　　　　计算题图 2-16

2-15　计算题图 2-15 中所示平面 $AB$，宽 1 m，倾角为 45°，左侧水深 $h_1=3$m，右侧水深 $h_2=2$m。试求静水总压力及其作用点。

2-16　设一受两种液压的平板 $AB$ 如计算题图 2-16 所示，其倾角 $\alpha=60°$，上部受油压深度 $h_1=1.0$m，下部受水压深度 $h_2=2.0$m，油的重度 $\gamma_1=8.0$kN/m³，求作用在 $AB$ 板上（单宽）的静水总压力及其作用点的位置。

2-17　绘制下列各图的压力体。

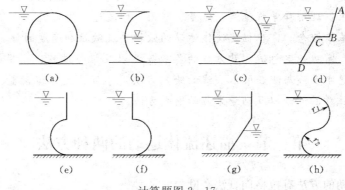

(a)　　　　　(b)　　　　　(c)　　　　　(d)

(e)　　　　　(f)　　　　　(g)　　　　　(h)

计算题图 2-17

2-18　一圆弧形闸门，宽度 $b$ 为 6m，圆心角 $\varphi$ 为 30°，半径 $R$ 为 2.5m，闸门转轴恰与水面齐平如计算题图 2-18 所示，求水对闸门的总压力及对转轴的力矩。

2-19　绘出计算题图 2-19 中 $AB$ 曲面的压力体，若为宽 1m 的半圆柱面，且 $D$ 为 3m，求该面上的静水总压力的大小和方向。

2-20　一扇形闸门如计算题图 2-20 所示，圆心角 $\alpha$ 为 45°，半径 $r$ 为 4.24m，闸门所挡水深 $H$ 为 3m。求闸门每米宽所承受的水压力及其方向。

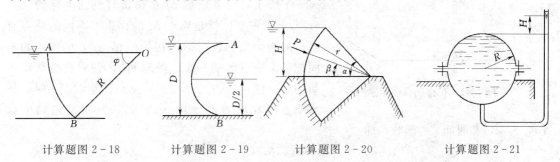

计算题图 2-18　　　　计算题图 2-19　　　　计算题图 2-20　　　　计算题图 2-21

2-21　一球形容器由两个半球面铆接而成，如计算题图 2-21 所示，铆钉有 $n$ 个，内盛重度为 $\gamma$ 的液体，求每一铆钉所受的拉力。

# 第三章 流体动力学

**【本章导读】**

本章研究流体机械运动的基本规律及其在工程中的初步应用，研究流体的运动规律，就是要确定表征流体运动状态的物理量，像速度、加速度、压强、切应力等运动要素随空间与时间的变化规律及相互间的关系。本章首先阐述描述流体运动的两种方法：拉格朗日法和欧拉法（流场法），然后以更具普遍意义的欧拉法为基础，引出一系列关于流体运动的基本概念，并从不同角度对各种流动进行分类（如恒定流与非恒定流，均匀流与非均匀流等）。在一元流分析法基础上，根据理论力学中的质量守恒原理、动能定理及动量定理，建立流体动力学的基本方程，即连续性方程、能量方程、动量方程，为以后各章的学习奠定必要的理论基础。

本章学习要求：理解和掌握流线、流量、断面平均流速、恒定流、均匀流、一元流、二元流、三元流等基本概念。掌握描述流体运动的欧拉法及欧拉加速度的计算。掌握恒定一元流的连续性方程。掌握恒定总流能量方程的各项意义以及推导过程、应用条件、注意事项、解题步骤。掌握总水头线与测压管水头线的绘制方法。掌握恒定总流动量方程的推导过程、应用动量方程应注意的问题以及动量方程的解题方法。

## 第一节 描述流体运动的两种方法

描述流体运动的方法有拉格朗日法和欧拉法两种。

### 一、拉格朗日法

采用拉格朗日法研究流体运动，是以单个流体质点为研究对象，跟踪每个质点运动的全过程，掌握其运动过程中运动要素的变化，通过综合足够多的质点（即质点系）的运动来获得整个流场流体的总体运动情况，是一种质点系法。

在运动流体的空间内选择一直角坐标系，如图 3-1-1 所示。设某质点 $M$ 在初始时刻的坐标为 $(a, b, c)$，则该坐标就是质点 $M$ 的标志。不同的质点有各自的初始坐标。所以，初始坐标 $(a, b, c)$ 的不同把各个质点区别开来。经时间 $t$，各质点将移动到新的坐标位置 $(x, y, z)$。可见在任意时刻 $t$ 时，任意质点所在位置的坐标 $(x, y, z)$ 应是初始坐标

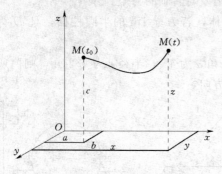

图 3-1-1 拉格朗日法示意图

$(a, b, c)$ 和时间 $t$ 的函数，即

$$\left.\begin{array}{l} x = x(a,b,c,t) \\ y = y(a,b,c,t) \\ z = z(a,b,c,t) \end{array}\right\} \qquad (3-1)$$

式中：$a$、$b$、$c$、$t$ 为拉格朗日变量，对于某给定质点 $M$ 来说，初始坐标 $a$、$b$、$c$ 为常数，$t$ 为变数。将 $t$ 代入式（3-1）可得到该质点的轨迹方程，或称迹线方程。如果令 $t$ 为常数，$a$、$b$、$c$ 为变数，则可得到同一时刻不同质点在空间的分布状态。

将式（3-1）对时间 $t$ 求一次和二次偏导数，得到质点流速在各坐标方向的分量为

$$\left.\begin{aligned} u_x &= \frac{\partial x}{\partial t} \\ u_y &= \frac{\partial y}{\partial t} \\ u_z &= \frac{\partial z}{\partial t} \end{aligned}\right\} \tag{3-2}$$

加速度分量为

$$\left.\begin{aligned} a_x &= \frac{\partial u_x}{\partial t} = \frac{\partial^2 x}{\partial t^2} \\ a_y &= \frac{\partial u_y}{\partial t} = \frac{\partial^2 y}{\partial t^2} \\ a_z &= \frac{\partial u_z}{\partial t} = \frac{\partial^2 z}{\partial t^2} \end{aligned}\right\} \tag{3-3}$$

由上述分析可知，用拉格朗日法描述流体运动，物理概念清楚，简明易懂，便于掌握。但由于流体质点的运动轨迹非常复杂，用拉格朗日法去分析流动，在数学上会遇到很多困难，况且在实用上也不需要弄清楚每个质点的运动情况，所以除少数情况（如波浪运动）外，拉格朗日法应用很少。本书采用另一种分析方法——欧拉法。

**二、欧拉法**

欧拉法是固守于流动空间的点上，观察流过各固守点的流体运动状况，即以充满运动流体质点的空间——流场为描述对象研究流动的方法，是一种流场法。

欧拉法不直接追究质点的运动过程，而是通过观察流场中的每一个空间点上的运动要素随时间的变化，然后综合足够多的空间点上运动要素的变化规律得出整个流场的运动情况。

用欧拉法描述流体运动时，运动要素是空间坐标 $x$、$y$、$z$ 与时间变量 $t$ 的连续函数，即

$$\left.\begin{aligned} u_x &= u_x(x,y,z,t) \\ u_y &= u_y(x,y,z,t) \\ u_z &= u_z(x,y,z,t) \end{aligned}\right\} \tag{3-4}$$

式中：$x$、$y$、$z$、$t$ 称为欧拉变量。

加速度应是速度对时间的全导数，注意到式（3-4）中 $x$、$y$、$z$ 是流体质点在 $t$ 时刻的运动坐标，它们不是独立变量，而是时间变量 $t$ 的函数。根据复合函数求导规则，得

$$\left.\begin{aligned} a_x &= \frac{\mathrm{d}u_x}{\mathrm{d}t} = \frac{\partial u_x}{\partial t} + u_x\frac{\partial u_x}{\partial x} + u_y\frac{\partial u_x}{\partial y} + u_z\frac{\partial u_x}{\partial z} \\ a_y &= \frac{\mathrm{d}u_y}{\mathrm{d}t} = \frac{\partial u_y}{\partial t} + u_x\frac{\partial u_y}{\partial x} + u_y\frac{\partial u_y}{\partial y} + u_z\frac{\partial u_y}{\partial z} \\ a_z &= \frac{\mathrm{d}u_z}{\mathrm{d}t} = \frac{\partial u_z}{\partial t} + u_x\frac{\partial u_z}{\partial x} + u_y\frac{\partial u_z}{\partial y} + u_z\frac{\partial u_z}{\partial z} \end{aligned}\right\} \tag{3-5}$$

上式右边第一项为流动过程中流体质点由于速度随时间变化而引起的加速度，称为当地加速度；等号右边后三项反映了流动过程中流体质点由于速度随位置变化而引起的加速度，

称为迁移加速度。所以，用欧拉法描述流体运动时，流体质点加速度应是当地加速度与迁移加速度之和。

# 第二节　欧拉法的几个基本概念

### 一、恒定流与非恒定流

流体运动可分为恒定流与非恒定流两类。若流场中所有空间点上一切运动要素都不随时间变化，这种流动称为恒定流。否则，就叫做非恒定流。例如，图3-2-1中水箱里的水位不恒定时，流场中各点的流速与压强等运动要素随时间而变化，这样的流动就是非恒定流。若设法使箱内水位保持恒定，则流体的运动就成为恒定流。

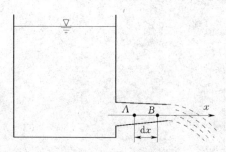

图3-2-1　水箱供水的管嘴

恒定流中一切运动要素只是坐标 $x$、$y$、$z$ 的函数，而与时间 $t$ 无关，因而恒定流中

$$\frac{\partial u_x}{\partial t}=\frac{\partial u_y}{\partial t}=\frac{\partial u_z}{\partial t}=\frac{\partial p}{\partial t}=0 \qquad (3-6)$$

恒定流中当地加速度等于零，但迁移加速度可以不等于零。

恒定流与非恒定流相比较，欧拉变量中少了一个时间变量 $t$，可使问题简化。在实际工程中不少非恒定流问题的运动要素非常缓慢地随时间变化，或者是在一段时间内运动要素的平均值几乎不变，此时可近似地把这种流动作为恒定流来处理。本章只研究恒定流。

### 二、迹线与流线

如前所述，用拉格朗日法描述流体运动，就是对个别质点在不同时刻的运动进行跟踪。将该质点在一个连续时段内所经过的空间位置连成直线或曲线，就是该质点在运动中留下的一条轨迹线，称为迹线。迹线描述了同一质点在不同时刻的运动状况。

流线是表示某一瞬时流体各点流动趋势的曲线（或直线），位于该线上的任一质点在该时刻的速度矢量都与该线相切。它描述了流场中不同质点在同一时刻的运动状况。流线是欧拉法分析流动的重要概念。

现假设流场中某时刻在 1 点的流体质点的流速向量为 $u_1$，沿该方向绘出一无限小线段，到达 2 点，设 2 点处的质点在该瞬时的流速向量为 $u_2$，再沿此方向绘一无限小线段到 3 点，沿 $u_3$ 再绘一线段到 4 点，依次类推，得一折线 1、2、3、4、…，当两相邻点距离无限缩短，其极限就是某时刻的流线。同理，流场中同一瞬时可绘出无数条流线，称为流线

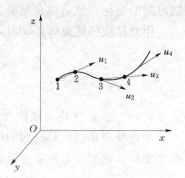

图3-2-2　质点运动过程图

簇，这些流线描绘出整个流场某瞬时的流体运动的总趋势。流线簇构成的流线图称为流谱，如图3-2-3所示。

根据流线的定义及其绘制方法，流线具有如下特性：

（1）在恒定流中，因运动要素不随时间变化，所以流线的形状和位置不随时间变化。

（2）在恒定流中，流线与迹线重合，可利用图3-2-2作如下说明：设某时刻经过点1

的流体质点的流速为 $u_1$，经 $dt_1$ 时段该质点运动到无限接近的点 2 时，在恒定流条件下，仍以原来的流速 $u_2$ 运动，于是经过 $dt_2$ 时段，它必然到达点 3，……如此继续下去，则曲线 1—2—3…即为迹线，而前面已说明此曲线为流线。因此，流体质点的运动迹线在恒定流时与流线相重合。

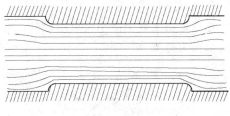

图 3-2-3　流谱示意图

（3）流线之间不能相交或转折。如果某点的流线相交或转折，必在交（折）点处同时有两个速度矢量，显然这是不可能的。因此，流线只能是一条光滑的曲线（或直线）。

如果在流线上任取一点 $A$，$d\vec{s}$ 为过 $A$ 点的流线上一微小位移，$\vec{u}$ 为该点处的速度矢量，因两者重合故流线方程应满足

$$d\vec{s} \times \vec{u} = 0$$

在直角坐标系中即

$$\begin{vmatrix} \vec{i} & \vec{j} & \vec{k} \\ dx & dy & dz \\ u_x & u_y & u_z \end{vmatrix} = 0$$

式中：$\vec{i}$、$\vec{j}$、$\vec{k}$ 为 $x$、$y$、$z$ 三方向的单位矢量；$dx$、$dy$、$dz$ 和 $u_x$、$u_y$、$u_z$ 分别为 $d\vec{s}$ 和 $\vec{u}$ 在三个坐标轴上的投影。展开后得到流线方程为

$$\frac{dx}{u_x} = \frac{dy}{u_y} = \frac{dz}{u_z} \tag{3-7}$$

上式既适用于恒定流，也适用于非恒定流。

【例 3-1】　流场中的流速分布为 $u_x = -ky$，$u_y = kx$，$u_z = 0$，其中 $k$ 为常数，求流线方程。

**解：** 由题中所给条件可知，流速与时间无关，且 $u_z = 0$，所以流动为平面恒定流。根据式（3-7）可得

$$\frac{dx}{-ky} = \frac{dy}{kx}$$

即

$$kx dx = -ky dy$$

积分可得

$$x^2 + y^2 = c$$

积分结果表明，此流线为一同心圆曲线簇。

### 三、流管、元流、总流、过流断面、流量和断面平均流速

1. 流管

在流场中取任一封闭曲线 $L$（不是流线，图 3-2-4），它所围的面积无限小，经该曲线上各点作流线，这些流线所构成的管状面称为流管。根据流线的特性，在各个时刻，流体质点只能在流管内部或沿流管表面流动，而不能穿过流管。

2. 元流

流管中充满的流体称为元流或微小流束，如图 3-2-4 所示。因恒定流时流线的形状与位置不随时间变化，故恒定流时流管及元流的形状与位置也不随时间变化。

3. 总流

总流是由无数个微小流束组成的、有一定大小尺寸的流体。如管道中的水流，河渠中的水流都视为总流。

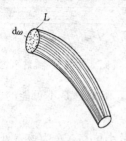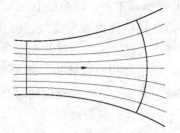

图 3-2-4　流管与元流　　　　　图 3-2-5　过流断面

4. 过流断面

与元流或总流的流线正交的横断面称为过流断面。过流断面不一定是平面，如流线为彼此平行的直线时，其过流断面必为平面，否则为曲面，如图 3-2-5 所示。

对于液体，组成过流断面的周界可能全是固体边界，如图 3-2-6（a）所示；也可能是一部分为固体边界，另一部分为液面，如图 3-2-6（b）、（c）所示。

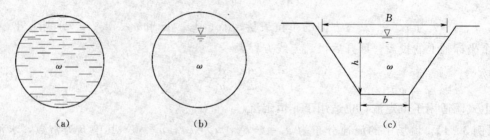

图 3-2-6　各种断面的湿周
（a）有压管道截面；（b）无压管道截面；（c）渠道截面

设过流断面面积为 $\omega$，被液体湿润的固体边界称为湿周，用 $\chi$ 表示。过流断面 $\omega$ 与湿周 $\chi$ 之比称为水力半径，用 $R$ 表示，即

$$R = \frac{\omega}{\chi} \tag{3-8}$$

5. 流量

单位时间内通过某一过流断面的流体体积称为流量，用 $Q$ 表示，其单位为 $m^3/s$ 或 $L/s$。

在总流中取一微小流束，其过流断面为 $d\omega$，如图 3-2-7 所示。因为 $d\omega$ 很小，认为通过 $d\omega$ 上各点流速 $u$ 均相等。经 $dt$ 时间，通过微小流束过流断面的流体体积为 $dV = ud\omega dt$，所以在单位时间通过 $d\omega$ 断面的流体体积为

$$dQ = \frac{dV}{dt} = ud\omega \tag{3-9}$$

式中：$dQ$ 为元流的流量。

通过总流过流断面 $\omega$ 的流量则为

$$Q = \int_\omega \mathrm{d}Q = \int_\omega u \, \mathrm{d}\omega \tag{3-10}$$

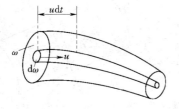

图 3-2-7　流量推导示意图

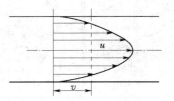

图 3-2-8　断面平均流速

6. 断面平均流速

在总流中，过流断面上各点的实际流速 $u$ 不一定相同，如图 3-2-8 所示。为计算方便，工程上常用断面平均流速 $v$ 代替各点的实际流速，即认为断面上各点流速都等于 $v$。用这一流速计算的流量应等于实际流量。由式（3-10）可得

$$Q = \int_\omega u \, \mathrm{d}\omega = \int_\omega v \, \mathrm{d}\omega = v\omega$$

所以，断面平均流速则为

$$v = \frac{\int_\omega u \, \mathrm{d}\omega}{\omega} = \frac{Q}{\omega} \tag{3-11}$$

**【例 3-2】**　一圆形水管的直径 $D = 1.2\mathrm{m}$，水流为满管出流，通过管道的流量 $Q = 3.8\mathrm{m^3/s}$，试求断面平均流速。

**解：**管道过流断面面积　　$\omega = \dfrac{1}{4}\pi D^2 = \dfrac{1}{4} \times 3.14 \times 1.2^2 = 1.13(\mathrm{m^2})$

所以断面平均流速为　　$v = \dfrac{Q}{\omega} = \dfrac{3.8}{1.13} = 2.92(\mathrm{m/s})$

#### 四、均匀流与非均匀流

1. 均匀流

当运动流体的流线为相互平行的直线时，该流动称为均匀流，直径不变的直线管道中的水流就是均匀流的典型例子。基于上述定义，均匀流应具有以下特性。

（1）均匀流的过流断面为平面，且过流断面的形状与尺寸沿程不变。

（2）均匀流中，同一流线上不同点的流速应相等，从而各过流断面上的流速分布相同，断面平均流速相等。

（3）均匀流过流断面上的动压强分布规律与静压强分布规律相同，即在同一过流断面上 $z + \dfrac{p}{\gamma} = C$。如图 3-2-9 所示，在管道均匀流中，任意选择 1—1 及 2—2 两过流断面，分别在两过流断面上装测压管，则同一断面上各测压管中的水面应上升至同一高程，但不同断面上测压管水面所上升的高程是不相同的。对 1—1 断面，$\left(z + \dfrac{p}{\gamma}\right)_1 = C_1$，对 2—2 断面，$\left(z + \dfrac{p}{\gamma}\right)_2 = C_2$。现证明如下。

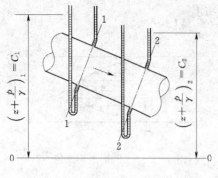

图 3-2-9　均匀流第三特性示意图

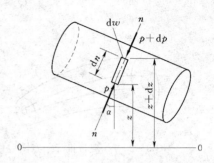

图 3-2-10　均匀流第三特性证明

如图 3-2-10 所示，在均匀流过流断面上取一微分柱体，其轴线 $n$—$n$ 与流线正交，并与铅垂线成夹角 $\alpha$。微分柱体两端面形心点距离基准面高度分别为 $z$ 及 $z+\mathrm{d}z$，其动压强分别为 $p$ 及 $p+\mathrm{d}p$。作用在微分柱体上的力在 $n$ 轴方向的投影有柱体两端面上的总压力 $p\mathrm{d}\omega$ 与 $(p+\mathrm{d}p)\mathrm{d}\omega$，以及柱体自重沿 $n$ 方向的投影 $\mathrm{d}G\cos\alpha=\gamma\mathrm{d}\omega\mathrm{d}n\cos\alpha=\gamma\mathrm{d}\omega\mathrm{d}z$。柱体侧面上的动压强以及柱体与周围流体之间的内摩擦力与 $n$ 轴正交，故沿 $n$ 方向投影为零。在均匀流中，与流线正交的 $n$ 方向无加速度，亦即无惯性力存在。故上述诸力在 $n$ 方向投影的代数和为零，于是

$$p\mathrm{d}\omega-(p+\mathrm{d}p)\mathrm{d}\omega-\gamma\mathrm{d}\omega\mathrm{d}z=0$$

简化后得
$$\gamma\mathrm{d}z+\mathrm{d}p=0$$

对上式积分可得
$$z+\frac{p}{\gamma}=C$$

上式表明，均匀流过流断面上的动压强符合静压分布规律，因而过流断面上任一点的动压强或断面上的流体总压力都可以按照流体静压强以及流体静压力的公式计算。

2. 非均匀流

若运动流体的流线不是互相平行的直线，该流动称为非均匀流。如果流线虽然互相平行但不是直线（如管径不变的弯管中水流），或者流线虽为直线但不相互平行（如管径沿程缓慢均匀扩散或收缩的渐变管中水流）都属于非均匀流。

按照流线不平行或弯曲的程度，可将非均匀流分为两种类型。

（1）渐变流：当运动流体的流线为近似平行的直线时称为渐变流。如果一个实际流动，其流线之间夹角很小，或流线曲率半径很大，则可将其视为渐变流。渐变流过流断面上流体动压强的分布规律可近似地看做与静压强分布规律相同。如果实际流动的流线不平行程度或弯曲程度太大，在过流断面上，沿垂直于流线方向就存在着离心惯性力，这时，再把过流断面上的动压强按静压强分布规律计算所引起的偏差就会很大。

运动流体是否可看作渐变流与流动的边界有密切的关系，当边界为近似平行的直线时，流动往往是渐变流。

应当指出，前面关于均匀流或渐变流过流断面上流体动压强遵循静压强分布规律的结论，一定是对有固体边界约束的流体才适用。如由孔口或管道末端射入空气的射流，虽然在出口断面处或距出口断面不远处，流线也为近似平行的直线，可视为渐变流，如图 3-2-

11 所示，但是由于该断面周界上的各点均与外界空气相接触，因此可近似认为断面上各点压强均为大气压强，不再服从流体静压强分布规律。

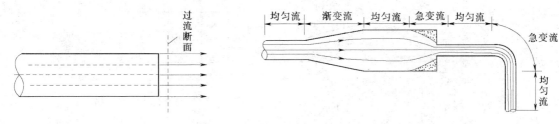

图 3-2-11　孔口或管道末端的射流　　　　图 3-2-12　均匀流、渐变流及急变流示意图

（2）急变流：若运动流体的流线之间的夹角很大或者流线的曲率半径很小，这种流动称为急变流。管道转弯、断面突然扩大或收缩处的水流都是急变流的例子，如图 3-2-12 所示。

现在简要地分析一下在急变流情况下，过流断面上流体动压强的分布特性。如图 3-2-13 所示为水流流过上凸固体边界上的情况，为简单起见设流线为一簇互相平行的同心圆弧曲线。仍然像分析渐变流过流断面上动压强分布的方法一样，在过流断面上取一微分柱体来研究它的受力情况，很显然，急变流与渐变流相比，在平衡方程式中多了一个离心惯性力，离心惯性力的方向与重力沿 $n-n$ 轴方向的分力相反，因此，使过流断面上动压强比静压强要小，图 3-2-13 的虚线部分表示静压强分布图，实线部分为实际的动压强分布情况。

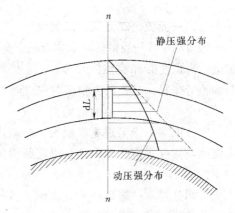

图 3-2-13　上凸固体边界流动

假如水流流过下凹的固体边界，如图 3-2-14 所示，由于微分柱体所受的离心惯性力方向与重力作用方向相同，因此，过流断面上动压强比按静压强计算所得数值大，图中虚线部分仍为静压强分布图，实线为实际动压强分布图。

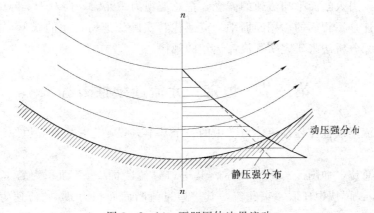

图 3-2-14　下凹固体边界流动

由上述分析可知，当流体流动为急变流时，其动压强分布规律与静压强分布规律不同。

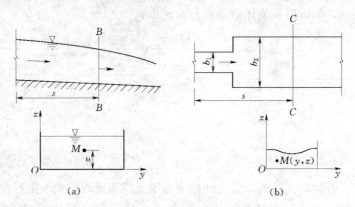

图 3-2-15　渠道流动

(a) $B-B$ 剖面；(b) $C-C$ 剖面

**五、一元流、二元流、三元流**

若流场中任一点的运动要素与三个空间位置变量有关，这种流动称为三元流。例如一矩形明渠，当宽度由 $b_1$ 突然扩大为 $b_2$，在扩散以后的相当范围内，水流中任意点的流速，不仅与断面位置坐标 $s$ 有关，还和该点在断面上的坐标 $y$ 及 $z$ 均有关，如图 3-2-15（b）所示。

如果流场中任一点的运动要素与两个空间位置变量有关，称为二元流。例如一断面为矩形的顺直明渠，当渠道宽度很大，两侧边界影响可以忽略不计时，水流中任意点的流速与两个空间位置变量有关，一个是决定断面位置的流程坐标 $s$，另一个是该点在断面上距渠底的铅垂距离 $z$，如图 3-2-15（a）所示，而沿横向（$y$ 方向）认为流速是没有变化的。因而沿水流方向任意取一纵剖面来分析流动情况，都代表了其他任何纵剖面的水流情况。

凡流场中任一点的运动要素只与一个空间位置变量（流程坐标 $s$）有关时，这种流动称为一元流。微小流束就是一元流。对于总流，若把过流断面上各点的流速用断面平均流速去代替，这时总流也可视为一元流。

严格地说，任何实际流体的运动都是三元流。但用三元流来分析问题，需要考虑运动要素在三个空间坐标方向的变化，分析过程中会遇到许多数学上的困难。所以流体力学中常采用简化的方法，引入断面平均流速的概念，把总流视为一元流，但对于实际的流动，过流断面上各点的流速是不相等的，用断面平均流速代替实际流速所产生的误差，需要加以修正。本书主要用一元分析法来研究实际流体运动的规律。

# 第三节　恒定一元流连续性方程

恒定一元流连续性方程是流体力学中的一个基本方程，它是质量守恒原理在流体运动中的具体体现。

任取一段总流，如图 3-3-1 所示，其进口过流断面 1—1 面积为 $\omega_1$，出口过流断面 2—2 面积为 $\omega_2$；再从中任取一束元流，其进口过流断面面积为 $d\omega_1$，流速为 $u_1$，出口过流断面面积为 $d\omega_2$，流速为 $u_2$。考虑到以下特定条件：

（1）在恒定流条件下，元流的形状与位置不随时间改变。

（2）不可能有流体经元流侧面流进或流出。

（3）它为连续介质，元流内部不存在空隙。

根据质量守恒原理，单位时间内流进 $\mathrm{d}\omega_1$ 的质量等于流出 $\mathrm{d}\omega_2$ 的质量，即

$$\rho_1 u_1 \mathrm{d}\omega_1 = \rho_2 u_2 \mathrm{d}\omega_2 = 常数$$

对于不可压缩的流体，密度 $\rho_1 = \rho_2 = 常数$，则有

$$u_1 \mathrm{d}\omega_1 = u_2 \mathrm{d}\omega_2 = \mathrm{d}Q = 常数 \tag{3-12}$$

这就是元流的连续性方程。它表明：对于不可压缩流体，元流的流速与其过流断面面积成反比，因而流线密集的地方流速大，而流线稀疏的地方流速小。

总流是无数个元流之总和，将元流的连续性方程在总流过流断面上积分可得总流的连续性方程

$$\int \mathrm{d}Q = \int_{\omega_1} u_1 \mathrm{d}\omega_1 = \int_{\omega_2} u_2 \mathrm{d}\omega_2$$

引入断面平均流速后成为

$$Q = v_1 \omega_1 = v_2 \omega_2 = 常数 \tag{3-13}$$

这就是恒定一元总流的连续性方程，它在形式上与元流的连续性方程相类似，不同的是以断面平均流速 $v$ 代替了点流速 $u$。式（3-13）表明，在不可压缩流体恒定总流中，任意两个过流断面所通过的流量相等。也就是说，上游断面流进多少流量，下游任何断面也必然流走多少流量。因此，断面大的地方流速小，断面小的地方流速大。

连续性方程是个不涉及任何作用力的运动学方程，所以，它无论对于理想流体或实际流体都适用。

连续性方程不仅适用于恒定流条件，在边界固定的流动中，即使是非恒定流，对于同一时刻的两过流断面仍然适用。当然，非恒定流中的流速与流量随时间改变。

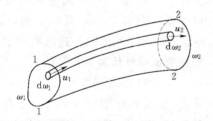
图3-3-1　连续性方程推导

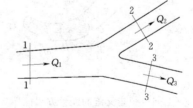
图3-3-2　分叉流动

上述总流的连续性方程是在流量沿程不变的条件下推导出来的。若沿程有流量流进或流出，则总流的连续性方程在形式上需作相应的变化。如图3-3-2所示的情况为

$$Q_1 = Q_2 + Q_3 \tag{3-14}$$

【例3-3】　如图3-3-3所示，一串联管路，直径分别为 $d_1 = 10\text{cm}$，$d_2 = 20\text{cm}$，当 $v_1 = 5\text{m/s}$ 时，试求：①流量；②第二管的断面平均流速；③两个管段平均流速之比。

解：（1）求管中流量，由已知条件

$$\omega_1 = \frac{1}{4}\pi d_1^2 = \frac{1}{4} \times 3.14 \times 0.1^2 = 7.85 \times 10^{-3}\,(\text{m}^2)$$

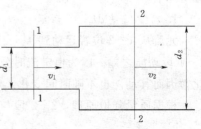
图3-3-3　［例3-3］图

$$\omega_2 = \frac{1}{4}\pi d_2^2 = \frac{1}{4} \times 3.14 \times 0.2^2 = 3.14 \times 10^{-2}(\text{m}^2)$$

代入式（3-13）得流量为

$$Q = v_1\omega_1 = 5 \times 7.85 \times 10^{-3} = 0.039\text{m}^3/\text{s} = 39(\text{L/s})$$

（2）求流速 $v_2$：式（3-13）可改写为

$$v_2 = \frac{\omega_1}{\omega_2}v_1$$

代入数值得

$$v_2 = \frac{7.85 \times 10^{-3}}{3.14 \times 10^{-2}} \times 5 = 1.25(\text{m/s})$$

（3）断面平均流速比：由式（3-13）得

$$\frac{v_1}{v_2} = \frac{\omega_2}{\omega_1} = \frac{3.14 \times 10^{-2}}{7.85 \times 10^{-3}} = 4$$

计算结果表明，小管流速是大管的 4 倍。

# 第四节　理想流体及实际流体恒定元流能量方程

前一节连续性方程只说明了流速与过流断面的关系，是一个运动学方程。从本节起将进一步从动力学的观点来讨论运动流体各运动要素之间的关系。

## 一、理想流体恒定元流的能量方程

下面用动能定理推导理想流体恒定元流的能量方程，在理想流体中任取一段微小流束，

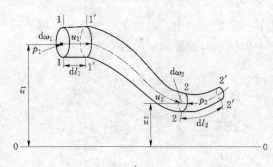

图 3-4-1　恒定元流的能量方程推导

如图 3-4-1 所示。进口过流断面为 1—1，面积为 $\text{d}\omega_1$，形心距离基准面 0—0 的垂直高度为 $z_1$，流速为 $u_1$，流体动压强为 $p_1$；出口过流断面为 2—2，其相应的参数为 $\text{d}\omega_2$，$z_2$，$u_2$，$p_2$。元流同一过流断面上各点的流速与动压强可认为是相等的。

对于恒定流，经过 $\text{d}t$ 时间，所取流段从 1—2 位置变形运动到 $1'$—$2'$ 位置。1—1 断面与 2—2 断面移动的距离分别为

$$\text{d}l_1 = u_1\text{d}t \qquad \text{d}l_2 = u_2\text{d}t$$

根据动能定理，运动流体的动能增量等于作用在它上面各力做功的代数和，其各项具体分析如下。

1. 动能增量 $\text{d}E_u$

元流从 1—2 位置运动到 $1'$—$2'$ 位置，其动能增量 $\text{d}E_u$ 在恒定流时等于 2—$2'$ 段动能与 1—$1'$ 段动能之差。因为恒定流时公共部分 $1'$—2 段的形状与位置及其各点流速不随时间变化，因而其动能也不随时间变化。

根据质量守恒原理，2—$2'$ 段与 1—$1'$ 段的质量同为 $\text{d}M$，注意到对于不可压缩的流体恒定流，$\rho = \dfrac{\gamma}{g} =$ 常数，$\text{d}Q =$ 常数，于是

$$dE_u = dM\frac{u_2^2}{2} - dM\frac{u_1^2}{2} = dM\left(\frac{u_2^2}{2} - \frac{u_1^2}{2}\right)$$

$$= \rho dQdt\left(\frac{u_2^2}{2} - \frac{u_1^2}{2}\right) = \gamma dQdt\left(\frac{u_2^2}{2g} - \frac{u_1^2}{2g}\right)$$

2. 重力做功 $dA_G$

对于恒定流，公共部分 $1'—2$ 段的形状与位置不随时间改变，重力对它不做功。所以，元流从 $1—2$ 位置运动到 $1'—2'$ 位置重力做功 $dA_G$ 等于 $1—1'$ 段流体运动到 $2—2'$ 位置时重力所作的功，即

$$dA_G = dMg(z_1 - z_2) = \rho gdQdt(z_1 - z_2) = \gamma dQdt(z_1 - z_2)$$

对于重力做功也可以这样来理解，元流从 $1—2$ 位置运动到 $1'—2'$ 位置重力做功等于其势能的改变量，由于公共部分 $1'—2$ 段的形状与位置不随时间改变，故势能的改变量应等于 $1—1'$ 段的势能减去 $2—2'$ 段的势能，即

$$dA_G = dMgz_1 - dMgz_2 = \gamma dQdt(z_1 - z_2)$$

3. 压力做功 $dA_p$

元流从 $1—2$ 位置运动到 $1'—2'$ 位置时作用在过流断面 $1—1$ 上的流体总压力 $p_1d\omega_1$ 与运动方向相同，做正功；作用在过流断面 $2—2$ 上的流体总压力 $p_2d\omega_2$ 与运动方向相反，做负功；而作用在元流侧面上的流体动压强与运动方向垂直，不做功。于是

$$dA_p = p_1d\omega dl_1 - p_2d\omega_2 dl_2$$
$$= p_1d\omega_1 u_1 dt - p_2d\omega_2 u_2 dt = dQdt(p_1 - p_2)$$

对于理想流体，不存在切应力。根据动能定理

$$dE_u = dA_G + dA_p$$

将各项代入，得

$$\gamma dQdt\left(\frac{u_2^2}{2g} - \frac{u_1^2}{2g}\right) = \gamma dQdt(z_1 - z_2) + dQdt(p_1 - p_2)$$

消去 $\gamma dQdt$ 并整理得

$$z_1 + \frac{p_1}{\gamma} + \frac{u_1^2}{2g} = z_2 + \frac{p_2}{\gamma} + \frac{u_2^2}{2g} \tag{3-15}$$

或

$$z + \frac{p}{\gamma} + \frac{u^2}{2g} = 常数 \tag{3-16}$$

这就是理想流体的恒定元流能量方程式，又称为元流的伯诺里方程。由于元流的过流断面积无限小，流线是元流的极限状态，所以式（3-15）同样适用于同一流线上的任意两点。这一方程极为重要，它反映了重力场中理想流体元流（或者说沿流线）作恒定流动时，位置高度 $z$、流体动压强 $p$ 与流速 $u$ 之间的关系。

**二、理想流体元流能量方程的物理意义与几何意义**

1. 物理意义

理想流体元流能量方程中的三项分别表示单位重量流体的三种不同的能量形式：

$z$ 为单位重量流体的位能（重力势能），这是因为重量为 $Mg$，高度为 $z$ 的流体质点的位能是 $Mgz$。

$\frac{u^2}{2g}$ 为单位重量流体的动能，因为重量为 $Mg$ 的流体质点的动能是 $\frac{1}{2}Mu^2$。

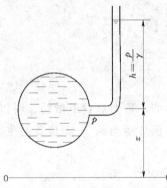

图 3-4-2 水在压强作用下上升

$\frac{p}{\gamma}$ 为单位重量流体的压能（压强势能）。压能是压强场中移动流体质点时压力做功而使流体获得的一种势能。可作如下说明：在流动的水体中某点插入一根测压管，水就会沿着测压管上升，如图 3-4-2 所示。若 $p$ 是该点的相对压强，则水的上升高度 $h=\frac{p}{\gamma}$，即原位于该点的水质点上升至测压管水面，其相对压强由 $p$ 变为零。若该质点的重量为 $Mg$，当它沿测压管上升高度 $h$ 后，压强做功使质点增加的势能为 $Mgh=Mg\frac{p}{\gamma}$。这说明压强具有做功的本领而使流体势能增加，所以压能是流体内部具有的一种能量形式。单位重量流体的压能等于 $\frac{p}{\gamma}$。

由上述分析，$p$ 为相对压强时，$\frac{p}{\gamma}$ 是单位重量流体相对于大气压强（认为该值的压能等于零）的压能。不言而喻，$p$ 为绝对压强时，$\frac{p}{\gamma}$ 是单位重量流体相对于绝对真空（认为该值的压能等于零）的压能。

于是，$z+\frac{p}{\gamma}$ 是单位重量流体的势能，即重力势能与压强势能之和，而 $z+\frac{p}{\gamma}+\frac{u^2}{2g}$ 是单位重量流体的机械能。

式（3-15）、式（3-16）表明：对于不可压缩理想流体的恒定元流（或沿同一流线），流动过程中其单位重量流体的机械能守恒。

2. 几何意义

式（3-15）的各项都具有长度的量纲，通常称为水头。

$z$ 称为位置水头。显然，其量纲

$$[z]=[L]$$

$\frac{p}{\gamma}$ 称为压强水头，$p$ 为相对压强时也即测压管高度。压强水头的量纲

$$\left[\frac{p}{\gamma}\right]=\left[\frac{MLT^{-2}/L^2}{MLT^{-2}/L^3}\right]=[L]$$

$\frac{u^2}{2g}$ 称为流速水头。速度水头的量纲为

$$\left[\frac{u^2}{2g}\right]=\frac{[L/T]^2}{[L/T^2]}=[L]$$

通常 $p$ 为相对压强，此时 $z+\frac{p}{\gamma}$ 称为测压管水头。

$z+\frac{p}{\gamma}+\frac{u^2}{2g}$ 叫做总水头，以 $H$ 表示。

实际工程中流体的点流速可利用下面装置实测。如图 3-4-3 所示的水管，在其中放置一根弯成直角的两端开口的细管，称为测速管。将其一端正对迎面水流，置于测定点 $B$ 处，

另一端垂直向上。$B$ 点的运动质点由于受到测速管的阻滞因而流速等于零,动能全部转化为压能,使得测速管中的液面升高为 $\frac{p'}{\gamma}$。$B$ 点称为滞止点或驻点。另一方面,在 $B$ 点上游同一水平流线上相距很近的 $A$ 点未受测速管的影响,流速为 $u$,其测压管高度 $\frac{p}{\gamma}$ 可通过同一过流断面壁上的测压管测定(对于均匀流或渐变流,同一过流断面上的流体动压强分布规律和静压强分布规律相同,故为避免测压管对流场的干扰,测压管可不必置于 $A$ 点,而装在同一断面的管壁上)。对 $A$、$B$ 两点应用理想流体恒定元流(流线)的能量方程,有

$$\frac{p}{\gamma}+\frac{u^2}{2g}=\frac{p'}{\gamma}$$

得

$$\frac{u^2}{2g}=\frac{p'}{\gamma}-\frac{p}{\gamma}=h_u$$

由此说明了流速水头等于测速管与测压管的液面差 $h_u$,则

$$u=\sqrt{2g\left(\frac{p'-p}{\gamma}\right)}=\sqrt{2gh_u} \tag{3-17}$$

根据这个原理,可将测压管与测速管组合制成一种测定点流速的仪器,称为毕托管。其构造如图 3-4-4 所示,其中与前端迎流孔相通的是测速管,与侧面顺流孔相通的是测压管。考虑到实际流体从前端小孔流至侧面小孔的黏性效应,还有毕托管放入后对流场的干扰,以及两小孔并不在同一断面上,所以使用时应引入修正系数 $\zeta$,即

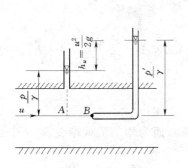

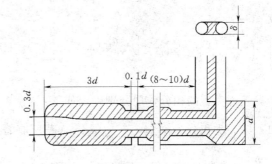

图 3-4-3　毕托管原理　　　　　　　图 3-4-4　实际毕托管

$$u=\zeta\sqrt{2g\left(\frac{p'-p}{\gamma}\right)}=\zeta\sqrt{2gh_u} \tag{3-18}$$

式中:$\zeta$ 值由实验测定,通常很接近于 1。

毕托管可以测量液体或气体的流速。

### 三、实际流体恒定元流的能量方程

由于实际流体存在着黏滞性,在流动过程中,要消耗一部分能量用于克服摩擦力做功,流体的机械能会沿流程减少,即存在着能量损失。因此,对实际流体而言,总是

$$z_1+\frac{p_1}{\gamma}+\frac{u_1^2}{2g}>z_2+\frac{p_2}{\gamma}+\frac{u_2^2}{2g}$$

令单位重量流体从 1—1 断面流至 2—2 断面所损失的能量为 $h'_w$,则能量方程应写为

$$z_1+\frac{p_1}{\gamma}+\frac{u_1^2}{2g}=z_2+\frac{p_2}{\gamma}+\frac{u_2^2}{2g}+h'_w \tag{3-19}$$

上式就是不可压缩实际流体恒定流微小流束（元流）的能量方程式。

在实用上，人们所考虑的流体运动都是总流，要把能量方程运用于解决实际问题，还必须把微小流束的能量方程对总流过流断面积分，从而推广为总流的能量方程。

# 第五节　实际流体恒定总流能量方程

### 一、实际流体恒定总流能量方程的推导

不可压缩实际流体恒定元流的能量方程为

$$z_1 + \frac{p_1}{\gamma} + \frac{u_1^2}{2g} = z_2 + \frac{p_2}{\gamma} + \frac{u_2^2}{2g} + h_w'$$

把上式对总流过流断面积分，便可推广为总流的能量方程。

若元流的流量为 $\mathrm{d}Q$，单位时间通过元流任何过流断面的流体重量为 $\gamma\mathrm{d}Q$，将上式各项乘以 $\gamma\mathrm{d}Q$，得到单位时间内通过元流两过流断面的全部流体的能量关系式为

$$\left(z_1 + \frac{p_1}{\gamma} + \frac{u_1^2}{2g}\right)\gamma\mathrm{d}Q = \left(z_2 + \frac{p_2}{\gamma} + \frac{u_2^2}{2g}\right)\gamma\mathrm{d}Q + h_w'\gamma\mathrm{d}Q$$

注意到 $\mathrm{d}Q = u_1\mathrm{d}\omega_1 = u_2\mathrm{d}\omega_2$，在总流过流断面上积分，得到通过总流两过流断面的总能量之间的关系为

$$\int_{\omega_1}\left(z_1 + \frac{p_1}{\gamma} + \frac{u_1^2}{2g}\right)\gamma u_1\mathrm{d}\omega_1 = \int_{\omega_2}\left(z_2 + \frac{p_2}{\gamma} + \frac{u_2^2}{2g}\right)\gamma u_2\mathrm{d}\omega_2 + \int_Q h_w'\gamma\mathrm{d}Q$$

可写成

$$\gamma\int_{\omega_1}\left(z_1 + \frac{p_1}{\gamma}\right)u_1\mathrm{d}\omega_1 + \gamma\int_{\omega_1}\frac{u_1^3}{2g}\mathrm{d}\omega_1 = \gamma\int_{\omega_2}\left(z_2 + \frac{p_2}{\gamma}\right)u_2\mathrm{d}\omega_2 + \gamma\int_{\omega_2}\frac{u_2^3}{2g}\mathrm{d}\omega_2 + \int_Q h_w'\gamma\mathrm{d}Q$$

$$(3-20)$$

上式共有三种类型的积分，现分别确定如下：

(1) 第一类积分为 $\gamma\int_\omega\left(z + \frac{p}{\gamma}\right)u\mathrm{d}\omega$，若所取的过流断面为均匀流或渐变流，则在断面上 $\left(z + \frac{p}{\gamma}\right) =$ 常数，因而积分是可能的，即

$$\gamma\int_\omega\left(z + \frac{p}{\gamma}\right)u\mathrm{d}\omega = \left(z + \frac{p}{\gamma}\right)\gamma\int_\omega u\mathrm{d}\omega = \left(z + \frac{p}{\gamma}\right)\gamma Q \qquad (3-21)$$

(2) 第二类积分为 $\gamma\int_\omega\frac{u^3}{2g}\mathrm{d}\omega$，它是单位时间内通过总流过流断面的流体动能的总和。

由于流速 $u$ 在总流过流断面上的分布一般难以确定，可采用断面平均流速 $v$ 来代替 $u$，并令

$$\alpha = \frac{\int_\omega u^3\mathrm{d}\omega}{v^3\omega} \qquad (3-22)$$

则有

$$\gamma\int_\omega\frac{u^3}{2g}\mathrm{d}\omega = \frac{\gamma}{2g}\alpha v^3\omega = \frac{\alpha v^2}{2g}\gamma Q \qquad (3-23)$$

式（3-22）中的 $\alpha$ 称为动能修正系数，它表示实际动能与按断面平均流速计算的动能之比值。$\alpha$ 值一般大于 1，因为多个数立方的平均值总是大于多个数平均值的立方。当流速分布较均匀时，$\alpha = 1.05\sim1.10$，流速分布不均匀时 $\alpha$ 值较大。在工程计算中常取 $\alpha = 1.0$，

其误差通常是可以允许的。

（3）第三类积分为 $\int_Q h'_w \gamma \mathrm{d}Q$，假定各个元流单位重量流体所损失的能量 $h'_w$ 都等于某一个平均值 $h_w$（称为总流的水头损失或平均机械能损失），则第三类积分为

$$\int_Q h'_w \gamma \mathrm{d}Q = \gamma h_w \int_Q \mathrm{d}Q = h_w \gamma Q \qquad (3-24)$$

将式（3-21）、式（3-23）与式（3-24）一起代入式（3-20），注意到 $Q_1 = Q_2 = Q$，再两边除以 $\gamma Q$，得到

$$z_1 + \frac{p_1}{\gamma} + \frac{\alpha_1 v_1^2}{2g} = z_2 + \frac{p_2}{\gamma} + \frac{\alpha_2 v_2^2}{2g} + h_w \qquad (3-25)$$

上式即是不可压缩实际流体恒定总流的能量方程（伯诺里方程）。它反映了总流中不同过流断面上 $\left(z + \frac{p}{\gamma}\right)$ 值和断面平均流速 $v$ 的变化规律及其相互关系，是流体动力学中第二个重要的基本方程式，它和连续性方程联合运用，可以解决许多实际问题。

恒定总流的能量方程与元流的能量方程比较，所不同的是总流能量方程中的动能 $\frac{\alpha v^2}{2g}$ 项是用断面平均动能来表示的，而 $h_w$ 则代表总流单位重量的流体由一个断面流至另一个断面的平均能量损失。

## 二、总流能量方程各项的物理意义和几何意义

总流能量方程（伯诺里方程）的物理意义和几何意义与元流的能量方程相类似。

1. 物理意义

$z$ 表示总流过流断面上某点处单位重量流体所具有的位能。

$\frac{p}{\gamma}$ 是对应点处单位重量流体所具有的压能。

$z + \frac{p}{\gamma}$ 表示单位重量流体所具有的势能。对于均匀流或渐变流断面，此值在过流断面上处处相等。

$\frac{\alpha v^2}{2g}$ 是过流断面上单位重量流体所具有的平均动能。

$z + \frac{p}{\gamma} + \frac{\alpha v^2}{2g}$ 表示单位重量流体所具有的总机械能。

$h_w$ 是流动过程中单位重量流体的平均机械能损失。

2. 几何意义

$z$ 是过流断面某一点相对于基准面的位置高度，称为位置水头。

$\frac{p}{\gamma}$ 是对应点的压强水头。

$z + \frac{p}{\gamma}$ 称为测压管水头（$p$ 为相对压强时），在均匀流或渐变流过流断面，测压管水头处处相等。

$\frac{\alpha v^2}{2g}$ 称为平均流速水头。

$z + \frac{p}{\gamma} + \frac{\alpha v^2}{2g}$ 称为总水头，常用 $H$ 表示。

$h_w$ 习惯上称为总流的水头损失。

将上述水头概念用几何图形表示称为水头线，水头线可以清楚地表示出各种水头沿流程的变化规律。该问题将在下一节作详细介绍。

### 三、应用能量方程式的条件及注意事项

从恒定总流的能量方程的推导过程可以看出，应用时应满足下列条件：

(1) 运动流体必须是恒定流。

(2) 作用在流体上的质量力只有重力。

(3) 选取的两个过流断面，应符合均匀流或渐变流条件，但在所取的两个断面之间，可以不是渐变流。如图 3-5-1 所示，只要把过流断面选在水管进口以前符合渐变流条件的 1—1 断面及进口之后符合渐变流条件的 2—2 断面，虽然在两断面之间有急变流发生，对 1—1 及 2—2 两过流断面，仍然可以应用能量方程式。

(4) 在所取的两过流断面之间，流量保持不变，其间没有流量加入或分出。

但是应当指出，虽然在推证过程中使用了流量沿程保持不变的条件，但总流能量方程中的各项都是指单位重量流体的能量，所以分支流动或汇合流动的情况下，仍可以分别对每一支水流建立能量方程（证明过程从略）。如图 3-5-2 所示的汇流情况，1—1 断面和 3—3 断面以及 2—2 断面和 3—3 断面的能量方程可分别写为如下形式：

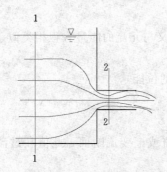

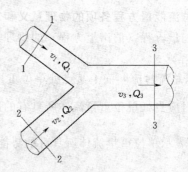

图 3-5-1　过流断面的选取　　　　图 3-5-2　流量变化时过流断面的选取

$$z_1 + \frac{p_1}{\gamma} + \frac{\alpha_1 v_1^2}{2g} = z_3 + \frac{p_3}{\gamma} + \frac{\alpha_3 v_3^2}{2g} + h_{w1-3} \tag{3-26}$$

$$z_2 + \frac{p_2}{\gamma} + \frac{\alpha_2 v_2^2}{2g} = z_3 + \frac{p_3}{\gamma} + \frac{\alpha_3 v_3^2}{2g} + h_{w2-3} \tag{3-27}$$

为了在应用能量方程时使计算简便和不致发生错误，应注意以下几点。

(1) 计算断面（建立能量方程的两断面）应选择在已知参数较多的断面，并使能量方程中包含所求的未知量。

(2) 基准面可以任意选取，但在计算不同断面的位置水头 $z$ 值时，必须选取同一基准面。

(3) 能量方程中 $\frac{p}{\gamma}$ 一项，可以用相对压强，也可以用绝对压强，但对同一问题必须采用相同的标准。

(4) 在计算过流断面的 $z + \frac{p}{\gamma}$ 时，可以选取过流断面上任意点来计算，因为在均匀流或

渐变流的同一断面上任何点的 $\left(z+\dfrac{p}{\gamma}\right)$ 值均相等，具体选择哪一点，以计算方便为宜。对于管道一般选在管轴中心点，对于明渠一般选在自由液面上。

（5）不同过流断面的动能修正系数 $\alpha_1$ 与 $\alpha_2$ 严格来讲是不相等的，且不等于 1，实用上对均匀流或渐变流的多数情况，可令 $\alpha_1=\alpha_2=1$。

### 四、流程中途有能量输入或输出时的能量方程

以上所推导的总流能量方程，没有考虑到由 1—1 断面至 2—2 断面之间，中途有能量输入水流内部或从水流内部输出能量的情况。抽水管路系统中设置的水泵，是通过水泵叶片转动向水流输入能量的典型例子，如图 3-5-3 所示。在水电站有压管路系统上所安装的水轮机，是通过水轮机叶片由水流中输出能量的典型例子，如图 3-5-4 所示。

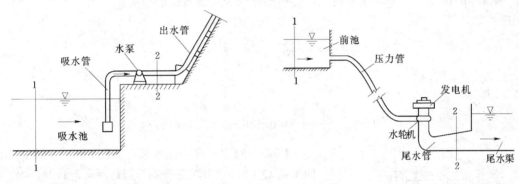

图 3-5-3　水泵管路简图　　　　　图 3-5-4　水轮机管路简图

如图 3-5-3 及图 3-5-4 所示，如果所选择的 1—1 断面与 2—2 断面之间有能量输入或输出时，其能量方程应表达为如下形式

$$z_1+\frac{p_1}{\gamma}+\frac{\alpha_1 v_1^2}{2g}\pm H_t=z_2+\frac{p_2}{\gamma}+\frac{\alpha_2 v_2^2}{2g}+h_w \qquad (3-28)$$

上式中 $H_t$ 为在 1—1 断面至 2—2 断面之间，由于外加设备（水泵、水轮机等）对水流做功（正功或负功）使单位重量流体增加或减小的那部分机械能；当外加设备对水流做正功时（即输入能量，如水泵），式中 $H_t$ 前符号取"＋"号；当外加设备对水流做负功时（即输出能量，如水轮机），式中 $H_t$ 前取"－"号。对于水泵系统来说，$H_t$ 称为水泵的扬程。

**【例 3-4】**　如图 3-5-5 所示，用一根直径 $d$ 为 200mm 的管道从水箱中引水，水箱中的水由于不断得到外界的补充而保持水位恒定。若需要流量 $Q$ 为 60L/s，问水箱中水位与管道出口断面中心的高差 $H$ 应保持多大？假定水箱过流面积远大于管道过流面积，水流总的水头损失 $h_w$ 为 $5mH_2O$（米水柱）。

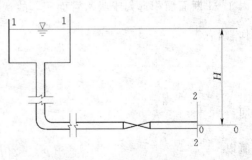

图 3-5-5　[例 3-4] 图

**解：**首先选取计算断面、计算点（计算 $z+\dfrac{p}{\gamma}$ 的点）和基准面。

取水箱的液面 1—1 断面和管道出口 2—2 断面作为计算断面，它们都符合渐变流条件。

1—1断面的计算点在自由液面上，选2—2断面的计算点在管轴中心。取基准面0—0位于通过2—2断面中心的水平面上。

以0—0为基准面，建立1—1断面和2—2断面的能量方程

$$z_1 + \frac{p_1}{\gamma} + \frac{\alpha_1 v_1^2}{2g} = z_2 + \frac{p_2}{\gamma} + \frac{\alpha_2 v_2^2}{2g} + h_w$$

式中：$z_1$ 等于 $H$，$z_2 = 0$，$p_1$ 与 $p_2$ 等于大气压强，其相对压强等于零。此外，根据总流的连续性方程，在水箱过流面积远大于管道面积的情况下可认为 $\frac{\alpha_1 v_1^2}{2g} \approx 0$，则上式成为

$$H = \frac{\alpha_2 v_2^2}{2g} + h_w$$

这说明流体的位能一部分转变成动能，另一部分用于克服机械能损失。

其中

$$v_2 = \frac{Q}{\frac{1}{4}\pi d^2} = \frac{60 \times 10^{-3}}{\frac{1}{4} \times 3.14 \times 0.2^2} = 1.91 (\text{m/s})$$

取 $\alpha_2 = 1$，则

$$H = \frac{1.91^2}{2 \times 9.8} + 5 = 0.186 + 5 = 5.186 (\text{m})$$

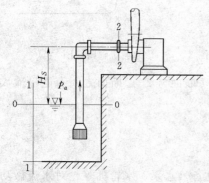

图3-5-6　[例3-5]图

**【例3-5】** 一离心式水泵，如图3-5-6所示，其抽水量 $Q = 20\text{m}^3/\text{h}$，安装高度 $H_s = 5.5\text{m}$，吸水管管径 $d = 100\text{mm}$。若吸水管总的水头损失 $h_w$ 为 $0.25\text{mH}_2\text{O}$（米水柱），试求水泵进口处的真空值 $p_{v_2}$。

**解：** 选取的计算断面1—1和2—2如图3-5-6所示，2—2断面为水泵进口断面，它们的计算点分别取在自由液面与管轴上，选基准面0—0在自由液面上。

以0—0为基准面，建立1—1断面和2—2断面的能量方程

$$0 + \frac{p_1}{\gamma} + \frac{\alpha_1 v_1^2}{2g} = H_s + \frac{p_2}{\gamma} + \frac{\alpha_2 v_2^2}{2g} + h_w$$

因1—1断面面积远大于吸水管面积，故认为 $\frac{\alpha_1 v_1^2}{2g} \approx 0$。注意到 $p_1 = p_a$（大气压强），取 $\alpha_2 = 1$，则有

$$\frac{p_2}{\gamma} = -\left(H_s + \frac{\alpha_2 v_2^2}{2g} + h_w\right)$$

而

$$p_{v_2} = |p_2|$$

所以

$$p_{v_2} = \gamma\left(H_s + \frac{\alpha_2 v_2^2}{2g} + h_w\right)$$

其中

$$v_2 = \frac{Q}{\frac{1}{4}\pi d^2} = \frac{20}{\frac{1}{4} \times 3.14 \times 0.1^2 \times 3600} = 0.707 (\text{m/s})$$

则 $p_{v_2}=9800\times\left(5.5+\dfrac{0.707^2}{2\times9.8}+0.25\right)=9800\times5.78$

$\qquad\qquad=56600\text{N/m}^2=56.6(\text{kN/m}^2)$

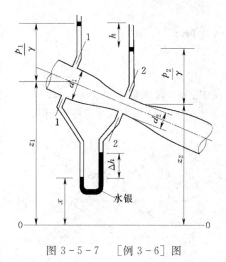

【**例 3-6**】　文丘里流量计是一种测量有压管道中液体流量的仪器。它由光滑的收缩段、喉道与扩散段三部分组成，如图 3-5-7 所示。在收缩段进口断面与喉道处分别安装一根测压管（或是连接两处的水银压差计）。若已知测压管或压差计的压差读数，就可计算管中流量，试说明计算过程。

**解：** 1—1 断面与 2—2 断面测压管水头的差值为

$$\left(z_1+\frac{p_1}{\gamma}\right)-\left(z_2+\frac{p_2}{\gamma}\right)=h$$

以 0—0 为基准面建立 1—1 断面和 2—2 断面的能量方程

$$z_1+\frac{p_1}{\gamma}+\frac{\alpha_1 v_1^2}{2g}=z_2+\frac{p_2}{\gamma}+\frac{\alpha_2 v_2^2}{2g}+h_w$$

图 3-5-7　[例 3-6] 图

考虑到 1—1 断面和 2—2 断面相距很近，暂忽略水头损失，即 $h_w=0$。令动能修正系数 $\alpha_1=\alpha_2=1.0$，则上述方程为

$$h=\left(z_1+\frac{p_1}{\gamma}\right)-\left(z_2+\frac{p_2}{\gamma}\right)=\frac{v_2^2-v_1^2}{2g}$$

根据连续性方程，则 $v_2=\left(\dfrac{d_1}{d_2}\right)^2 v_1$，代入上式，得

$$v_2=\sqrt{\frac{2gh}{\left(\dfrac{d_1}{d_2}\right)^4-1}}$$

所以，通过文丘里流量计中的流量为

$$Q=v_1\omega_1=\frac{1}{4}\pi d_1^2\sqrt{\frac{2gh}{\left(\dfrac{d_1}{d_2}\right)^4-1}}\qquad\qquad(3-29)$$

令

$$K=\frac{1}{4}\pi d_1^2\sqrt{\frac{2g}{\left(\dfrac{d_1}{d_2}\right)^4-1}}\qquad\qquad(3-30)$$

则

$$Q=K\sqrt{h}\qquad\qquad(3-31)$$

式中：$K$ 为文丘里流量计的仪器常数。$K$ 值只与管径 $d_1$ 和喉管直径 $d_2$ 有关，当它们确定后，$K$ 值为一常数，可预先算出。所以，只要读出测压管水头差 $h$，就可计算管中流量。

应指出，在推导公式的过程中，没有考虑水头损失，当计入损失后，流量将减少，因而需对式（3-31）乘以系数 $\mu$ 加以修正，即有

$$Q=\mu K\sqrt{h}\qquad\qquad(3-32)$$

式中：$\mu$ 为流量系数，其值通过实验率定，一般取 $\mu=0.95\sim0.98$。

如遇较大压强差，可在文丘里流量计上安装水银测压计，如图 3-5-7 所示中管路下部的 U 形测压计。根据测压计原理可知

$$p_1 + \gamma(z_1 - x) = p_2 + \gamma(z_2 - x - \Delta h) + \gamma_m \Delta h$$

整理得

$$\left(z_1 + \frac{p_1}{\gamma}\right) - \left(z_2 + \frac{p_2}{\gamma}\right) = \left(\frac{\gamma_m}{\gamma} - 1\right)\Delta h = 12.6\Delta h = h$$

式中：$\gamma_m$ 为水银重度。

把上式代入式（3-32）可得

$$Q = \mu K \sqrt{12.6\Delta h} \qquad\qquad (3-33)$$

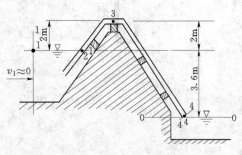

图 3-5-8　[例 3-7] 图

**【例 3-7】**　如图 3-5-8 所示的输水管路称为虹吸管。已知管径 $d = 0.6\text{m}$，在不计水头损失情况下，求管中流量及 1、2、3、4 点的位能、压能、动能和总能量（2、3、4 点位于管轴处）。

**解：**选择下游水面为基准面，由图 3-5-8 可知，$z_1 = 3.6\text{m}$，$z_2 = 3.6\text{m}$，$z_3 = 5.6\text{m}$，$z_4 = 0$，并令 $\alpha = 1.0$。因上游河道过流断面比管道断面大得多，可认为 $\frac{v_1^2}{2g} \approx 0$。以相对压强计算，则 $p_1 = p_4 = 0$。

（1）求管道中流速及流量：以 0—0 为基准面建立 1—1 断面和 4—4 断面的能量方程，并将以上各值代入式中，则得

$$3.6 + 0 + 0 = 0 + 0 + \frac{v_4^2}{2g}$$

$$v_4 = \sqrt{2g \times 3.6} = \sqrt{19.6 \times 3.6} = 8.4(\text{m/s})$$

所以流量　　　$Q = \frac{1}{4}\pi d^2 v_4 = \frac{1}{4} \times 3.14 \times 0.6^2 \times 8.4 = 2.374(\text{m}^3/\text{s})$

（2）计算流速水头：根据题中所给条件，直径为常数，由连续性方程可知，$v_2 = v_3 = v_4$，所以流速水头为

$$\frac{v_2^2}{2g} = \frac{v_3^2}{2g} = \frac{v_4^2}{2g} = \frac{8.4^2}{2 \times 9.8} = 3.6(\text{m})$$

（3）确定各点压强水头：已知 $\frac{p_1}{\gamma} = \frac{p_4}{\gamma} = 0$，以 0—0 为基准面，建立 3、4 点所在断面的能量方程，则得

$$z_3 + \frac{p_3}{\gamma} + \frac{\alpha_3 v_3^2}{2g} = 0 + 0 + \frac{\alpha_4 v_4^2}{2g}$$

所以

$$\frac{p_3}{\gamma} = -z_3 = -5.6(\text{m})$$

同理，建立 2、4 或 2、3 点所在断面的能量方程，可得

$$\frac{p_2}{\gamma} = -z_2 = -3.6(\text{m})$$

将以上计算结果列于表 3-1，可以清楚地看出水流能量的转换情况。从表中还可看出在不计水头损失的情况下，管路中各点总水头 $H$ 是相等的，$H = 3.6\text{m}$。

| 断　　面 | $z$（m） | $\dfrac{p}{\gamma}$（m） | $\dfrac{v^2}{2g}$（m） | $H$（m） |
|---|---|---|---|---|
| 1—1 | 3.6 | 0 | 0 | 3.6 |
| 2—2 | 3.6 | -3.6 | 3.6 | 3.6 |
| 3—3 | 5.6 | -5.6 | 3.6 | 3.6 |
| 4—4 | 0 | 0 | 3.6 | 3.6 |

表 3 - 1　　　　　　　　　例题位能、压能、动能、总能量计算结果

## 第六节　总水头线和测压管水头线的绘制

实际流体恒定总流的能量方程中，共包含了四个物理量，其中 $z$ 表示总流过流断面上某点处单位重量流体所具有的位能，又称位置水头；$\dfrac{p}{\gamma}$ 表示该点处单位重量流体所具有的压能，又称压强水头；当 $p$ 为相对压强时，$\left(z+\dfrac{p}{\gamma}\right)$ 称为测压管水头；$\dfrac{\alpha v^2}{2g}$ 表示过流断面上单位重量流体所具有的平均动能，又称平均流速水头。$h_w$ 为单位重量流体从一个过流断面流至另一个过流断面的平均机械能损失，一般称为水头损失。单位重量流体所具有的总机械能（即位能、压能、动能的总和）习惯上称为总水头，并以 $H$ 表示，即

$$H=z+\frac{p}{\gamma}+\frac{\alpha v^2}{2g} \tag{3-34}$$

由于总流能量方程中各项都具有长度的量纲，故可以用几何线段表示其大小，绘出总水头线和测压管水头线，从而使沿流程能量转化的情况更形象地反映出来。

### 一、总水头线和测压管水头线的绘制原则

如图 3 - 6 - 1 所示，以水头为纵坐标，按一定的比例尺沿流程将各断面的 $z$、$\dfrac{p}{\gamma}$ 及 $\dfrac{\alpha v^2}{2g}$ 分别绘于图上，对于管路，一般选取断面中心点的 $z$ 值来标绘（明渠则选水面点），相应的 $\dfrac{p}{\gamma}$ 亦选用中心点动水压强来标绘。把各断面的 $\left(z+\dfrac{p}{\gamma}\right)$ 值连线，称为测压管水头线（图 3 - 6 - 1 中虚线），把各断面 $H=z+\dfrac{p}{\gamma}+\dfrac{\alpha v^2}{2g}$ 值连线，称为总水头线（图 3 - 6 - 1 中实线）。任意两断面之间总水头线的降低值，即为该两断面之间的水头损失 $h_w$。

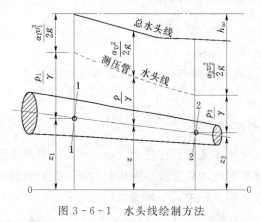

图 3 - 6 - 1　水头线绘制方法

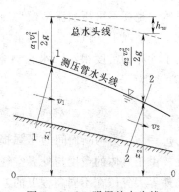

图 3 - 6 - 2　明渠的水头线

对于河渠中的渐变流，其测压管水头线就是水面线，如图3-6-2所示。

**二、水力坡度**

由能量方程的物理意义不难得出，实际流体总流的总水头线必定是一条逐渐下降的线（直线或曲线），因为实际流体流动过程中存在水头损失，而测压管水头线可能是下降的，也可能是上升的，甚至可能是一条水平线，这要根据总流几何边界的变化情况而作具体分析。

总水头线沿流程的降低值与流程长度之比，即单位流程上的水头损失，称为总水头线坡度，也称水力坡度，常以 $J$ 表示。

当总水头线为直线时，如图3-6-3所示，水力坡度 $J$ 为

$$J = \frac{H_1 - H_2}{L} = \frac{h_w}{L} \tag{3-35}$$

此时水力坡度处处相等。

当总水头线为曲线时，如图3-6-4所示，在某一断面处水力坡度可表示为

$$J = \frac{\mathrm{d}h_w}{\mathrm{d}L} = -\frac{\mathrm{d}H}{\mathrm{d}L} \tag{3-36}$$

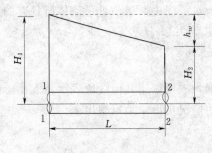 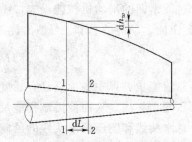

图3-6-3 总水头线为直线        图3-6-4 总水头线为曲线

因为总水头增量 $\mathrm{d}H$ 始终为负值，所以上式中 $J$ 为正值。

# 第七节 恒定气流能量方程

前面已导出恒定总流能量方程式为

$$z_1 + \frac{p_1}{\gamma} + \frac{\alpha_1 v_1^2}{2g} = z_2 + \frac{p_2}{\gamma} + \frac{\alpha_2 v_2^2}{2g} + h_w \tag{3-37}$$

虽然它是在不可压缩流动模型的基础上提出的，但在流速不高（远小于当地音速），压强变化不大情况下，恒定总流能量方程也适用于气体。

由于气体的密度很小，水头概念不如液流明确具体，因此将方程各项乘以重度 $\gamma$，式（3-37）变为

$$\gamma z_1 + p_{1abs} + \frac{\alpha_1 \rho v_1^2}{2} = \gamma z_2 + p_{2abs} + \frac{\alpha_2 \rho v_2^2}{2} + p_w \tag{3-38}$$

其中，$p_w = \gamma h_w$ 为两断面间的压强损失，$\rho$ 为气体密度。注意到式（3-38）中的压强为绝对压强。由于气体的重度与外界空气的重度是相同的数量级，在用相对压强进行计算时，必须考虑外界大气压在不同高程上的差值。在实际工程中，一般要求计算相对压强，压强计测

量的压强一般也为相对压强，下面推导用相对压强表示的恒
定气流的能量方程。

如图 3-7-1 所示，气流沿管道由 1—1 断面流至 2—2
断面，设 $p_{a1}$、$p_{a2}$ 分别为 1—1 断面和 2—2 断面的当地大气
压强，由于两断面高差为 $(z_2-z_1)$，则 $p_{a2}=p_{a1}-\gamma_a(z_2-z_1)$，其中 $\gamma_a$ 表示空气重度。

1—1 断面的绝对压强与相对压强的关系为

$$p_{1abs}=p_{a1}+p_1$$

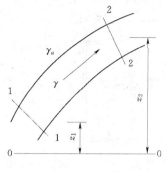

图 3-7-1　气流沿管道流动

2—2 断面的绝对压强与相对压强的关系为

$$p_{2abs}=p_{a2}+p_2=p_{a1}-\gamma_a(z_2-z_1)+p_2$$

代入式（3-38），得

$$p_{a1}+p_1+\gamma z_1+\frac{\rho\alpha_1 v_1^2}{2}=p_{a1}-\gamma_a(z_2-z_1)+p_2+\gamma z_2+\frac{\rho\alpha_2 v_2^2}{2}+p_w \tag{3-39}$$

在实际计算中，常令 $\alpha_1=\alpha_2=1$。

方程（3-39）两侧消去 $p_{a1}$，整理可得恒定气流以压强形式表示的能量方程

$$p_1+\frac{\rho v_1^2}{2}+(\gamma_a-\gamma)(z_2-z_1)=p_2+\frac{\rho v_2^2}{2}+p_w \tag{3-40}$$

式中：$(\gamma_a-\gamma)(z_2-z_1)$ 为 1—1 断面相对于 2—2 断面单位体积气体的位能，称为位压；$p_1$、$p_2$ 为断面的相对压强，习惯上称为静压，应注意相对压强是以同高程下大气压强为零点计算的，高程差引起大气压变化已计入位压项；$\frac{\rho v_1^2}{2}$、$\frac{\rho v_2^2}{2}$ 习惯上称为动压，它反映动能全部转化成压能对应的压强值。$p_w$ 为 1、2 断面间的压强损失。

在位压项中，$(\gamma_a-\gamma)$ 的物理意义为单位体积气体所承受的有效浮力，当为正值时，表示浮力方向向上，当为负值时，表示浮力方向向下。$(z_2-z_1)$ 为气体沿浮力方向升高的距离。在图 3-7-1 中，气体从 1—1 断面至 2—2 断面，$(z_2-z_1)$ 为正值，当 $(\gamma_a-\gamma)$ 也为正时，1—1 断面相对于 2—2 断面的单位体积位能 $(\gamma_a-\gamma)(z_2-z_1)$ 为正值，即由 1—1 断面流至 2—2 断面有效浮力做正功，气体所损失的位能为 $(\gamma_a-\gamma)(z_2-z_1)$，位压减小。反之，若 $(\gamma_a-\gamma)$ 为负，1—1 断面相对于 2—2 断面的单位体积位能 $(\gamma_a-\gamma)(z_2-z_1)$ 为负值，由 1—1 断面流至 2—2 断面有效浮力做负功，气体将增加位能 $|(\gamma_a-\gamma)(z_2-z_1)|$，位压增大。这一概念可与重力势能相比较加以理解。因此，气流在正有效浮力作用下，位置升高时，位压减小，而位置降低时，位压增大。反之，气流在负有效浮力作用下，位置升高时，位压增大；位置降低时，位压减小。

静压与位压之和，称为势压，以 $p_s$ 表示

$$p_s=p+(\gamma_a-\gamma)(z_2-z_1)$$

静压和动压之和，称为全压，以 $p_q$ 表示

$$p_q=p+\frac{\rho v^2}{2}$$

静压、动压和位压之和，定义为总压，以 $p_z$ 表示

$$p_z=p+\frac{\rho v^2}{2}+(\gamma_a-\gamma)(z_2-z_1)$$

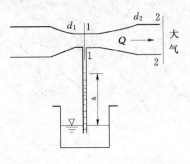

图 3-7-2 [例 3-8] 图

【例 3-8】 矿山排风管将井下废气排入大气，如图 3-7-2 所示。为了测量排风的流量，在排风管出口处装有一个收缩、扩张的管嘴，其喉部处装有一个细管，下端插入水中，如图所示。细管中上升的水柱高 $h=45\text{mm}$。假定管中气体密度与外界大气相同，忽略压强损失，试计算排风管的体积流量 $Q$。已知空气密度 $\rho=1.25\text{kg/m}^3$，管径 $d_1=400\text{mm}$，$d_2=600\text{mm}$。

**解：** 2—2 断面为管道出口，相对压强为 0。1—1 断面的相对压强为 $p_1=-\gamma_w h=-9.8\times0.045=-0.44(\text{kPa})$（$\gamma_w$ 为水的重度）。

对 1—1 断面和 2—2 断面列恒定气流能量方程

$$p_1+\frac{\rho v_1^2}{2}+(\gamma_a-\gamma)(z_2-z_1)=p_2+\frac{\rho v_2^2}{2}+p_w$$

$$-0.44\times10^3+\frac{1.25v_1^2}{2}+0=0+\frac{1.25v_2^2}{2}+0$$

利用连续方程，可得 $\dfrac{v_1}{v_2}=\dfrac{d_2^2}{d_1^2}=\dfrac{600^2}{400^2}=2.25$，将此关系代入上式得

$$-0.44\times10^3+\frac{1.25\times(2.25v_2)^2}{2}=\frac{1.25v_2^2}{2}$$

可算得 $v_2=13.16\text{m/s}$，流量 $Q=3.72\text{m}^3/\text{s}$。

【例 3-9】 如图 3-7-3 所示，气体由压强为 $12\text{mmH}_2\text{O}$ 的静压箱 $A$ 经过直径为 $10\text{cm}$，长为 $100\text{m}$ 的管道流入大气中，管道出口与静压箱的高差为 $40\text{m}$，沿管道均匀作用的压强损失为 $p_w=9\rho v^2/2$，大气密度 $\rho_a=1.2\text{kg/m}^3$，（1）当管内气体为与大气温度相同的空气时；（2）当管内为 $\rho=0.8\text{kg/m}^3$ 燃气时，分别求出管道流量和管道中点 $B$ 的压强。

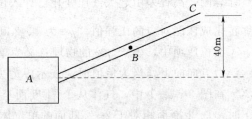

图 3-7-3 [例 3-9] 图

**解：**（1）管内为空气时，建立静压箱与管道出口的能量方程为

$$p_A+0=\rho\frac{v^2}{2}+9\rho\frac{v^2}{2}$$

$$12\times9.8=1.2\frac{v^2}{2}+9\times1.2\frac{v^2}{2}$$

$$v=4.43\text{m/s}$$

$$Q=v\omega=0.0348(\text{m}^3/\text{s})$$

$B$ 点压强计算，建立 $B$、$C$ 所在断面的能量方程为

$$p_B+1.2\times\frac{v^2}{2}=0+9\times1.2\times\frac{v^2}{2}\times\frac{1}{2}+1.2\times\frac{v^2}{2}$$

解得

$$p_B=4.5\times1.2\times\frac{v^2}{2}=52.92(\text{N/m}^2)$$

（2）管内为燃气时，建立静压箱与管道出口的能量方程为

$$p_A + (\rho_a - \rho)g(z_2 - z_1) = \rho\frac{v^2}{2} + 9\rho\frac{v^2}{2}$$

$$12 \times 9.8 + (1.2 - 0.8) \times 9.8 \times (40 - 0) = 0.8\frac{v^2}{2} + 9 \times 0.8\frac{v^2}{2}$$

$$8 \times \frac{v^2}{2} = 274.4$$

解得　$v = 8.28\text{m/s}$

$$Q = 8.28 \times \frac{\pi}{4} \times 0.1^2 = 0.065(\text{m}^3/\text{s})$$

$B$ 点压强计算，建立 $B$、$C$ 所在断面的能量方程

$$p_B + 0.8 \times \frac{v^2}{2} + (1.2 - 0.8) \times 9.8 \times 20 = 0 + 9 \times 0.8 \times \frac{v^2}{2} \times \frac{1}{2} + 0.8 \times \frac{v^2}{2}$$

解得　$p_B = 45$（N/m²）

# 第八节　恒定总流动量方程

在讨论连续性方程和能量方程时，着重研究流速、压强等运动要素沿程变化的规律，没有讨论运动流体与固体边界的相互作用力问题。解决这类问题，可借助于理论力学中质点系的动量定理，建立运动流体的动量方程。有时也利用动量方程与能量方程联立求解流体的运动要素。

**一、动量方程的推导**

质点系的动量定理可表述为：单位时间内质点系的动量变化，等于作用于该质点系上所有外力之和。其矢量表达式为

$$\frac{\Delta\vec{K}}{\Delta t} = \sum\vec{F} \tag{3-41}$$

$$\Delta\vec{K} = \sum\vec{F}\Delta t \tag{3-42}$$

式中：$\sum\vec{F}$ 为质点系所受外力之和；$\Delta\vec{K}$ 为动量的增量。

对于流体来说，恒定流动的动量变化，取决于运动速度的大小及方向的变化，二者之中有一个变化，其动量也随之变化。

在恒定流中取出某一流段来研究，如图 3-8-1 所示。该流段两端过流断面为 1—1 断面及 2—2 断面。经微小时段 $\Delta t$ 后，原流段 1—2 移至新的位置 $1'—2'$，从而产生了动量的变化。

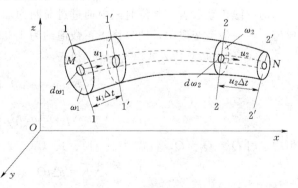

图 3-8-1　动量方程推导示意图

设流段内动量的增量为 $\Delta\vec{K}$，应等于 $1'—2'$ 与 1—2 流段内流体的动量 $\vec{K}_{1'-2'}$ 与 $\vec{K}_{1-2}$ 之差，即

$$\Delta\vec{K} = \vec{K}_{1'-2'} - \vec{K}_{1-2} \tag{3-43}$$

而 $\vec{K}_{1-2}$ 是 $1—1'$ 与 $1'—2$ 两段动量之和，即

$$\vec{K}_{1-2} = \vec{K}_{1-1'} + \vec{K}_{1'-2} \tag{3-44}$$

同理

$$\vec{K}_{1'-2'} = \vec{K}_{1'-2} + \vec{K}_{2-2'} \tag{3-45}$$

虽然式（3-44）及式（3-45）中的 $\vec{K}_{1'-2}$ 处于不同时刻，但对于恒定流动，$1'—2$ 流段的几何形状和流体的质量、流速等均不随时间而改变，因此 $\vec{K}_{1'-2}$ 也不随时间而改变。把式（3-44）、式（3-45）代入式（3-43）可得

$$\Delta \vec{K} = \vec{K}_{2-2'} - \vec{K}_{1-1'} \tag{3-46}$$

为了确定动量 $\vec{K}_{2-2'}$ 及 $\vec{K}_{1-1'}$，在图 $3-8-1$ 所示的总流中取一微小流束 $MN$，令 $1—1$ 断面上微小流束的面积为 $\mathrm{d}\omega_1$，流速为 $\vec{u}_1$，则 $1—1'$ 流段内微小流束的动量为 $\rho u_1 \Delta t \mathrm{d}\omega_1 \vec{u}_1$。对断面 $\omega_1$ 积分，可得总流 $1—1'$ 流段内流体的动量为

$$\vec{K}_{1-1'} = \int_{\omega_1} \rho \vec{u}_1 \Delta t u_1 \mathrm{d}\omega_1 = \rho \Delta t \int_{\omega_1} \vec{u}_1 u_1 \mathrm{d}\omega_1 \tag{3-47}$$

同理

$$\vec{K}_{2-2'} = \int_{\omega_2} \rho \vec{u}_2 \Delta t u_2 \mathrm{d}\omega_2 = \rho \Delta t \int_{\omega_2} \vec{u}_2 u_2 \mathrm{d}\omega_2 \tag{3-48}$$

因为过流断面上的流速分布一般不容易确定，现采用断面平均流速 $\vec{v}$ 来代替 $\vec{u}$，所造成的误差以动量修正系数 $\beta$ 来修正。令

$$\beta = \frac{\int_\omega \vec{u} u \mathrm{d}\omega}{\vec{v} Q} \tag{3-49}$$

若过流断面为均匀流或渐变流断面，则流速 $\vec{u}$ 和断面平均流速 $\vec{v}$ 的方向相同或近似相同，因此

$$\beta = \frac{\int_\omega u^2 \mathrm{d}\omega}{v^2 \omega} \tag{3-50}$$

动量修正系数表示单位时间内通过过流断面的实际动量与按断面平均流速计算的动量的比值。在一般渐变流中，动量修正系数值约为 $1.02 \sim 1.05$，为计算简单，常采用 $\beta = 1.0$。

将式（3-49）代入式（3-47）和式（3-48），则

$$\vec{K}_{1-1'} = \rho \Delta t \beta_1 \vec{v}_1 Q_1 \tag{3-51}$$

$$\vec{K}_{2-2'} = \rho \Delta t \beta_2 \vec{v}_2 Q_2 \tag{3-52}$$

恒定流时 $Q_1 = Q_2 = Q$，将式（3-51）、式（3-52）代入式（3-46）得

$$\Delta \vec{K} = \rho \Delta t Q(\beta_2 \vec{v}_2 - \beta_1 \vec{v}_1) \tag{3-53}$$

若 $\sum \vec{F}$ 为作用于总流流段上的所有外力之和，根据式（3-41）或式（3-42），可得恒定总流的动量方程为

$$\sum \vec{F} = \frac{\Delta \vec{K}}{\Delta t} = \rho Q(\beta_2 \vec{v}_2 - \beta_1 \vec{v}_1)$$

即

$$\rho Q(\beta_2 \vec{v}_2 - \beta_1 \vec{v}_1) = \sum \vec{F} \qquad (3-54)$$

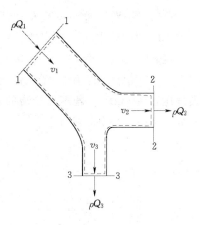

上式的左端表示单位时间内所研究流段动量的改变量，即流段内通过下游断面流出的动量与通过上游断面流入的动量之差，右端则代表作用于该流段上所有外力的矢量和。不难看出，式（3-54）的实质就是牛顿第二定律。

在上述推证过程中，我们仅仅考虑到流段内只有一个断面有动量输出、一个断面有动量输入的情况。事实上动量方程可以推广应用于流场中任意选取的流段（又称控制体）。现举例说明如下。

如图 3-8-2 所示为一分叉管路，当对分叉段应用动量方程时，可以把管壁以及上下游过流断面所包围的体积作为控制体（图中虚线所示）。在这种情况下，对该控制体的动量方程应为

图 3-8-2　分叉管路

$$\rho Q_2 \beta_2 \vec{v}_2 + \rho Q_3 \beta_3 \vec{v}_3 - \rho Q_1 \beta_1 \vec{v}_1 = \sum \vec{F}$$

即单位时间流出流段的动量之和减去流入流段的动量等于作用于该流段上所有外力的矢量和。所以，当有多个断面有动量流入、多个断面有动量流出时，动量方程可表示为

$$\sum (\rho Q \beta \vec{v})_{流出} - \sum (\rho Q \beta \vec{v})_{流入} = \sum \vec{F} \qquad (3-55)$$

必须指出，在具体计算时，上述的矢量方程应写成投影式方程，在直角坐标系中，式（3-54）的三个投影方程为

$$\left. \begin{array}{l} \rho Q(\beta_2 v_{2x} - \beta_1 v_{1x}) = \sum F_x \\ \rho Q(\beta_2 v_{2y} - \beta_1 v_{1y}) = \sum F_y \\ \rho Q(\beta_2 v_{2z} - \beta_1 v_{1z}) = \sum F_z \end{array} \right\} \qquad (3-56)$$

同理，不难写出式（3-55）的三个投影式方程。

**二、应用动量方程应注意的问题**

（1）动量方程是矢量方程，在实际应用中需转化为投影式方程。因此，写动量方程时，必须首先选定投影轴，并标明投影轴的正方向，然后把流速和作用力向该投影轴投影。凡是和投影轴的正方向一致的流速和作用力均为正值，反之为负值。投影轴是可以任意选择的，以计算方便为宜。

（2）控制体（流段）一般是由固体边界和渐变流过流断面（有时包括自由液面）包围而成的流体。作用于控制体上的外力包括过流断面上的流体动压力、固体边界作用于流段上的力和重力。

（3）所取流段的过流断面要符合均匀流或渐变流条件，但流段内的流体可以不是均匀流或渐变流。

（4）动量方程式的左端，是单位时间控制体内流体的动量改变值，必须是流出的动量减去流入的动量，切不可颠倒。

（5）当控制体边界上的作用力恰好正是欲求的未知力时，其方向事先尚不明确，这时可以先假定一个方向，若最后计算结果为正，表明原假定方向正确；若为负，说明与原假定方向相反。

连续性方程、能量方程及动量方程是流体力学中最重要的三个基本方程。在实践中，根据求解问题的要求，可选用适宜的方程式联立计算。

**【例 3－10】** 管路中一段水平放置的等截面弯管，直径 $d＝200\text{mm}$，弯角为 $45°$，如图 3－8－3 所示。管中 1—1 断面的平均流速 $v_1＝4\text{m/s}$，其形心处的相对压强 $p_1＝1\text{at}$（工程大气压）$＝98\text{kPa}$。若不计管流的水头损失，求水流对弯管的作用力 $R_x$ 与 $R_y$。坐标轴 $x$ 与 $y$ 如图 3－8－3（a）所示。

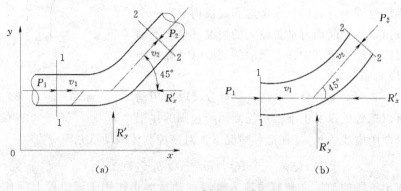

图 3－8－3 ［例 3－10］图

**解：** 取渐变流过流断面 1—1 与 2—2 以及管内壁所包围的水体作为控制体，进行受力分析。

建立 1—1 断面、2—2 断面的能量方程为

$$z_1+\frac{p_1}{\gamma}+\frac{\alpha_1 v_1^2}{2g}=z_2+\frac{p_2}{\gamma}+\frac{\alpha_2 v_2^2}{2g}+0$$

因管路水平放置，故 $z_1＝z_2$，又因管路直径不变，所以 $v_1＝v_2$。因此，$p_1＝p_2$。这样，1—1 断面和 2—2 断面上的动水总压力为

$$P_1=P_2=p_1\omega=p_1\ \frac{1}{4}\pi d^2=9.8\times10^4\times\frac{1}{4}\times3.14\times0.2^2=3077(\text{N})$$

设 $R_x'$ 与 $R_y'$ 为弯管对水流的反作用力，方向如图 3－8－3（b）所示。考虑到重力在 $x$ 轴与 $y$ 轴方向无投影，所以，$x$ 方向与 $y$ 方向的动量方程可表示为

$$\rho Q(\beta_2 v_2\cos45°-\beta_1 v_1)=P_1-P_2\cos45°-R_x'$$
$$\rho Q(\beta_2 v_2\sin45°-0)=0-P_2\sin45°+R_y'$$

则

$$R_x'=P_1-P_2\cos45°-\rho Q(\beta_2 v_2\cos45°-\beta_1 v_1)$$
$$R_y'=P_2\sin45°+\rho Q\beta_2 v_2\sin45°$$

式中：$Q=\frac{1}{4}\pi d^2 v=\frac{1}{4}\times3.14\times0.2^2\times4=0.126(\text{m}^3/\text{s})$，将已知条件代入，并取 $\beta_1=\beta_2=1.0$，则

$$R_x'=3077-3077\times\frac{\sqrt{2}}{2}-1000\times0.126\times4\times\left(\frac{\sqrt{2}}{2}-1\right)=1049(\text{N})$$

$$R_y'=3077\times\frac{\sqrt{2}}{2}+1000\times0.126\times4\times\frac{\sqrt{2}}{2}=2532(\text{N})$$

$R_x$、$R_y$ 与 $R'_x$、$R'_y$ 大小相等，方向相反。

【例 3-11】 某溢流坝上游水深 $h_1 = 2.0\text{m}$，下游水深 $h_2 = 0.8\text{m}$，若忽略水头损失，求 1m 坝宽上的水平推力，如图 3-8-4 所示。

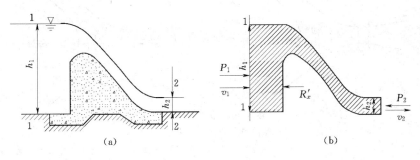

图 3-8-4　[例 3-11] 图

**解**：首先选取符合渐变流条件的 1—1 断面和 2—2 断面，并以两个断面之间的水体为控制体，如图 3-8-4（b）所示。作用于控制体上的外力有：

上游水压力
$$P_1 = \frac{1}{2}\gamma h_1^2 b = \frac{1}{2} \times 9.8 \times 2^2 \times 1 = 19.6(\text{kN})$$

下游水压力
$$P_2 = \frac{1}{2}\gamma h_2^2 b = \frac{1}{2} \times 9.8 \times 0.8^2 \times 1 = 3.136(\text{kN})$$

假设整个坝面对水体的水平反力为 $R'_x$（包括坝面的压力和摩擦力），并设该力与水流方向相反，则沿水流方向的动量方程为

$$\rho Q(\beta_2 v_2 - \beta_1 v_1) = P_1 - P_2 - R'_x$$

以渠底为基准面，建立 1—1 断面和 2—2 断面的能量方程，不计水头损失，得

$$2 + 0 + \frac{\alpha_1 v_1^2}{2g} = 0.8 + 0 + \frac{\alpha_2 v_2^2}{2g}$$

根据连续性方程 $\omega_1 v_1 = \omega_2 v_2$，即

$$v_2 = \frac{\omega_1}{\omega_2} v_1 = \frac{h_1}{h_2} v_1 = \frac{2}{0.8} v_1 = 2.5 v_1$$

代入能量方程，并化简整理得

$$v_1 = 2.12\text{m/s} \quad v_2 = 5.3\text{m/s}$$

所以，1m 坝段的流量为

$$Q = \omega_1 v_1 = 2.12 \times 2 \times 1 = 4.24(\text{m}^3/\text{s})$$

将 $v_1$、$v_2$、$P_1$、$P_2$ 代入动量方程，并取 $\beta_1 = \beta_2 = 1.0$，则

$$1 \times 4.24 \times (5.3 - 2.12) = 19.6 - 3.136 - R'_x$$

最后得
$$R'_x = 2.981(\text{kN})$$

由于所得 $R'_x$ 值为正，说明假设 $R'_x$ 方向正确，最后得到水对整个坝体的水平作用力为 $P = 2.981\text{kN}$，其方向与 $R'_x$ 相反。

【例 3-12】 水流从喷嘴中水平射向一相距不远的静止固体壁面，接触壁面后分成两股并沿其表面流动，其平面图如图 3-8-5 所示。设固体壁及其表面液流对称于喷嘴的轴线。若已知喷嘴出口直径 $d$ 为 40mm，喷射流量 $Q$ 为 0.0252$\text{m}^3/\text{s}$，求液流偏转角 $\theta$ 分别等于 60°、90° 与 180° 时射流对固体壁的冲击力 $R$，并比较它们的大小。

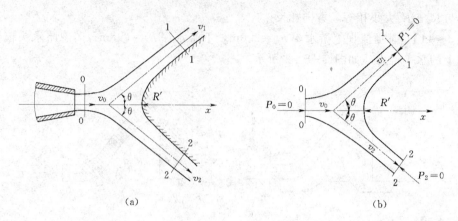

图 3-8-5 ［例 3-12］图

**解**：利用总流的动量方程计算液体射流对固体壁的冲击力。取渐变流过流断面 0—0 断面、1—1 断面、2—2 断面以及固体边壁所围的水体作为控制体。

流入与流出过流断面的流速，以及作用在控制体上的表面力如图 3-8-5（b）所示，其中 $R'$ 是固体壁对液流的作用力，即为所求射流对固体壁冲击力 $R$ 的反作用力。因固体壁及表面的液流对称于喷嘴的轴线，故 $R'$ 位于喷嘴轴线上。控制体四周大气压强的作用因相互抵消而不需计及，且认为 0—0 断面、1—1 断面、2—2 断面的水压力等于 0。同时，因只研究水平面上的液流，故与其正交的重力的作用也不必考虑。

为方便起见，选喷嘴轴线为 $x$ 轴（设向右为正）。若略去水平面上液流的机械能损失，通过 0—0 断面和 1—1 断面，0—0 断面和 2—2 断面的能量方程可得

$$v_1 = v_2 = v_0 = \frac{Q}{\frac{1}{4}\pi d^2} = \frac{0.0252}{\frac{1}{4}\times 3.14\times 0.04^2} = 20(\text{m/s})$$

因液流对称于 $x$ 轴，故 $Q_1 = Q_2 = Q/2$，取 $\beta_1 = \beta_2 = 1$。沿 $x$ 轴的动量方程可表示为

$$\rho Q_1 v_1 \cos\theta + \rho Q_2 v_2 \cos\theta - \rho Q v_0 = -R'$$

得

$$R' = \rho Q v_0 (1 - \cos\theta)$$

当 $\theta = 60°$ 时（固体壁凸向射流），代入上式

$$R' = 1000\times 0.0252\times 20\times (1-\cos 60°) = 252(\text{N})$$

当 $\theta = 90°$ 时（固体壁为垂直平面）

$$R' = 1000\times 0.0252\times 20\times (1-\cos 90°) = 504(\text{N})$$

当 $\theta = 180°$ 时（固体壁凹向射流）

$$R' = 1000\times 0.0252\times 20\times (1-\cos 180°) = 1008(\text{N})$$

而 $R = -R'$，即两者大小相等，方向相反。

由此可见，三种情况以 $\theta = 180°$ 时的 $R$ 值最大。斗叶式水轮机的叶片形状就是根据这一原理设计的，以求获得最大的冲击力与功率输出。当然，此时叶片并不固定而作圆周运动，有效作用力应由相对速度所决定。

# 思　考　题

3-1　欧拉法与拉格朗日法都是用来描述流体运动的，两者有何区别？

3-2　如思考题图 3-2 所示，水流通过由两段等截面及一段变截面组成的管道，如果上游水位保持不变，试问：

（1）当阀门 $T$ 开度一定，各段管中是恒定流还是非恒定流？各段管中为均匀流还是非均匀流？

（2）当阀门 $T$ 逐渐关闭，这时管中为恒定流还是非恒定流？

（3）在恒定流情况下，当判别第 II 段管中是渐变流还是急变流时，与该段管长有无关系？

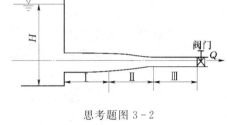

思考题图 3-2

3-3　有人认为均匀流和渐变流一定是恒定流，急变流一定是非恒定流，这种说法对否？

3-4　（1）何谓渐变流？在流体力学中为什么要引入这一概念？

（2）在思考题图 3-4 所示渐变管流中的 $a$、$b$、$c$、$d$ 四点，哪两点可以写出 $z_1+\dfrac{p_1}{\gamma}=z_2+\dfrac{p_2}{\gamma}$？为什么？哪两点可以写出 $z_1+\dfrac{p_1}{\gamma}+\dfrac{u_1^2}{2g}=z_2+\dfrac{p_2}{\gamma}+\dfrac{u_2^2}{2g}$（忽略能量损失），为什么？

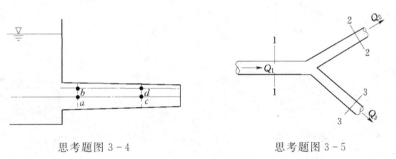

思考题图 3-4　　　　　　　　思考题图 3-5

3-5　（1）何谓单位重量流体的总机械能？何谓断面的总机械能？

（2）对于如思考题图 3-5 所示的分叉管道，哪两个断面可以写单位重量流体的能量方程？

3-6　对水流流向问题有如下一些说法："水一定是从高处向低处流"，"水一定从压强大的地方向压强小的地方流"，"水一定是从流速大的地方向流速小的地方流"，这些说法是否正确？为什么？正确的说法应该是什么？

3-7　在写总流的能量方程 $z_1+\dfrac{p_1}{\gamma}+\dfrac{\alpha_1 v_1^2}{2g}=z_2+\dfrac{p_2}{\gamma}+\dfrac{\alpha_2 v_2^2}{2g}+h_{w1-2}$ 时，过流断面上的计算点、所取基准面及压强标准是否可以任意选择？为什么？

3-8　如思考题图 3-8 所示的等直径弯管，试问：

（1）水流由低处流向高处的 $AB$ 管段中，断面平均流速 $v$ 是否会沿程减小？在由高处流向低处的 $BC$ 管段中断面平均流速 $v$ 是否会沿程增大？为什么？

（2）如果不计管中的水头损失，$B$、$C$ 两处何处压强小？何处压强大？

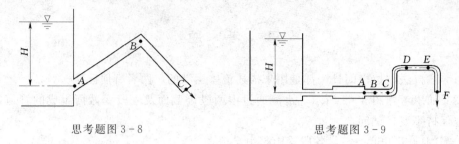

思考题图 3-8                     思考题图 3-9

3-9　如思考题图 3-9 所示的输水管道，水箱内水位保持不变，试问：

(1) $A$ 点的压强能否比 $B$ 点低？为什么？

(2) $C$ 点的压强能否比 $D$ 点低？为什么？

(3) $E$ 点的压强能否比 $F$ 点低？为什么？

3-10　如思考题图 3-10 所示，图（a）为水箱下管道出流，图（b）为水箱下孔口出流，试问：

(1) 在恒定流情况下，图（a）垂直管中各断面的流速是否相等？压强是否相等？

(2) 图（b）中水股各断面的流速是否相等？压强是否相等？

3-11　如思考题图 3-11 所示管路，当管中流量为 $Q$ 时，观察到点 $A$ 处玻璃管中的水柱高度为 $h$，试问：当调节阀门 $B$ 使管中流量增大或减小后，玻璃管中的水柱高度 $h$ 是否发生变化？如何变化？为什么？

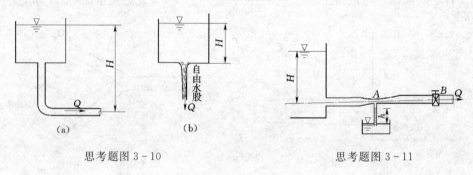

(a)          (b)

思考题图 3-10                思考题图 3-11

# 计 算 题

3-1　在如计算题图 3-1 所示的管路水流中，过流断面上各点流速按下列抛物线方程轴对称分布：

$$u = u_{max}\left[1 - \left(\frac{r}{r_0}\right)^2\right]$$

式中水管半径 $r_0$ 为 3cm，管轴上最大流速 $u_{max}$ 为 0.15m/s。试求总流量 $Q$ 与断面平均流速 $v$。

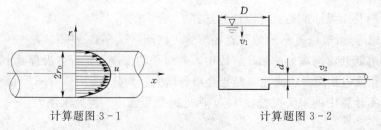

计算题图 3-1                计算题图 3-2

3-2　一直径 $D$ 为 1m 的盛水筒铅垂放置，现接出一根直径 $d$ 为 10cm 的水平管子。已知某时刻水管中断面平均流速 $v_2$ 等于 2m/s，求该时刻圆筒中液面下降的速度 $v_1$。

3-3　利用毕托管原理测量输水管中的流量（计算题图 3-3）。已知输水管直径 $d$ 为 200mm，测得水银差压计读数 $h_p$ 为 60mm，若此时断面平均流速 $v=0.84u_A$，式中 $u_A$ 是毕托管前管轴上未受扰动水流流速。问输水管中的流量 $Q$ 多大？

3-4　有一管路，有两根不同直径的管子与一渐变连接管组成（见计算题图 3-4）。$d_A$ 为 200mm，$d_B$ 为 400mm；$A$ 点的相对压强 $p_A$ 为 0.7 个工程大气压，$B$ 点的相对压强 $p_B$ 为 0.4 个工程大气压；$B$ 处的断面平均流速 $v_B$ 为 1m/s。$A$、$B$ 两点高差 $\Delta z$ 为 1m，要求判明水流方向，并计算这两断面间的水头损失 $h_w$。

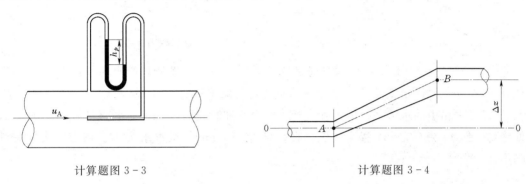

计算题图 3-3　　　　　　　　　　　　计算题图 3-4

3-5　为了测量石油管道的流量，安装一文丘里流量计（计算题图 3-5）。管道直径 $d_1$ 为 20cm，文丘里管喉道直径 $d_2$ 为 10cm，石油密度 $\rho$ 为 850kg/m³，文丘里管流量系数 $\mu=0.95$。现测得水银差压计读数 $h_p$ 为 15cm，问此时石油流量 $Q$ 多大？

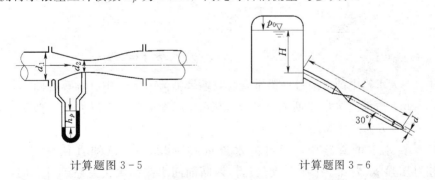

计算题图 3-5　　　　　　　　　　　计算题图 3-6

3-6　如计算题图 3-6 所示，一盛水的密闭容器，液面上气体的相对压强 $p_0$ 为 0.5 个工程大气压。若在容器底部接一段管路，管长为 4m，与水平面夹角 30°，出口断面直径 $d$ 为 50mm。管路进口断面中心位于水下深度 $H$ 为 5m 处，水出流时总的水头损失 $h_w$ 为 2.3m，求水的出流量 $Q$。

3-7　一水平变截面管段接于输水管路中，管段进口直径 $d_1$ 为 10cm，出口直径 $d_2$ 为 5cm（计算题图 3-7）。当进口断面平均流速 $v_1$ 为 1.4m/s，相对压强 $p_1$ 为 0.6 个工程大气压时，若不计两截面间的水头损失，试计算管段出口断面相对压强 $p_2$。

3-8　计算题图 3-8 为一水轮机的直锥形尾水管。已知 $A—A$ 断面之直径 $d_A$ 为 0.6m，流速 $v_A$ 为 6m/s，$B—B$ 断面之直径 $d_B$ 为 0.9m，若由 $A$ 流至 $B$ 的水头损失 $h_w=0.14v_A^2/2g$，试计算：

（1）当 $z$ 为 5m 时，$A$—$A$ 断面的真空值 $p_{vA}$；

（2）当允许真空度 $p_{vA}/\gamma$ 为 $5\text{mH}_2\text{O}$ 时，$A$—$A$ 断面的最高位置 $z$ 等于多少？

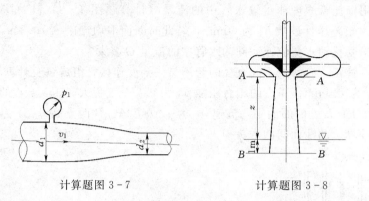

计算题图 3-7　　　　　　　　　计算题图 3-8

3-9　如计算题图 3-9 所示水管通过的流量等于 9L/s。若测压管水头差 $h$ 为 100.8cm，直径 $d_2$ 为 5cm，试确定直径 $d_1$。假定水头损失可忽略不计。

3-10　水箱中的水从一扩散短管流到大气中（计算题图 3-10）。若直径 $d_1$ 为 100mm，该处绝对压强 $p_1$ 为 0.5 个工程大气压，直径 $d_2$ 为 150mm，试求水头 $H$。假定水头损失可忽略不计。

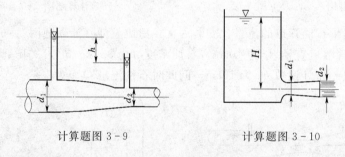

计算题图 3-9　　　　　　　　　计算题图 3-10

3-11　一大水箱中的水通过一铅垂管与收缩管嘴流入大气中（计算题图 3-11）。直管直径 $d$ 为 10cm，收缩管嘴出口断面直径 $d_B$ 为 5cm，若不计水头损失，求直管中 $A$ 点的相对压强 $p_A$。铅垂方向尺寸如图所示。

3-12　在水平的管路中，通过的水流量 $Q=2.5\text{l/s}$。已知直径 $d_1$ 为 5cm，$d_2$ 为 2.5cm，相对压强 $p_1$ 为 0.1 个工程大气压。两断面间水头损失可忽略不计。问：连接于该管收缩断面上的水管可将水自容器内吸上多大高度 $h$（计算题图 3-12）?

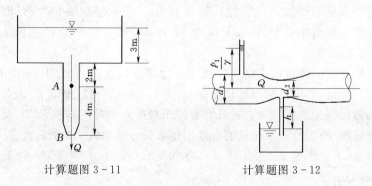

计算题图 3-11　　　　　　　　　计算题图 3-12

3-13　离心式通风机借集流器 $A$ 从大气中吸入空气（计算题图 3-13），在直径 $d$ 为 200mm 的圆柱形管道部分接一根玻璃管，管的下端插入水槽中，若玻璃管中的水上升 $H$ 为 150mm，求每秒钟所吸取的空气量 $Q$。空气的密度 $\rho$ 为 1.25kg/m³。

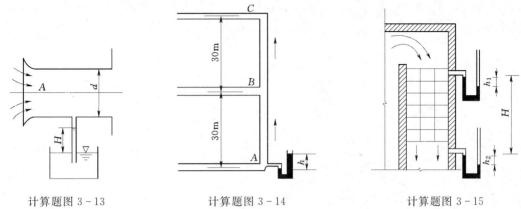

计算题图 3-13　　　　　　　计算题图 3-14　　　　　　　计算题图 3-15

3-14　高层楼房煤气立管 $B$、$C$ 两个供煤气点各供应 $Q=0.02\text{m}^3/\text{s}$ 的煤气量。假设煤气的密度为 0.6kg/m³，管径为 50mm，压强损失 $AB$ 段用 $3\rho\dfrac{v_1^2}{2}$ 计算，$BC$ 用 $4\rho\dfrac{v_2^2}{2}$ 计算，假定 $c$ 点要求保持余压为 300N/m²，求 $A$ 点酒精（$\gamma_{酒}=7.9\text{kN/m}^3$）液面应有的高差（空气密度为 1.2kg/m³）

3-15　锅炉省煤器的进口处测得烟气负压 $h_1=10.5\text{mmH}_2\text{O}$，出口负压 $h_2=20\text{mmH}_2\text{O}$。如炉外空气 $\rho=1.2\text{kg/m}^3$，烟气的平均 $\rho'=0.6\text{kg/m}^3$，两测压断面高差 $H=5\text{m}$，试求烟气通过省煤器的压强损失。

3-16　计算题图 3-16 为一水平风管，空气自断面 1—1 流向断面 2—2，已知断面 1—1 的压强 $p_1=150\text{mmH}_2\text{O}$，$v_1=15\text{m/s}$ 断面 2—2 的压强 $p_2=140\text{mmH}_2\text{O}$，$v_2=10\text{m/s}$，空气密度 $\rho=1.29\text{kg/m}^3$，求两断面的压强损失。

3-17　一矩形断面平底的渠道，其宽度 $B$ 为 2.7m，河床在某断面处抬高 0.3m，抬高前的水深为 1.8m，抬高后水面降低 0.12m（计算题图 3-17）。若水头损失 $h_w$ 为尾渠流速水头的一半，问流量 $Q$ 等于多少？

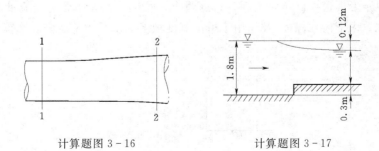

计算题图 3-16　　　　　　　　　　计算题图 3-17

3-18　试求上题中水流对抬高坎的冲击力 $R$。

3-19　如计算题图 3-19（俯视图）所示，水自喷嘴射向一与其交角成 60°的光滑平板上（不计摩擦阻力）。若喷嘴出口直径 $d$ 为 25mm，喷射流量 $Q$ 为 33.4L/s。试求射流沿平板向两侧的分流流量 $Q_1$ 与 $Q_2$（喷嘴轴线水平见图示）以及射流对平板的作用力 $F$。假定水头损失可忽略不计。

3-20 将一平板放在自由射流之中，并垂直于射流的轴线，该平板截去射流流量的一部分 $Q_1$，并引起射流的剩余部分偏转角度 $\theta$（计算题图 3-20）。已知 $v$ 为 30m/s，$Q$ 为 36L/s，$Q_1$ 为 12L/s，试求射流对平板的作用力 $R$ 以及射流偏转角 $\theta$。不计摩擦力与液体重量的影响。

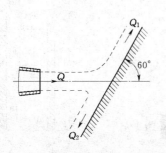 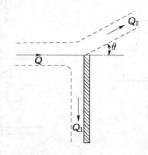

计算题图 3-19 　　　　　　　　　　　计算题图 3-20

3-21 嵌入支座内的一段输水管，其直径由 $d_1$ 为 1.5m 变化到 $d_2$ 为 1m（计算题图 3-21）。当支座前的压强 $p_1 = 4$ 个工程大气压（相对压强），流量 $Q$ 为 1.8m³/s 时，试确定在渐变段支座所受的轴向力 $R$。不计水头损失。

3-22 水流通过变截面弯管（计算题图 3-22）。若已知弯管的直径 $d_A$ 为 25cm，$d_B$ 为 20cm，流量 $Q$ 为 0.12m³/s。断面 A—A 的相对压强 $p_A$ 为 1.8 个工程大气压，管子中心线均在同一水平面上，求固定此弯管所需的力 $F_x$ 与 $F_y$。可不计水头损失。

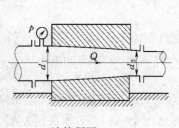 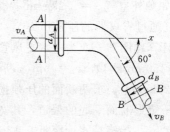

计算题图 3-21 　　　　　　　　　　　计算题图 3-22

3-23 在矩形渠道中修筑一大坝（计算题图 3-23）。已知单位宽度流量为 15m²/s，上游水深 $h_1 = 5$m，求下游水深 $h_2$ 及作用于单位宽度坝上的水平力 $F$。假定摩擦力与水头损失可忽略不计。

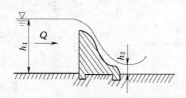

计算题图 3-23

# 第四章　流动阻力及能量损失

## 【本章导读】

　　实际流体具有黏滞性，因此在流动过程中会产生流动阻力，克服阻力做功就要耗损一部分机械能，这部分能量不可逆转地转化为热能消耗掉，这在实际流体恒定总流能量方程中体现为水头损失。能量损失与流体的物理特性、边界条件以及流动形态均有密切关系，所以本章首先对理想流体和实际流体在不同边界条件下所产生的流动特征加以剖析，明确能量损失的物理概念，并将能量损失分成两类：沿程损失和局部损失，然后阐明流体流动的形态（层流和紊流）及其判别方法。在此基础上，进一步阐明沿程损失和局部损失的变化规律及其计算方法。

　　本章学习要求：理解和掌握沿程损失与局部损失的基本概念。掌握雷诺实验原理以及层流、紊流的判别标准。掌握均匀流沿程损失与切应力的关系。掌握圆管层流运动的流速分布。了解紊流形成过程、紊流切应力的计算。掌握圆管中紊流运动的特征及水力光滑、水力粗糙的判别方法。掌握各种流态情况下沿程损失的计算方法。掌握局部损失的计算方法。

## 第一节　能量损失的物理概念及其分类

　　能量损失一般有两种表示方法：对于液体，通常用单位重量流体的能量损失（或称水头损失）$h_w$ 来表示，其因次为长度；对于气体，常用单位体积流体的能量损失（或称压强损失）$p_w$ 来表示，其因次与压强相同。二者之间的关系是：$p_w = \gamma h_w$。为什么实际流体在流动过程中会产生能量损失呢？现举两个例子说明此问题。

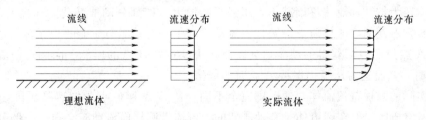

图 4-1-1　固体平面上的流动

（a）理想流体；（b）实际流体

　　如图 4-1-1 所示为流体在固体平面上流动的情况。若流体是没有黏滞性的理想流体，边界面就没有滞水作用，过流断面上流速分布是均匀的，流体流动过程中没有任何能量损失。但实际流体是有黏滞性的，与边界面接触的流体质点将黏附在固体表面上，流速为零，所以在边界面的法线方向上流速必然从零迅速增大，过流断面上的流速分布是不均匀的。因此，相邻两流层之间都有相对运动。由于黏滞性的作用，有相对运动的两流层之间就有内摩擦切应力产生。流体流动过程中要克服这种摩擦阻力就要损耗一部分机械能。所以，当流体作均匀流时，流动阻力中只有沿程不变的切应力，称为沿程阻力（或摩擦力），运动流体克服沿程阻力做功而引起的能量损失称为沿程损失，以 $h_f$ 表示。沿程阻力的特征是沿流程长度均匀分布，因而沿程损失的大小与流程的长度成正比。由能量方程得出均匀流的沿程损失为

$$h_f = \left(z_1 + \frac{p_1}{\gamma}\right) - \left(z_2 + \frac{p_2}{\gamma}\right)$$

此时用于克服阻力所消耗的能量由势能提供，从而总水头线坡度 $J$ 沿程不变，总水头线是一条斜直线。

对于气体，沿程损失用沿程压强损失 $p_f$ 表示，$p_f$ 与沿程损失 $h_f$ 的关系为 $p_f = \gamma h_f$。

如图 4-1-2 所示为流体流经圆柱体的情况。现取针对圆柱体中心的一条流线进行分析，流体质点沿这条流线流向圆柱体时，流线间距逐渐增大，流速逐渐降低，由能量方程可知，压强必然逐渐增加。当流体质点流至 $A$ 点时，流速减小到零，此时全部动能转化为压强，压能增加到最大，$A$ 点叫做驻点。流体质点到达驻点后，停滞不前，以后继续流来的质点就要进行调整，将部分压能转化为动能，改变原来流动的方向，沿圆柱面两侧继续向前流动。

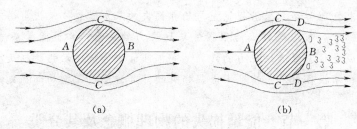

图 4-1-2 圆柱绕流
(a) 理想流体；(b) 实际流体

现在再来看看流体质点沿圆柱面流动的情况：

在理想流体情况下，流体质点由 $A$ 点流到 $C$ 点，由于圆柱面的弯曲，流体被挤压，流速沿程增加，压强沿程减小（即部分压能转化为动能）。从 $C$ 点到 $B$ 点，由于圆柱面的弯曲，使流体转为扩散，流速逐渐减小，压强逐渐增大（即部分动能转化为压能）。因为理想流体是没有黏滞性的，流体质点沿圆柱面流动过程中只有动能与压能的相互转化，没有能量损失。从 $A$ 点到 $C$ 点所获得的动能则足以提高从 $C$ 点到 $B$ 点的压能。因此，当流体质点前进到 $B$ 点时，其流速与压强仍保持 $A$ 点时的数值。

对于实际的圆柱绕流流体，情况则完全不同。从 $A$ 点到 $C$ 点为增速降压区，从 $C$ 点到 $B$ 点为降速增压区，但实际流体是有黏滞性的，流体沿圆柱面流动时会损失一部分能量，所以从 $C$ 点到 $B$ 点时不可能同理想流体一样有足够的动能去恢复全部应有的压能，可能到一定位置，例如 $D$ 点，流体质点的动能已全部转化为压能，流速降低到零。以后继续流来的质点就要改变流向，减缓扩散程度，使部分压能转化为动能，沿另一流线流去，这样就使主流脱离了圆柱面，圆柱面后面的流体随即填补主流所空出的区域，形成漩涡。这些漩涡随流带走，由于流体的黏滞作用，漩涡经过一段距离后，逐渐消失。在漩涡区中，涡体（共同旋转的质点群）的形成、运转和分裂，以及流速分布改组过程中流体质点相对运动的加强，都使内摩擦增加，产生较大的能量损失，这种由于固体边界急剧改变而产生的阻力称为局部阻力，它引起的局部范围之内的能量损失称为局部损失，常用 $h_m$ 表示。

对于气体，局部损失用局部压强损失 $p_m$ 表示，$p_m$ 与局部损失 $h_m$ 的关系为 $p_m = \gamma h_m$。

在实际工程中产生漩涡区的情况是经常遇到的，当流体沿纵向边界流动时，只要局部区域边界的形状或大小改变（如管道或河渠中的断面突然扩大或缩小，或流向有急剧变化），或有局部障碍（如管道中的阀门等），流体内部结构就要急剧调整，流速分布进行改组，流线发生弯曲，并产生漩涡，在这些局部区域都有局部损失，如图 4-1-3 所示。在有些局部区域

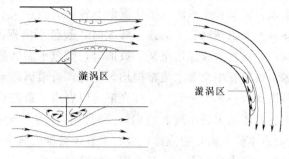

图 4-1-3　局部损失举例

边界形状及大小改变的情况下，流体内部结构在调整过程中，并不伴生漩涡，但是也会产生局部损失（如流线型的管道进口、管道或河渠中断面逐渐扩大或缩小等），这是因为流线发生弯曲，流速分布进行改组的过程中，都会加剧流体质点之间的相对运动的缘故。

由以上分析可知，流体产生能量损失的内因是流体具有黏滞性，外因是固体边界的影响；内因是主要的，起决定作用的。若流体是有黏滞性的，即使固体边界是平直的，由于边界滞流作用，引起过流断面流速分布不均匀，从而使内部质点之间发生相对运动而产生切应力。若流体是没有黏滞性的理想流体，即使边界轮廓发生急剧变化，引起流线方向和间距的变化，也只能促使机械能的互相转化（如动能转化为压能或压能转化为动能等），不可能引起能量损失。

某一流段沿程损失与局部损失的总和称为该流段的总水头损失，即

$$h_w = \sum h_f + \sum h_m$$

式中：$\sum h_f$ 为该流段中各分段的沿程损失之总和；$\sum h_m$ 为该流段中各种局部损失之总和。

对于气体，某一流段总的压强损失 $p_w$ 可表示为全部沿程压强损失与局部压强损失之和：

$$p_w = \sum p_f + \sum p_m$$

## 第二节　流体运动的两种形态

19 世纪初，科学工作者们就已经发现圆管中流体流动具有不同的流态。在不同的流态下，流体流动时的水头损失与速度有不同的关系。在流速很小的情况下，水头损失与流速的一次方成正比，在流速较大的情况下，水头损失与流速的二次方或接近二次方成正比。直到 1883 年，由于英国物理学家雷诺（O. Reynolds）的实验研究，才使人们认识到水头损失与流速间的关系之所以不同，是因为流体运动存在着两种形态：层流和紊流。

### 一、雷诺实验

雷诺实验的装置如图 4-2-1 所示。由水箱 A 中引出一水平带喇叭口的玻璃管 B，另一端有阀门 C 用以调节流量。容器 D 内装有重度与水相近的颜色水，经细管 E 流入玻璃管中，阀门 F 可以调节颜色水的流量。

实验时容器内装满水，并始终保持液面稳定，使水流为恒定流。先徐徐开启阀门 C，使玻璃管内水的流速十分缓慢。再打开阀门 F 放出少量颜色水。此时可以见到玻璃管内颜色

水呈一细股界线分明的直线流束，如图 4-2-1（a）所示，它与周围清水互不混合。这一现象说明玻璃管中水流呈层状流动，各层的质点互不掺混，这种流动状态称为层流。如阀门 C 逐渐开大到玻璃管中流速足够大时，颜色水出现波动，如图 4-2-1（b）所示。继续开大阀门，当管中流速增至某一数值时，颜色水突然破裂，扩散遍布全管，并迅速与周围清水混掺，玻璃管中全部水流都被均匀染色，流束形的流动已不存在，如图 4-2-1（c）所示，这种流动状态称为紊流。在灯光下可以看出：紊流状态下的颜色水体是由许多明晰的、时而产生、时而消灭的小漩涡组成，这时液体质点的运动轨迹是极不规则的，不仅有沿管轴方向（质点主流方向）的位移，也有垂直于管轴的各方位位移，各点的瞬时速度是随时间无规律地变化其方向和大小，具有明显的随机性质。

由层流转化成紊流时的管中平均流速称为上临界流速，用 $v_c'$ 表示。

实验如以相反程序进行，即管中流动已处于紊流状态，再逐渐关小阀门 C。当管中流速减小到不同于 $v_c'$ 的另一个数值时，可发现细管 E 流出的颜色水又重现为一股细直线，这说明管中水流又由紊流恢复为层流。

由紊流转变为层流的平均流速要比层流转变为紊流的流速小，称为下临界流速，用 $v_c$ 表示。

为了分析沿程损失随流速的变化规律，可以在玻璃管的某段，如图 4-2-1 中的 1—2 段上安装测压管，在不同的流速 $v$ 时，测定相应的水头损失 $h_f$。根据所测得的实验数据在对数坐标纸上绘出 $h_f$ 与 $v$ 的关系曲线，如图 4-2-2 所示。若实验时流速自小变大，则实验点落在 $abcef$ 上，层流维持至 $c$ 点才能转化为紊流，且 $c$ 点位置是不稳定的。若实验时流速由大变小，则实验点落在 $fedba$ 上，与 $bce$ 不重合，紊流维持至 $b$ 点才转变为层流。在 $bce$ 区间内，层流状态可能被任何偶然的原因所破坏而转变为紊流，并且不会回到原来的状态，这个区间称为层流到紊流的过渡区。

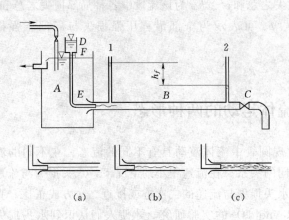

图 4-2-1　雷诺实验装置
(a) 层流；(b) 过渡状态；(c) 紊流

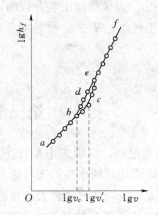

图 4-2-2　$h_f$ 与 $v$ 的实验曲线

图 4-2-2 所示的实验曲线可分为三部分：

（1）$ab$ 段：当 $v > v_c$ 时，流动为稳定的层流，所有试验点都分布在与横轴（$\lg v$ 轴）成 45°的直线上，$ab$ 直线的斜率 $m_1 = 1.0$。

（2）$ef$ 段：当 $v > v_c'$ 时，流动为紊流，$ef$ 为近似直线，与横轴的夹角约在 60°～63°之间，$ef$ 的斜率 $m_2 = 1.75 \sim 2.0$。

（3）be 段（层流到紊流的过渡区）：当 $v_c < v < v_c'$，水流状态不稳定，既可能是层流（如 bc 段），也可能是紊流（be 段），取决于水流的原来状态。

ab 段、ef 段可用下列方程表示

$$\lg h_f = \lg k + m \lg v$$

式中：$\lg k$ 为截距；$m$ 为直线的斜率。上式写成指数形式，即

$$h_f = k v^m \tag{4-1}$$

层流时，$m_1 = 1.0$，$h_f = k_1 v$，说明沿程损失与流速的一次方成正比；紊流时，$m_2 = 1.75 \sim 2.0$，$h_f = k_2 v^{1.75 \sim 2.0}$，说明沿程损失与流速的 1.75～2.0 次方成正比。

雷诺实验虽然是在圆管中进行的，所用流体是水，但在其他形状的边界（比如明渠流动）和其他流体（比如空气，石油）的实验中，都可发现有两种流动形态。因而雷诺实验的意义在于它揭示了流体流动存在两种性质不同的形态——层流和紊流。层流与紊流不仅是流体质点的运动轨迹不同，它们的流体内部结构也完全不同，因而反映在水头损失的规律也不一样。所以，计算水头损失时，首先必须判别流态。

## 二、层流、紊流的判别标准——临界雷诺数

雷诺曾用不同管径圆管对多种流体进行实验，发现下临界流速 $v_c$ 的大小与管径 $d$、流体密度 $\rho$ 和动力黏滞系数 $\mu$ 有关，并且 $v_c$ 与 $d$ 成反比，与 $\mu/\rho = \nu$（运动黏滞系数）成正比，其比例关系

$$v_c \propto \frac{\nu}{d}$$

即

$$v_c = Re_c \frac{\nu}{d}$$

式中：$Re_c$ 为无量纲系数，称为下临界雷诺数。实验证明，$Re_c$ 不随管径大小和流体的物理性质而变化。

这样上式可写成

$$Re_c = \frac{v_c d}{\nu} \tag{4-2}$$

同理，对上临界流速 $v_c'$ 则有

$$Re_c' = \frac{v_c' d}{\nu}$$

式中：$Re_c'$ 称为上临界雷诺数。

前已说明：水流处于层流状态时，必须 $v < v_c$；如将 $v$ 及 $v_c$ 各乘以 $\dfrac{d}{\nu}$，则有

$$\frac{vd}{\nu} < \frac{v_c d}{\nu}$$

令实际流动的雷诺数　　　　　　$Re = \dfrac{vd}{\nu}$

则在层流状态下　　　　　　　　$Re < Re_c$

同理，当水流处于紊流状态时，$v > v_c'$

因而　　　　　　　　　　　　　$\dfrac{vd}{\nu} > \dfrac{v_c' d}{\nu}$

即　　　　　　　　　　　　　　$Re > Re_c'$

由此可见临界雷诺数是判别流态的普遍标准。

根据大量实验资料证实，圆管有压流动的下临界雷诺数是一个相当稳定的数值，$Re_c \approx$ 2300，需特别注意：此值不随管径大小和流体种类而变，外界扰动几乎也与它无关。而上临界雷诺数 $Re_c'$ 大于 $Re_c$，是一个不稳定数值，甚至高达 $Re_c' = 12000 \sim 20000$，这主要与进入管道以前流体的稳定程度及外界扰动影响有关。由于在上、下临界雷诺数间的流态不稳定，任何微小的扰动都会使层流变成紊流，而在实际工程中扰动总是存在的。所以在实用上，上、下临界雷诺数间都可以看作紊流。这样，我们就用下临界雷诺数 $Re_c$ 与流体流动的雷诺数 $Re$ 比较来判别流态。

在圆管中

$$Re = \frac{vd}{\nu}$$

若

$$\left. \begin{array}{l} Re < Re_c = 2300 \text{ 层流} \\ Re > Re_c = 2300 \text{ 紊流} \end{array} \right\} \qquad (4-3)$$

对于非圆形管及明渠，雷诺数中反映断面尺度的特征长度 $d$ 可用水力半径 $R$ 替代，即

$$Re = \frac{vR}{\nu} \qquad (4-4)$$

对于圆管 $R = \frac{d}{4}$，此时下临界雷诺数 $Re_c \approx 575$。所以

$$Re = \frac{vR}{\nu} < 575 \quad \text{为层流}$$

$$Re = \frac{vR}{\nu} > 575 \quad \text{为紊流}$$

对于天然情况下的无压流，其雷诺数都相当大，多属于紊流，因而很少进行流态的判别。

### 三、雷诺数的物理意义

雷诺数的物理意义表征惯性力与黏滞力的比值。下面通过量纲分析进行说明。

惯性力 $ma = \rho V \dfrac{\mathrm{d}u}{\mathrm{d}t}$，其量纲为 $\rho L^3 \dfrac{L}{T^2}$。

黏滞力 $F = \omega\mu \dfrac{\mathrm{d}u}{\mathrm{d}y}$，其量纲为 $\mu L^2 \dfrac{1}{T}$。

惯性力与黏滞力的比值的量纲可表示为：

$$\frac{惯性力}{黏滞力} = \frac{\rho L^4 T^{-2}}{\mu L^2 T^{-1}} = \frac{\frac{L}{T} L}{\nu}$$

上式为雷诺数的量纲组成。式中 $L/T$ 为特征流速，$L$ 为特征长度，$\nu$ 为运动黏滞系数。所以，雷诺数的物理意义是表征惯性力与黏滞力的比值。

【例 4-1】 某段自来水管，其管径 $d = 100\text{mm}$，管中流速 $v = 1.0\text{m/s}$，水的温度为 10℃，试判明水管中水流形态。

**解**：在温度为 10℃ 时，水的运动黏性系数由式（1-5）得

$$\nu = \frac{0.01775}{1 + 0.0337t + 0.000221t^2} = \frac{0.01775}{1.3591} = 0.0131(\text{cm}^2/\text{s})$$

管中水流的雷诺数

$$Re=\frac{vd}{\nu}=\frac{100\times10}{0.0131}=76600$$

$$Re>Re_c=2300$$

因此，管中水流处于紊流形态。

**【例 4-2】** 某低速送风管道，直径 $d=200$mm，风速 $v=3.0$m/s，通过温度为 30℃的空气。（1）判断风道气体的流态；（2）求该风道的临界流速。

**解：**（1）30℃时空气的黏性系数 $\nu=16.6\times10^{-6}$m$^2$/s，管中雷诺数为

$$Re=\frac{vd}{\nu}=\frac{3\times0.2}{16.6\times10^{-6}}=36150>2300$$

故为紊流。

（2）根据临界雷诺数 $Re_c=2300$，求得临界流速为

$$v_c=\frac{Re_c\nu}{d}=\frac{2300\times16.6\times10^{-6}}{0.2}=0.191(\text{m/s})$$

# 第三节　均匀流沿程损失与切应力的关系

沿程阻力（各流层间的切应力）是造成沿程损失的直接原因，要计算沿程损失，首先需研究沿程损失与切应力的关系。

在管道或明渠均匀流中，任意取出一段总流来分析。设总流与水平面成一角度 $\alpha$，过流断面面积为 $\omega$，该段长度为 $l$，如图 4-3-1 所示。令 $p_1$、$p_2$ 分别表示作用在 1—1 断面及 2—2 断面形心处的流体动压强；$z_1$、$z_2$ 表示两断面形心距基准面的高度，作用在该总流流段上有下列各力。

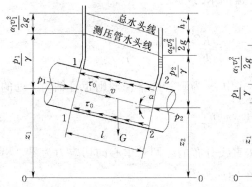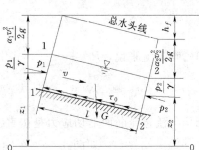

图 4-3-1　均匀流的受力

(a) 管道均匀流；(b) 明渠均匀流

（1）流体动压力：作用在 1—1 断面上的流体动压力 $P_1=p_1\omega$，作用在 2—2 断面上的流体动压力 $P_2=p_2\omega$。

（2）重力：重力 $G=\gamma\omega l$。

（3）摩擦阻力：因为作用在各个流束之间的内摩擦力是成对地彼此相等而方向相反出现

的，因此不必考虑。需要考虑的仅为不能抵消的总流与黏着在壁面上的液体质点之间的内摩擦力。令 $\tau_0$ 为总流边界上的平均切应力，则总摩擦力 $T=l\chi\tau_0$，式中 $\chi$ 为湿周。

因为均匀流没有加速度，所以各作用力处于平衡状态，写出流动方向的平衡方程式：

$$P_1-P_2+G\sin\alpha-T=0$$

即

$$p_1\omega-p_2\omega+\gamma\omega l\sin\alpha-l\chi\tau_0=0$$

由图 4-3-1 可知：$\sin\alpha=\dfrac{z_1-z_2}{l}$，代入上式，各项用 $\gamma\omega$ 除之，整理后得

$$\left(z_1+\frac{p_1}{\gamma}\right)-\left(z_2+\frac{p_2}{\gamma}\right)=\frac{l\chi}{\omega}\frac{\tau_0}{\gamma} \tag{4-5}$$

因 1—1 断面及 2—2 断面的流速水头相等，则能量方程为

$$\left(z_1+\frac{p_1}{\gamma}\right)-\left(z_2+\frac{p_2}{\gamma}\right)=h_f$$

代入式（4-5）得

$$h_f=\frac{l\chi}{\omega}\frac{\tau_0}{\gamma}=\frac{l}{R}\frac{\tau_0}{\gamma} \tag{4-6}$$

因 $J=\dfrac{h_f}{l}$，故上式可写成

$$\tau_0=\gamma RJ \tag{4-7}$$

式（4-6）或式（4-7）就是均匀流沿程损失与切应力的关系式。

流体各流层之间都有内摩擦切应力 $\tau$ 存在，在均匀流中任意取一流束，按上述同样方法可求得

$$\tau=\gamma R'J \tag{4-8}$$

式中：$R'$ 为流束的水力半径；$J$ 为均匀总流的水力坡度。

由式（4-7）及式（4-8）可得

$$\frac{\tau}{\tau_0}=\frac{R'}{R}$$

对于圆管均匀流来说，$R=\dfrac{d}{4}=\dfrac{r_0}{2}$，式中 $r_0$ 为圆管的半径，则距管轴为 $r$ 处的切应力

$$\tau=\frac{r}{r_0}\tau_0 \tag{4-9}$$

所以，圆管均匀流过流断面上切应力是按直线分布的，圆管中心的切应力为零，沿半径方向逐渐增大，到管壁处为 $\tau_0$，如图 4-3-2（a）所示。

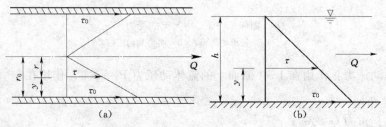

图 4-3-2　切应力分布

(a) 圆管水流；(b) 二元明渠流

用同样方法，可求得水深为 $h$ 的宽浅明渠均匀流切应力的分布规律为

$$\tau = \left(1 - \frac{y}{h}\right)\tau_0 \tag{4-10}$$

所以，在宽浅的明渠均匀流中，过流断面上的切应力也是按直线分布的，水面上的切应力为零，离渠底为 $y$ 处的切应力为 $\tau$，至渠底为 $\tau_0$，如图 4-3-2（b）所示。

## 第四节　圆管中的层流运动

圆管层流是一种较为简单的流体运动，也是能够得出流速分布及水头损失解析解为数不多的几种流场之一。本节利用 $\tau$ 与 $h_f$ 的关系以及牛顿内摩擦定律，探讨圆管层流的断面流速分布规律，在此基础上推导出沿程损失的计算公式。

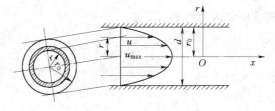

图 4-4-1　圆管层流流速分布

流体在层流运动时，流层间的切应力可由牛顿内摩擦定律求出，见式（1-4）：

$$\tau = \mu \frac{\mathrm{d}u}{\mathrm{d}y}$$

圆管中有压均匀流是轴对称流。为了计算方便，现采用柱坐标 $r$、$x$，如图 4-4-1 所示，此时为二元流。

由于 $r = r_0 - y$，因此

$$\frac{\mathrm{d}u}{\mathrm{d}y} = -\frac{\mathrm{d}u}{\mathrm{d}r}$$

$$\tau = -\mu \frac{\mathrm{d}\mu}{\mathrm{d}r}$$

圆管均匀流在半径 $r$ 处的切应力可用均匀流基本方程式（4-8）表示

$$\tau = \gamma R' J = \gamma \frac{r}{2} J$$

由上面两式得

$$\tau = -\mu \frac{\mathrm{d}u}{\mathrm{d}r} = \frac{1}{2}\gamma r J$$

于是

$$\mathrm{d}u = -\frac{\gamma}{2} \times \frac{J}{\mu} r \, \mathrm{d}r$$

注意到 $J$ 对均匀流中各元流来说都是相等的，积分上式得

$$u = -\frac{\gamma J}{4\mu} r^2 + C$$

由于流体黏附在管壁上，即 $r = r_0$ 处，$u = 0$，以此作为边界条件确定积分常数 $C$

$$C = \frac{\gamma J}{4\mu} r_0^2$$

所以

$$u = \frac{\gamma J}{4\mu}(r_0^2 - r^2) \qquad (4-11)$$

式（4-11）说明圆管层流运动过流断面上流速分布是一个旋转抛物面，这是圆管层流的重要特征。

流动中的最大速度在管轴上，由式（4-11）有

$$u_{max} = \frac{\gamma J}{4\mu}r_0^2 \qquad (4-12)$$

因为流量 $Q = \int_\omega u \, d\omega = v\omega$，选取宽为 $dr$ 的环形面积为微元面积 $d\omega(d\omega = 2\pi r dr)$，可得圆管层流运动的平均流速

$$v = \frac{Q}{\omega} = \frac{\int_\omega u \, d\omega}{\omega} = \frac{1}{\pi r_0^2}\int_0^{r_0} \frac{\gamma J}{4\mu}(r_0^2 - r^2)2\pi r dr = \frac{\gamma J}{8\mu}r_0^2 \qquad (4-13)$$

比较式（4-12）、式（4-13），得

$$v = \frac{1}{2}u_{max} \qquad (4-14)$$

即圆管层流的平均流速为最大流速的一半。与下节讨论的圆管紊流相比，层流流速在断面上的分布是很不均匀的。

由式（4-11）及式（4-13）得无量纲关系式

$$\frac{u}{v} = 2\left[1 - \left(\frac{r}{r_0}\right)^2\right] \qquad (4-15)$$

利用式（4-15）可计算圆管层流的动能修正系数 $\alpha$ 和动量修正系数 $\beta$（皆为无量纲数）为

$$\alpha = \frac{\int_\omega u^3 \, d\omega}{v^3 \omega} = \frac{\int_\omega \left(\frac{u}{v}\right)^3 d\omega}{\omega}$$

$$= 16\int_0^1 \left[1 - \left(\frac{r}{r_0}\right)^2\right]^3 \frac{r}{r_0} d\left(\frac{r}{r_0}\right) = 2$$

$$\beta = \frac{\int_\omega u^2 \, d\omega}{v^2 \omega} = \frac{\int_\omega \left(\frac{u}{v}\right)^2 d\omega}{\omega}$$

$$= 8\int_0^1 \left[1 - \left(\frac{r}{r_0}\right)^2\right]^2 \frac{r}{r_0} d\left(\frac{r}{r_0}\right) = 1.33$$

为了实用上计算方便，沿程损失通常用平均流速 $v$ 的函数表示，由式（4-13）得

$$J = \frac{h_f}{l} = \frac{8\mu v}{\gamma r_0^2} = \frac{32\mu v}{\gamma d^2}$$

或

$$h_f = \frac{32\mu v l}{\gamma d^2} \qquad (4-16)$$

式（4-16）说明，在圆管层流中，沿程损失与断面平均流速的一次方成正比，前述雷诺实验也证实了这一结论。

一般情况下沿程损失可以用速度水头表示，上式可改写成

$$h_f = \frac{64}{\underset{\nu}{vd}} \frac{l}{d} \frac{v^2}{2g} = \frac{64}{Re} \frac{l}{d} \frac{v^2}{2g}$$

令

$$\lambda = \frac{64}{Re} \tag{4-17}$$

则

$$h_f = \lambda \frac{l}{d} \frac{v^2}{2g} = \lambda \frac{l}{4R} \frac{v^2}{2g} \tag{4-18}$$

这是常用的沿程损失计算公式。$\lambda$ 称为沿程阻力系数或沿程损失系数，在圆管层流中只与雷诺数有关，与管壁粗糙程度无关。

必须指出，式（4-18）虽然是在圆管层流的情况下推导出来的，它同样适用于紊流，所不同的是紊流运动中沿程阻力系数 $\lambda$ 的计算方法与层流时不同。同时，该式既适用于有压流，也适用于无压流，是计算均匀流沿程损失的一个基本公式，也叫达西（Darcy）公式。

对于气体，沿程损失用压强损失表示，达西公式转化为

$$p_f = \lambda \frac{l}{d} \frac{\rho v^2}{2} = \lambda \frac{l}{4R} \frac{\rho v^2}{2} \tag{4-19}$$

# 第五节 紊 流 运 动

## 一、紊流形成过程的分析

由雷诺实验可知，层流与紊流的主要区别在于紊流时流层之间流体质点有不断地相互混掺作用，而层流则无。涡体的形成是混掺作用产生的根源，下面讨论涡体的形成过程。

由于流体的黏滞性和边界面的滞流作用，过流断面上流速分布总是不均匀的。因此，相邻各流层之间的流体质点就有相对运动发生，使各流层之间产生内摩擦切应力。对于某一选定的流层来说，流速较大的邻层加于它的切应力是顺流向的，流速较小的邻层加于它的切应力是逆流向的，如图 4-5-1 所示。因此，该选定的流层所承受的切应力，有构成力矩，使流层发生旋转的倾向。由于外界的微小干扰或来流中残存

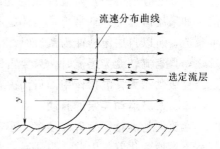

图 4-5-1　流层的切应力

的扰动，该流层将不可避免地出现局部性的波动，随同这种波动而来的是局部流速和压强的重新调整。如图 4-5-2（a）所示，由于波峰附近流线间距发生变化，因此在波峰上面，微小流束过流断面变小，流速变大，根据能量方程，压强要降低，而波峰下面，微小流束过流断面增大，流速变小，压强就增大。在波谷附近流速和压强也有相应的变化，但与波峰处的情况相反。这样就使发生微小波动的流层各段承受不同方向的横向压力 $P$。

显然，这种横向压力将使波峰愈凸，波谷愈凹，促使波幅更加增大，如图 4-5-2（b）所示。波幅增大到一定程度以后，由于横向压力与切应力的综合作用，最后使波峰与波谷重叠，形成涡体，如图 4-5-2（c）所示。涡体形成以后，涡体旋转方向与流体流速方向一致的一边流速变大，相反的一边流速变小。流速大的一边压强小，流速小的一边压强大，这样

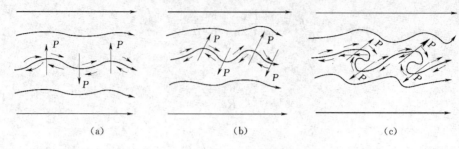

（a） （b） （c）

图 4-5-2 涡体的形成过程

就使涡体上下两边产生压差，形成作用于涡体的升力，如图 4-5-3 所示。这种升力就有可能推动涡体脱离原流层而掺入流速较高的邻层，从而扰动邻层进一步产生新的涡体，如此发展下去，层流即转化为紊流。

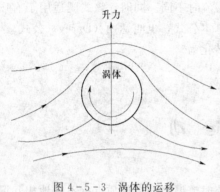

图 4-5-3 涡体的运移

涡体生成并不一定就能形成紊流。一方面由于惯性涡体有保持其本身运动的倾向；另一方面因为流体是有黏滞性的，黏滞作用又要约束涡体的运动，所以涡体能否脱离原层而掺入邻层，就要看惯性作用与黏滞作用两者的对比关系。只有当惯性作用与黏滞作用相比强大到一定程度时，才可能形成紊流。由于雷诺数 $Re$ 的物理意义表征惯性力与黏滞力的比值，所以当雷诺数达到某一数值时，即表示惯性力足以克服黏滞力，这就是可以用雷诺数来判别流态的原因。

由以上分析可知，紊流形成的先决条件是涡体的形成，其次是雷诺数要达到一定的数值。如果流体运动非常平稳，涡体就不易形成，则雷诺数虽然达到一定的数值，也不可能产生紊流，所以自层流转变为紊流时，上临界雷诺数是极不稳定的，与外界的扰动程度有关。反之，自紊流转变为层流时，只要雷诺数降低到某一数值，即使涡体继续存在，惯性力也不足以克服黏滞力，混掺作用即行消失，所以不管有无扰动，下临界雷诺数是比较稳定的。

**二、紊流运动要素的脉动**

紊流的基本特征是许许多多大小不等的涡体相互混掺着前进，它们的位置、形态、流速都在不停地变化着。因此，当一系列参差不齐的涡体连续通过紊流中某一固定点时，必然会反映出这一点上的瞬时运动要素（如流速、压强等）随时间发生波动的现象，这种现象称为运动要素的脉动。

根据欧拉法，若在恒定流中选定某一固定空间点，观察流体质点通过该点的运动状态，则在该点上，不同时刻就有不同流体质点通过，各质点通过时的流速方向及大小都是不同的。某一瞬时通过该点的流体质点的流速称为该点的瞬时流速。任一瞬时流速总可分解为三个分速 $u_x$、$u_y$、$u_z$。若以瞬时流速的分速 $u_x$ 为纵轴，以时间 $t$ 为横轴，即可绘出 $u_x$ 随时间而变化的曲线，如图 4-5-4 所示。

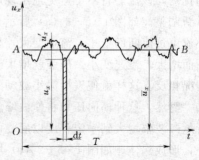

图 4-5-4 紊流脉动

若取一足够长的时间过程 $T$，在此过程中的时间平均流速 $\bar{u}_x$ 可表示为

$$\bar{u}_x = \frac{1}{T}\int_0^T u_x \, \mathrm{d}t \qquad (4-20)$$

图 $4-5-4$ 中 $AB$ 线代表恒定流的时间平均流速线。$AB$ 与 $t$ 轴平行，即时间平均流速是不随时间而变化的。

瞬时流速与时间平均流速之差称为脉动流速 $u'_x$，即

$$u'_x = u_x - \bar{u}_x$$

这样，我们就可把瞬时流速看成是由时间平均流速与脉动流速两部分组成，即

$$\left.\begin{array}{l} u_x = \bar{u}_x + u'_x \\ u_y = \bar{u}_y + u'_y \\ u_z = \bar{u}_z + u'_z \end{array}\right\} \qquad (4-21)$$

而脉动值的时间平均值总是等于零的。例如，对脉动流速 $u'_x = u_x - \bar{u}_x$ 进行时间平均

$$\overline{u'_x} \frac{1}{T}\int_0^T u'_x \, \mathrm{d}t = \frac{1}{T}\int_0^T u_x \, \mathrm{d}t - \frac{1}{T}\int_0^T \bar{u}_x \, \mathrm{d}t \qquad (4-22)$$

由式（$4-20$）可知

$$\frac{1}{T}\int_0^T u_x \, \mathrm{d}t = \bar{u}_x, \text{而} \frac{1}{T}\int_0^T \bar{u}_x \, \mathrm{d}t = \bar{u}_x$$

故

$$\overline{u'_x} = 0$$

其他运动要素，如流体动压强也可用同样方法表示

$$p = \bar{p} + p'$$

并且

$$\bar{p'} = \frac{1}{T}\int_0^T p' \, \mathrm{d}t = 0$$

由于脉动量的存在，严格地说紊流总是非恒定流。由于在实际工程的很多情况下需要研究的是时均运动要素的变化规律，所以根据运动要素时均值是否随时间变化，可将紊流区分为恒定流与非恒定流，则我们以前所提到的分析流体运动规律的方法，对紊流的运动仍可适用。以后本书中所提到的关于在紊流状态下，流体中各点的运动要素都是指的"时间平均值"而言。例如，流线是指时间平均流速场的流线，恒定流是指时间平均的运动要素不随时间而变化，非恒定流是指时间平均的运动要素随时间而变化等。

应当指出，以时均值代替瞬时值固然为研究紊流运动带来了很大方便。但是时均值只能描述总体的运动，不能反映脉动的影响。因此，对于与紊流的特征有直接关系的问题，如紊流中的阻力和过流断面上流速分布问题，必须考虑到紊流具有脉动与混掺的特点，才能得出符合客观实际的结论。

### 三、紊流切应力

在层流运动中由于流层间的相对运动所引起的黏滞切应力可由牛顿内摩擦定律计算，即

$$\tau = \mu \frac{\mathrm{d}u}{\mathrm{d}y}$$

紊流运动则不同，各流层间除时均流速不同，存在相对运动外，还有流体质点的横向脉动，低速流层的质点由于横向脉动进入高速流层后，对高速流层起阻滞作用；相反，高速流

层的质点在进入低速流层后，对低速流层起推动作用，从而引起动量交换。因此，紊流运动两流层之间的时均切应力 $\bar{\tau}$ 是由两部分组成的：第一部分是由于相邻流层时均流速不等而存在相对运动所产生的黏滞切应力 $\bar{\tau}_1$；第二部分是由于流体质点脉动引起相邻层间的动量交换从而在层面上产生的紊流附加切应力 $\bar{\tau}_2$。所以紊流总切应力为

$$\bar{\tau} = \bar{\tau}_1 + \bar{\tau}_2 \tag{4-23}$$

$\bar{\tau}_1$ 的计算方法与层流时相同，其公式为

$$\bar{\tau}_1 = \mu \frac{\mathrm{d}\,\bar{u}_x}{\mathrm{d}y} \tag{4-24}$$

$\bar{\tau}_2$ 的计算公式可用普朗特动量传递学说来推导。这一学说是假设流体质点在横向脉动运移过程中瞬时流速保持不变，因而动量也保持不变，而到达新位置后，动量即突然改变，并与新位置上原有流体质点所具有的动量一致。由动量定理，这种质点动量变化将产生切应力。应用这一学说就可建立 $\bar{\tau}_2$ 与流体质点脉动流速和时均流速之间的关系。对于直角坐标系中的二维流动，其表现形式为（略去推导过程），即

$$\bar{\tau}_2 = -\rho \overline{u'_x u'_y} = \rho l^2 \left( \frac{\mathrm{d}\,\bar{u}_x}{\mathrm{d}y} \right)^2 \tag{4-25}$$

式中：$\rho$ 为流体的密度；$u'_x$、$u'_y$ 分别表示质点沿 $x$、$y$ 方向的脉动流速（$x$ 方向为主流方向）；$l$ 称为普朗特混合长度，普朗特假定混合长度 $l$ 正比于质点到壁面的径向距离 $y$，即

$$l = ky$$

式中：$k$ 为由实验决定的无量纲常数，其值等于 $0.4$。

紊流中任一点总的时均切应力是黏滞切应力与附加切应力之和。即

$$\bar{\tau} = \mu \frac{\mathrm{d}\,\bar{u}_x}{\mathrm{d}y} + \rho l^2 \left( \frac{\mathrm{d}\bar{u}_x}{\mathrm{d}y} \right)^2 \tag{4-26}$$

# 第六节　圆管中的紊流

### 一、圆管紊流流核与黏性底层

根据理论分析和实验观测，紊流和层流都满足在壁面上无滑动（黏附）条件。在紊流中，紧贴固体边界附近有一层极薄的流层，由于受流体黏性的作用和固体边界的限制，消除了流体质点的混掺，使其流态表现为层流性质，这一流层称为黏性底层，如图 4-6-1 所示（为清晰起见，图中黏性底层的厚度画大了比例）。在黏性底层以外的流动区域，流体质点发生混掺，流速及其有关的物理量的脉动开始显现，为紊流区，称为紊流流核。

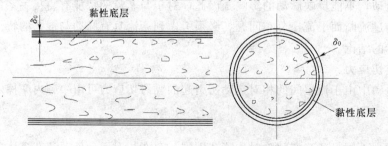

图 4-6-1　圆管的黏性底层

黏性底层厚度 $\delta_0$ 可由层流流速分布、牛顿内摩擦定律以及实验资料求得。

由式 (4-11) 得知,当 $r \rightarrow r_0$ 时有

$$u = \frac{\gamma J}{4\mu}(r_0^2 - r^2) = \frac{\gamma J}{4\mu}(r_0 - r)(r_0 + r) \approx \frac{\gamma J}{2\mu}r_0(r_0 - r) = \frac{\gamma J r_0}{2\mu}y$$

式中:$y = r_0 - r$。由此可见,厚度很小的黏性底层中的流速分布近似为直线分布。

再由牛顿内摩擦定律得管壁附近的切应力 $\tau_0$ 为

$$\tau_0 = \mu \frac{\mathrm{d}u}{\mathrm{d}y} \approx \mu \frac{u}{y}$$

即

$$\frac{\tau_0}{\rho} = \nu \frac{u}{y}$$

由于 $\sqrt{\dfrac{\tau_0}{\rho}}$ 的量纲与速度的量纲相同,称它为剪切流速 $v_*$,则上式可写成

$$\frac{v_* y}{\nu} = \frac{u}{v_*}$$

注意到 $\dfrac{v_* y}{\nu}$ 是某一雷诺数,当 $y < \delta_0$ 时为层流,而当 $y \rightarrow \delta_0$ 时,$\dfrac{v_* \delta_0}{\nu}$ 为某一临界雷诺数,实验资料表明,$\dfrac{v_* \delta_0}{\nu} = 11.6$。因此

$$\delta_0 = 11.6\frac{\nu}{v_*} \tag{4-27}$$

由式 (4-6) $h_f = \dfrac{\tau_0}{\gamma}\dfrac{l}{R}$ 及式 (4-18) $h_f = \lambda\dfrac{l}{d}\dfrac{v^2}{2g}$ 可得

$$\tau_0 = \frac{\lambda \rho v^2}{8} \tag{4-28}$$

将式 (4-28) 代入式 (4-27) 可得

$$\delta_0 = \frac{32.8\nu}{v\sqrt{\lambda}} = \frac{32.8d}{Re\sqrt{\lambda}} \tag{4-29}$$

式中:$Re$ 为管内流动雷诺数;$\lambda$ 为沿程阻力系数。

显而易见,当管径 $d$ 相同时,随着流速的增大,雷诺数变大,从而黏性底层变薄。黏性底层的厚度虽然很薄,通常不到 1mm,但它对水头损失有重大影响。

固体边界的表面总是粗糙不平的,因为任何材料加工的管壁,都会受加工条件限制和运用条件的影响。粗糙凸出管壁的"平均"高度称为绝对粗糙度,用 $\Delta$ 表示。

当黏性底层厚度 $\delta_0$ 大于 $\Delta$ 若干倍时,虽然边壁表面高低不平,但是凸出高度完全淹没在黏性底层之中,如图 4-6-2 (a) 所示。此时管内的紊流流核与管壁之间被黏性底层隔开,管壁粗糙度对紊流结构基本上没有影响,流体就像在光滑的管壁上流动一样,边壁的阻力,主要是黏性底层的黏滞阻力,这种情况称为"紊流光滑管"。

当黏性底层厚度 $\delta_0$ 小于 $\Delta$ 若干倍时,边壁的粗糙度对紊流已起主要作用。当紊流流核绕过凸出高度时将形成小漩涡,如图 4-6-2 (b) 所示。边壁的阻力主要是由这些小漩涡造成的,而黏性底层的黏滞力只占次要地位,与前者相比,几乎可以忽略不计,这种情况称为"紊流粗糙管"。

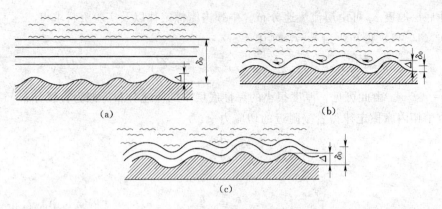

图 4-6-2　紊流的分区

介于以上两者之间的情况，黏性底层的黏滞阻力与边壁粗糙度的影响均不能忽略不计，如图 4-6-2（c）所示，称为"紊流过渡区"。

必须指出，所谓"光滑"或"粗糙"并非完全取决于固体边界表面本身是光滑的还是粗糙的，而必须依据黏性底层绝对粗糙度两者的大小关系来决定。即使是同一固体边界面，在某一雷诺数下可能是光滑的，而在另一雷诺数下又可能是粗糙的。根据尼古拉兹的实验资料，可将光滑管、粗糙管和介于两者之间的紊流过渡区的分区规定为：

水力光滑区　　　　　　　$\Delta < 0.4\delta_0$　或 $\dfrac{\Delta v_*}{\nu} < 5$　（$Re_x < 5$）

过渡区　　　　　$0.4\delta_0 < \Delta < 6\delta_0$，或 $5 < \dfrac{\Delta v_*}{\nu} < 70$（$5 < Re_* < 70$）

水力粗糙区　　　　　$\Delta > 6\delta_0$，或 $\dfrac{\Delta v_*}{\nu} < 70$（$Re_* > 70$）

式中：$\dfrac{\Delta v_*}{\nu} = Re_*$，称为粗糙雷诺数。

## 二、流速分布

紊流中由于流体质点相互混掺，相互碰撞，因而产生了流体内部各质点间的动量传递，动量大的质点将动量传给动量小的质点，动量小的质点影响动量大的质点，结果造成断面流速分布的均匀化，如图 4-6-3 所示。

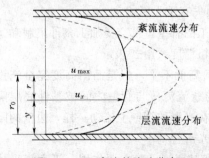

图 4-6-3　紊流的流速分布

现根据紊流混合长度理论推导紊流流核的流速分布。

在紊流流核中，黏滞切应力与附加切应力比较可以忽略不计。于是流层间切应力由式（4-25）决定

$$\tau = \rho l^2 (\mathrm{d}u/\mathrm{d}y)^2$$

又根据式（4-9）知均匀流过流断面上切应力成直线分布，即：

$$\tau = \tau_0 \frac{r}{r_0} = \tau_0 \left(1 - \frac{y}{r_0}\right)$$

至于混合长度 $l$，可按萨特克维奇（A. A. Саткевич）整理尼古拉兹实验资料提出的公式计算，该式除管轴附近外，与实验资料基本相符。

$$l = ky\sqrt{1-\frac{y}{r_0}}$$

式中：$k$ 为一常数，称卡门通用常数。

于是
$$\tau_0\left(1-\frac{y}{r_0}\right) = \rho k^2 y^2 \left(1-\frac{y}{r_0}\right)\left(\frac{\mathrm{d}u}{\mathrm{d}y}\right)^2$$

整理得
$$\mathrm{d}u = \frac{v_*}{k}\frac{\mathrm{d}y}{y}$$

积分得
$$u = \frac{v_*}{k}\ln y + C_1 \qquad\qquad [4-30\ (\mathrm{a})]$$

或由 $\mathrm{d}u = \dfrac{v_*}{k}\dfrac{\mathrm{d}y}{y}$ 更换为

$$\frac{\mathrm{d}u}{v_*} = \frac{1}{k}\frac{\mathrm{d}\left(\dfrac{v_* y}{\nu}\right)}{\left(\dfrac{v_* y}{\nu}\right)}$$

积分得
$$u = v_*\left[\frac{1}{k}\ln\left(\frac{v_* y}{\nu}\right) + C_2\right] \qquad\qquad [4-30\ (\mathrm{b})]$$

换成常用对数，可写成
$$u = v_*\left[\frac{2.3}{k}\lg\left(\frac{v_* y}{\nu}\right) + C_2\right] \qquad\qquad [4-30\ (\mathrm{c})]$$

式（4-30）就是由混合长度理论得到的紊流流核流速对数分布规律。下面结合实验资料分别讨论光滑管和粗糙管的流速分布的具体规律。

1. 光滑管的流速分布

前已说明，流动分为黏性底层和紊流流核两区，在黏性底层中的流速分布近似于线性分布，在管壁上流速为零。至于光滑管的紊流流核的流速分布，根据尼古拉兹在人工粗糙的圆管水流实验中得到的资料，确定式 [4-30 (c)] 中的积分常数 $C_2=5.5$，$k=0.4$，于是

$$u = v_*\left[5.75\lg\left(\frac{v_* y}{\nu}\right) + 5.5\right] \qquad\qquad (4-31)$$

2. 粗糙管的流速分布

粗糙管中黏性底层的厚度远小于管壁的粗糙高度。因此，黏性底层已无实际意义。在这种情况下，整个过流断面的流速分布均符合式 [4-30 (a)]，而式中的积分常数 $C_1$ 与管壁粗糙度 $\Delta$ 有关。卡门和普朗特根据尼古拉兹在人工粗糙的圆管水流实验中得到的资料，提出粗糙管的过流断面上各点的对数流速分布公式

$$u = v_*\left(5.75\lg\frac{y}{\Delta} + 8.5\right) \qquad\qquad (4-32)$$

在此应当指出的是方程式（4-30）只计入了紊流附加切应力，因此，它所表示的速度分布规律适用于大雷诺数情况。对于较小的雷诺数，黏性摩擦在黏性底层之外流区也产生影响。

普兰特—卡门根据实验资料又提出了紊流流速分布的指数公式

$$\frac{u}{u_{\max}} = \left(\frac{y}{r_0}\right)^n \qquad\qquad (4-33)$$

式中：$u_{max}$为管轴处最大流速；$r_0$为圆管半径；$n$为指数，可由下列经验公式计算：

$$\frac{1}{n} = -2.18 \lg \left( \frac{0.03455}{Re^{0.1}} - 0.007875 \right)$$

$4 \times 10^3 \leqslant Re < 2 \times 10^6$；当 $Re \geqslant 2 \times 10^6$ 时，$n = 1/10$。

式（4-33）中的 $n$ 值可近似取为常数 $n = 1/7$，称为流速分布中的七分之一次方定律。

圆管中的流速分布应当是连续的曲线，所以在管轴处应该有 $du/dy = 0$，但上述几个公式都不能满足这一条件。而且按上述这些公式，在管壁处得

$$\tau_0 = \mu \left( \frac{du}{dy} \right)_{y=0} = \infty$$

这也是不合理的。因而上述式对圆管内两小区——靠近管轴处及管壁处均不适用，而在管中其余各点与实验资料符合良好。

### 三、沿程损失

从圆管层流的讨论中我们已经知道，对水头损失起决定作用的有：流速 $v$、管径 $d$、流体密度 $\rho$ 和黏滞系数 $\mu$。在雷诺数 $Re$ 较大的紊流流态中，管壁粗糙高度 $\Delta$ 也将对流动阻力及水头损失起着重要影响。本章第四节推导出的达西公式 $h_f = \lambda \dfrac{l}{d} \dfrac{v^2}{2g} = \lambda \dfrac{l}{4R} \dfrac{v^2}{2g}$ 既适用于层流，也适用于紊流，但其沿程阻力系数 $\lambda$ 的计算方法不同。圆管层流时 $\lambda = \dfrac{64}{Re}$，圆管紊流时沿程阻力系数 $\lambda$ 则是雷诺数 $Re$ 及管壁相对粗糙度 $\Delta/d$ 的函数。$\lambda$ 随 $Re$ 及 $\Delta/d$ 的变化规律将在下一节讨论。

# 第七节　圆管中沿程阻力系数的变化规律及影响因素

### 一、尼古拉兹实验曲线

层流时沿程阻力系数 $\lambda$ 与雷诺数之间存在确定的关系，但紊流时 $\lambda$ 与雷诺数及相对粗糙度之间的关系，在理论上至今没有完全解决。为确定沿程阻力系数 $\lambda = f(Re, \Delta/d)$ 的变化规律，尼古拉兹在圆管内壁粘贴经过筛分具有相同粒径的砂粒，称为人工粗糙管，此时砂粒的直径即为绝对粗糙度 $\Delta$。绝对粗糙度 $\Delta$ 与管道直径 $d$ 的比值 $\Delta/d$ 称为相对粗糙度。尼古拉兹对相对粗糙度 $\Delta/d = \dfrac{1}{30}$、$\dfrac{1}{61}$、$\dfrac{1}{120}$、$\dfrac{1}{252}$、$\dfrac{1}{504}$、$\dfrac{1}{1014}$ 等六种情况进行了系统深入地实验研究，于 1933 年，尼古拉兹发表了反映圆管中水流流动情况的实验结果。

尼古拉兹实验装置如图 4-7-1 所示，测量圆管中平均流速 $v \left| v = \dfrac{Q}{\frac{1}{4} \pi d^2} \right|$ 和管段 $l$ 的水

头损失 $h_f$，用来计算沿程阻力系数 $\lambda \left( \lambda = h_f \dfrac{d}{l} \dfrac{2g}{v^2} \right)$，并测出水温以计算雷诺数 $Re = \dfrac{vd}{\nu}$。以 $\lg Re$ 为横坐标，$\lg(100\lambda)$ 为纵坐标，各种相对粗糙度情况下的实验结果描绘成如图 4-7-2 所示的曲线，即尼古拉兹实验曲线图。

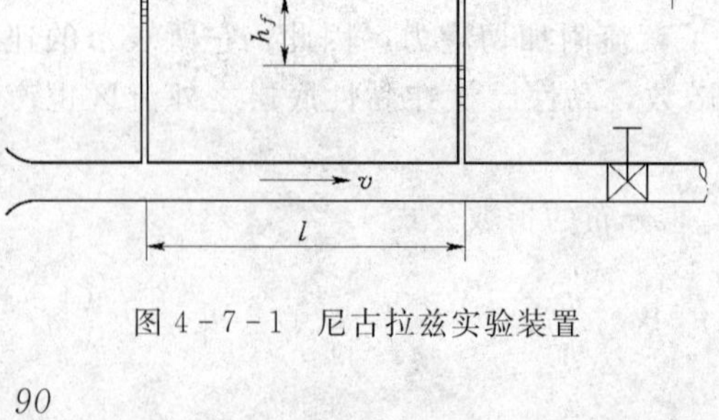

图 4-7-1　尼古拉兹实验装置

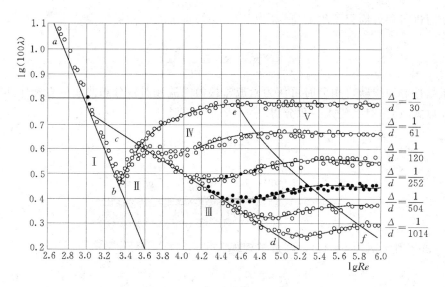

图 4 - 7 - 2　尼古拉兹实验曲线

由图 4 - 7 - 2 看到，$\lambda$ 和 $Re$ 及 $\Delta/d$ 的关系可分成下列几个区来说明。这些区在图 4 - 7 -
2 上以 Ⅰ、Ⅱ、Ⅲ、Ⅳ、Ⅴ 表示。

第Ⅰ区——层流区。当 $Re < 2300$（$\lg Re < 3.36$），所有的试验点聚集在一条直线 $ab$ 上，
说明 $\lambda$ 与相对粗糙度 $\Delta/d$ 无关，并且 $\lambda$ 与 $Re$ 的关系符合 $\lambda = \dfrac{64}{Re}$ 的方程，即试验结果证实了
圆管层流理论公式的正确性。同时，此试验也说明不同 $\Delta$ 的管路皆有相同的临界雷诺数 $Re_c$
$= 2300$，与雷诺实验结果相同。

第Ⅱ区——层流转变为紊流的过渡区。此时 $\lambda$ 基本上与 $\Delta/d$ 无关，而与 $Re$ 有关。

第Ⅲ区——"光滑管"区。此时水流虽已处于紊流状态，但不同粗糙度的试验点都聚集
在 $cd$ 线上，即粗糙度对 $\lambda$ 值仍没有影响，$\lambda = f(Re)$，只是随着 $Re$ 加大，相对粗糙度大的
管道，其实验点在 $Re$ 较低时离开了 $cd$ 线；而相对粗糙度小的管道，在 $Re$ 较高时才离开
此线。

第Ⅳ区——从"光滑管"转向"粗糙管"的紊流过渡区，该区的阻力系数 $\lambda =$
$f(Re，\Delta/d)$。

第Ⅴ区——"粗糙管"区或阻力平方区。在该区试验曲线成为与横轴平行的直线段，
即该区 $\lambda$ 与雷诺数无关，$\lambda = f(\Delta/d)$，水头损失与流速的平方成正比，故又称为阻力平
方区。

尼古拉兹虽然是在人工粗糙管中完成的试验，不能完全用于工业管道。但是，尼古拉兹
实验的意义在于：它全面揭示了不同流态情况下 $\lambda$ 和雷诺数 $Re$ 及相对粗糙度 $\Delta/d$ 的关系，
从而说明 $\lambda$ 的各种经验公式和半经验公式有一定的适用范围。

**二、人工粗糙管沿程阻力系数的半经验公式**

1. 紊流光滑管区（$Re_* < 5$）

根据光滑管的流速分布式（4 - 31）

$$u = v_* \left[ 5.75 \lg \left( \dfrac{v_* y}{\nu} \right) + 5.5 \right]$$

将其对断面进行积分而得平均流速

$$v=\frac{Q}{\omega}=\frac{\int_0^{r_0}u\times 2\pi r\mathrm{d}r}{\pi r_0^2}$$

由于黏性底层很薄，积分时可认为紊流流核内的流速对数分布曲线一直延伸到管壁，上式中的 $u$ 以式（4-31）代入，积分得

$$v=v_*\left[5.75\lg\left(\frac{v_*\,r_0}{\nu}\right)+1.75\right] \tag{4-34}$$

又由式（4-7）

$$\tau_0=\gamma RJ=\gamma\frac{d}{4}\lambda\frac{l}{\mathrm{d}l}\frac{v^2}{2g}=\frac{\lambda\rho v^2}{8}$$

因此

$$v_*=\sqrt{\frac{\tau_0}{\rho}}=v\sqrt{\frac{\lambda}{8}} \tag{4-35}$$

将式（4-35）代入式（4-34），经过整理得

$$\frac{1}{\sqrt{\lambda}}=2.03\lg(Re\sqrt{\lambda})-0.9$$

经与尼古拉兹试验资料比较，进行修正后得

$$\frac{1}{\sqrt{\lambda}}=2\lg(Re\sqrt{\lambda})-0.8 \tag{4-36}$$

式（4-36）称为尼古拉兹光滑管公式，适用于 $Re=5\times10^4\sim3\times10^6$。

2. 紊流粗糙管区（$Re_*>70$）

此区黏性底层已失去意义，粗糙凸出高度 $\Delta$ 对水头损失起决定作用。根据紊流粗糙管区的流速分布式（4-32）

$$u=v_*\left[5.75\lg\left(\frac{y}{\Delta}\right)+8.5\right]$$

对断面积分，求得平均流速公式

$$v=v_*\left[5.75\lg\left(\frac{r_0}{\Delta}\right)+4.75\right] \tag{4-37}$$

将式（4-35）代入式（4-37），整理并根据实验资料修正常数，得

$$\lambda=\frac{1}{\left[2\lg\left(\dfrac{r_0}{\Delta}\right)+1.74\right]^2} \tag{4-38}$$

式（4-38）称为尼古拉兹粗糙管公式，适用于 $Re>\dfrac{382}{\sqrt{\lambda}}\left(\dfrac{r_0}{\Delta}\right)$。

### 三、工业管道的实验曲线和 $\lambda$ 值的计算公式

上述两个半经验公式都是在人工粗糙的基础上得到的。将工业管道与人工粗糙管道沿程阻力系数对比，得出它们在光滑管区的 $\lambda$ 实验结果相符。这是因为两种管道的粗糙情况虽然不尽相同，但却都被黏性底层淹没而失去其作用。因此，式（4-36）也适用于工业管道。

在粗糙管区，工业管道和人工粗糙管道 $\lambda$ 值也有相同的变化规律。它说明尼古拉兹粗糙管公式有可能应用于工业管道，问题是工业管道的粗糙情况和尼古拉兹人工粗糙不同，它的粗糙高度、粗糙形状及其分布都是无规则的。计算时，必须引入"当量粗糙高度"的概念，

以把工业管道的粗糙折算成人工粗糙。所谓"当量粗糙高度"是指和工业管道粗糙管区 λ 值相等的同直径人工粗糙管的粗糙高度。部分常用工业管道的当量粗糙高度如表 4-1 所示，这样式（4-38）也就可用于工业管道。

表 4-1 当 量 粗 糙 高 度

| 管　材　种　类 | $\Delta$ （mm） |
|---|---|
| 新氯乙烯管，玻璃管，黄铜管 | 0～0.002 |
| 光滑混凝土管、新焊接钢管 | 0.015～0.06 |
| 新铸铁管、混凝土管 | 0.15～0.5 |
| 旧铸铁管 | 1～1.5 |
| 轻度锈蚀钢管 | 0.25 |
| 清洁的镀锌铁管 | 0.25 |

对于光滑管和粗糙管之间的过渡区，工业管道和人工粗糙管道 λ 值的变化规律有很大差异，尼古拉兹过渡区的实验成果对工业管道不能适用。柯列勃洛克（C. F. Colebrook）根据大量工业管道试验资料，提出工业管道过渡区（$5 < Re_* < 70$）λ 值计算公式，即柯列勃洛克公式

$$\frac{1}{\sqrt{\lambda}} = -2\lg\left(\frac{\Delta}{3.7d} + \frac{2.51}{Re\sqrt{\lambda}}\right) \tag{4-39}$$

式中：$\Delta$ 为工业管道的当量粗糙高度，可由表 4-1 查得。

柯列勃洛克公式实际上是尼古拉兹光滑区公式和粗糙区公式的结合。对于光滑管区，$Re$ 偏低，公式右边括号内第二项很大，第一项相对很小可以忽略，该式与式（4-36）类似。当 $Re$ 很大时，公式右边括号内第二项很小，可以忽略不计，于是柯列勃洛克公式与式（4-38）类似。这样，式（4-39）不仅适用于工业管道的紊流过渡区，而且可用于紊流的全部三个阻力区，故又称为紊流沿程阻力系数 λ 的综合计算公式。尽管此式只是个经验公式，但它是在合并两个半经验公式的基础上得出的，公式应用范围广，与试验结果符合良好，随着"当量粗糙高度"数据的逐渐充足完备，该式应用将越来越广。

式（4-39）的应用比较麻烦，需经过几次迭代才能得出结果。为了简化计算，1944年莫迪（Moody）在柯列勃洛克公式的基础上，绘制了工业管道 λ 的计算曲线，即莫迪图（工业管道试验曲线），如图 4-7-3 所示。由图可按 $Re$ 及相对粗糙度 $\Delta/d$ 直接查得 λ 值。

工业管道试验曲线与人工粗糙管道曲线的基本变化规律相类似。只是在光滑管区以后到阻力平方区之前的范围内曲线形状存在较大差别。对于莫迪图，在离开光滑管区以后 λ～$Re$ 曲线没有像人工粗糙管那样有回升部分，而是 λ 值随着 $Re$ 的增加而逐渐减小，一直到完全粗糙区为止。

应当指出，以上几个公式是在认为紊流中存在黏性底层的基础上得出的，有些研究者指出，紊流中的近壁处并没有黏性底层，而是在非常靠近壁面处还是存在紊流脉动。据此，提出了一个适合于整个紊流应用比较方便的计算式

$$\lambda = 0.11\left(\frac{\Delta}{d} + \frac{68}{Re}\right)^{0.25} \tag{4-40}$$

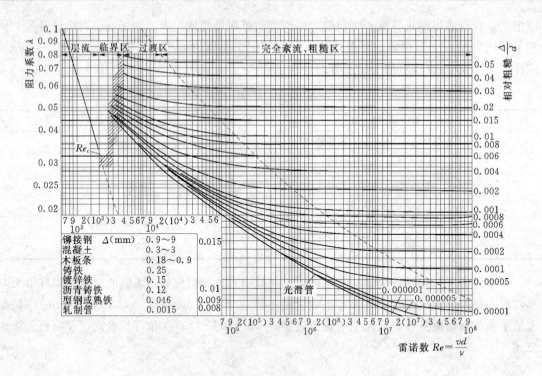

图 4-7-3 莫迪图

### 四、沿程阻力系数的经验公式

1. 布拉休斯公式

$$\lambda = \frac{0.316}{Re^{1/4}} \tag{4-41}$$

此式是 1912 年布拉休斯总结光滑管的实验资料提出的。适用条件为：$Re < 10^5$ 及 $\Delta < 0.4\delta_l$。将式 (4-41) 代入达西公式，可知 $h_f$ 与 $\nu^{1.75}$ 成正比。

2. 舍维列夫（Ф. А. Шеве. гев）公式

舍维列夫根据钢管及铸铁管的实验，提出了计算紊流过渡区及阻力平方区的阻力系数公式。

对旧铸铁管及旧钢管：

紊流过渡区，$v < 1.2\text{m/s}$　$\lambda = \frac{0.0179}{d^{0.3}}\left(1 + \frac{0.867}{v}\right)^{0.3}$ $\tag{4-42}$

阻力平方区，$v > 1.2\text{m/s}$　$\lambda = \frac{0.0210}{d^{0.3}}$ $\tag{4-43}$

式中的管径 $d$ 均以 m 计，速度 $v$ 以 m/s 计，且公式是在水温为 10℃、运动黏性系数 $\nu = 1.3 \times 10^{-6}\text{m}^2/\text{s}$ 的条件下推导出来的。

【例 4-3】 某水管长 $l = 500\text{m}$、直径 $d = 200\text{mm}$，管壁粗糙凸起高度 $\Delta = 0.1\text{mm}$，如输送流量 $Q = 10\text{L/s}$，水温 $t = 10℃$，计算沿程水头损失为多少？

解：平均流速 $v = \dfrac{Q}{\frac{1}{4}\pi d^2} = \dfrac{10000}{\frac{1}{4}\pi(20)^2} = 31.38(\text{cm/s})$，$t = 10℃$ 时，水的运动黏性系数 $\nu =$

0.01310cm²/s，雷诺数 $Re=\dfrac{vd}{\nu}=\dfrac{31.83\times20}{0.01310}=48595$，所以管中水流为紊流，因 $Re<10^5$，

先用布拉休斯公式（4-41）计算 $\lambda$：

$$\lambda=\frac{0.316}{Re^{1/4}}=\frac{0.316}{48595^{1/4}}=0.0213$$

用式（4-29）计算黏性底层厚度

$$\delta_0=\frac{32.8d}{Re\sqrt{\lambda}}=\frac{32.8\times200}{48595\times\sqrt{0.0213}}=0.92(mm)$$

因为 $Re<10^5$，$\Delta=0.1mm<0.4\delta_0=0.4\times0.92=0.369(mm)$，所以流态是紊流光滑管区，布拉休斯公式适用。沿程水头损失

$$h_f=\lambda\frac{l}{d}\frac{v^2}{2g}=0.0213\times\frac{500}{0.2}\times\frac{0.318^2}{2\times9.8}=0.297(mH_2O)（米水柱）$$

或者可以按式（4-36）计算 $\lambda$

$$\frac{1}{\sqrt{\lambda}}=2lg(Re\sqrt{\lambda})-0.8$$

这时要先假设 $\lambda$，如设 $\lambda=0.021$，则

$$\frac{1}{\sqrt{\lambda}}=\frac{1}{\sqrt{0.021}}=6.9$$

$$2lg(Re\sqrt{\lambda})-0.8=2lg(48595\times\sqrt{0.021})-0.8=2\times3.847-0.8=6.894$$

所以 $\lambda=0.021$ 满足此式。

也可以查莫迪图，如图4-7-3所示，当 $Re=48595$，$\dfrac{\Delta}{d}=\dfrac{0.1}{200}=0.0005$ 时，得

$$\lambda=0.0231$$

由此可以看出，在上述雷诺数范围内，各种计算方法所得的 $\lambda$ 值基本上是一致的。

【例4-4】 铸铁管直径 $d=25cm$，长700m，通过水的流量为56L/s，水温度为10℃，求通过这段管道的水头损失。

**解：**平均流速

$$v=\frac{Q}{\frac{1}{4}\pi d^2}=\frac{56000}{\frac{1}{4}\pi\times25^2}=114.1(cm/s)$$

雷诺数 $$Re=\frac{vd}{\nu}=\frac{114.1\times25}{0.01310}=217748$$

铸铁管在一般设计计算时多当做旧管，所以根据表4-1，其当量粗糙高度采用 $\Delta=1.25mm$，则 $\dfrac{\Delta}{d}=\dfrac{1.25}{250}=0.005$。

根据 $Re=217748$，$\dfrac{\Delta}{d}=0.005$，查莫迪图得 $\lambda=0.0304$。

沿程损失：

$$h_f=\lambda\frac{l}{d}\frac{v^2}{2g}=0.0304\times\frac{700}{0.25}\times\frac{1.14^2}{2\times9.8}=5.64(mH_2O)（米水柱）$$

也可采用经验公式计算 $\lambda$。因

$$v=1.14m/s<1.2m/s$$

$t=10℃$，所以可采用旧铸铁管计算阻力系数 $\lambda$ 的舍维列夫公式（4-42），即

$$\lambda=\frac{0.0179}{d^{0.3}}\left(1+\frac{0.867}{v}\right)^{0.3}=\frac{0.0179}{0.25^{0.3}}\left(1+\frac{0.867}{1.14}\right)^{0.3}=0.032$$

$$h_f=\lambda\frac{l}{d}\frac{v^2}{2g}=0.032\times\frac{700}{0.25}\times\frac{1.14^2}{2\times9.8}=2.94（mH_2O）（米水柱）$$

# 第八节　非圆管的沿程损失

## 一、非圆管有压管流

对于非圆管有压流，仍采用式（4-18）计算沿程损失：

$$h_f=\lambda\frac{l}{4R}\frac{v^2}{2g}$$

若设非圆管的当量直径 $d_e=4R$，上式转变为

$$h_f=\lambda\frac{l}{d_e}\frac{v^2}{2g} \tag{4-44}$$

对于边长分别为 $a$、$b$ 的矩形管

$$d_e=\frac{2ab}{a+b}$$

对于边长为 $a$ 的方形管

$$d_e=a$$

对于非圆管沿程阻力系数 $\lambda$ 的计算，可用当量相对粗糙度 $\Delta/d_e$ 代入沿程阻力系数的计算公式或查图求得。雷诺数可用当量直径代替式中的 $d$，即

$$Re=\frac{vd_e}{\nu}$$

此雷诺数也可近似用来判别非圆管的流态，临界雷诺数仍取 2300。

【例 4-5】 已知某钢板风道，当量粗糙度 $\Delta=0.15mm$，断面尺寸为 $400mm\times200mm$，管长 80m。管内平均流速 10m/s。空气湿度 $t=20℃$，求沿程压强损失 $p_f$。

解：（1）当量直径

$$d_e=\frac{2ab}{a+b}=\frac{2\times0.2\times0.4}{0.2+0.4}=0.267（m）$$

（2）求 $Re$ 查表，$t=20℃$ 时

$$\nu=15.7\times10^{-6}（m^2/s）$$

$$Re=\frac{vd_e}{\nu}=\frac{10\times0.267}{15.7\times10^{-6}}=1.7\times10^5$$

（3）求钢板风道的相对粗糙度

$$\frac{\Delta}{d_e}=\frac{0.15\times10^{-3}}{0.267}=5.62\times10^{-4}$$

查莫迪图得 $\lambda=0.0195$。

（4）计算沿程压强损失

$$p_f=\lambda\frac{l}{d_e}\frac{\rho v^2}{2}=0.0195\times\frac{80}{0.267}\times\frac{1.2\times10^2}{2}=350（N/m^2）$$

## 二、明渠流

上面所介绍的方法是先确定沿程阻力系数，再用达西公式来计算沿程损失。这是通过近几十年来对阻力的研究，采用半经验半理论的方法而得到的计算公式。早在 200 多年前，人们在生产实践中已总结出一套计算沿程损失的经验公式。虽然这些公式在理论上不够严谨，但能满足当时工程设计的需要，公式形式简单，使用方便，又具有足够的精度，因此迄今仍在广泛使用。此外，上节所介绍的计算沿程阻力系数的公式中，一般都包含有粗糙高度 $\Delta$，而实际工程中的当量粗糙高度值至今还没有比较完整而系统的研究资料，从而使上述公式在实际应用中受到一些限制。

实际工程中明渠流的流态绝大多数情况属于紊流，明渠流的层流没有太大的工程实用价值。

1775 年，谢才（Antoine Chézy）总结了工程实践中大量的实测资料，从而得到计算水头损失的经验公式，称为谢才公式。该式是在均匀流条件下得到的，其形式为

$$v = C \sqrt{RJ} \tag{4-45}$$

式中：$C$ 为谢才系数；$R$ 为水力半径；$J$ 为水力坡度。

应当注意，谢才系数 $C$ 与沿程阻力系数 $\lambda$ 不同，是具有量纲的量，量纲为 $[L^{1/2}/T]$，单位一般采用 $m^{1/2}/s$。

均匀流的水力坡度 $J = \dfrac{h_f}{l}$，代入上式得

$$h_f = \frac{v^2}{C^2 R} l \tag{4-46}$$

将上式与达西公式比较，可得沿程阻力系数 $\lambda$ 与谢才系数 $C$ 的关系为

$$\lambda = \frac{8g}{C^2} \quad \text{或} \quad C = \sqrt{\frac{8g}{\lambda}} \tag{4-47}$$

上式说明谢才公式和达西公式在实质上是一样的，它们之间可以相互转化。谢才公式是沿程损失计算公式的另一种表现形式。

下面介绍目前应用较广的两个计算 $C$ 值的经验公式。

1. 曼宁公式

1889 年，曼宁（Robert Manning）曾提出计算 $C$ 的公式

$$C = \frac{1}{n} R^{1/6} \tag{4-48}$$

式中：$R$ 为水力半径，以 m 计；$n$ 为综合反映壁面对水流阻滞作用的粗糙系数，列于附录 1 中，适用范围：$n < 0.02$，$R < 0.5m$。

此公式形式简单，在适用范围内进行管道及较小渠道计算，其结果与实测资料相符良好，因此，目前这一公式仍广泛被国内外工程界采用。

2. 巴甫洛夫斯基（Н.Н.Пввловский）公式

巴甫洛夫斯基根据灌溉系统中明渠水流的大量实测资料及实验资料，在 1925 年提出计算谢才系数 $C$ 的公式

$$C = \frac{1}{n} R^y \tag{4-49}$$

式中：$R$ 为水力半径，以 m 计；$n$ 为粗糙系数；$y$ 是与 $n$ 及 $R$ 有关的指数，其值由下式决定

$$y = 2.5\sqrt{n} - 0.13 - 0.75\sqrt{R}(\sqrt{n} - 0.10) \tag{4-50 (a)}$$

或采用近似公式计算

$$
\left.\begin{array}{ll}
当 R<1\text{m} & y=1.5\sqrt{n} \\
当 R>1\text{m} & y=1.3\sqrt{n}
\end{array}\right\}
\qquad [4-50\ (\text{b})]
$$

巴甫洛夫斯基公式适用范围为：$0.1\text{m}\leqslant R\leqslant 3\text{m}$，$0.011\leqslant n\leqslant 0.04$。

已知 $n$、$R$ 值，则可利用式（4-49）确定 $C$ 值。为实用方便起见，将相应于不同 $n$、$R$ 的 $C$ 值列于附录 2 中。

最后应该指出，就谢才公式本身而言，它适用于有压或无压均匀流动的各阻力区。但是，直接计算谢才系数 $C$ 的经验公式只包括 $n$ 和 $R$，不包括流速 $v$ 和运动黏性系数 $\nu$，也就是与雷诺数 $Re$ 无关。这是由于受当年科学发展水平的限制，致使认识问题带有局限性而只能部分总结实测资料的结果。因此，如直接由经验公式——曼宁公式或巴甫洛夫斯基公式计算 $C$ 值，谢才公式就仅适用于紊流粗糙管区（阻力平方区）。

谢才系数 $C$ 只与 $n$ 和 $R$，与过流断面形状无关，因此谢才公式也可应用于管道的阻力平方区。

**【例 4-6】** 有一钢筋混凝土有压输水管，管径 $d=0.5\text{m}$，长为 500m，输送流量为 $0.7\text{m}^3/\text{s}$，试求该管路的沿程损失及沿程阻力系数 $\lambda$（流动在阻力平方区）。

**解：** 过流断面面积 $\omega=\dfrac{1}{4}\pi d^2=\dfrac{1}{4}\times 3.14\times 0.5^2=0.196(\text{m}^2)$

湿周 $\chi=\pi d=3.14\times 0.5=1.571(\text{m})$

水力半径 $R=\dfrac{\omega}{\chi}=\dfrac{0.196}{1.571}=0.125(\text{m})$

取混凝土粗糙系数 $n=0.014$，按曼宁公式计算谢才系数

$$
C=\frac{1}{n}R^{1/6}=\frac{1}{0.014}\times 0.125^{1/6}=50.51
$$

由式（4-46）和式（4-47）计算，即

$$
h_f=\frac{v^2}{C^2R}l=\frac{Q^2 l}{C^2\omega^2 R}=\frac{0.7^2\times 500}{50.51^2\times 0.196^2\times 0.125}=20(\text{m})
$$

$$
\lambda=\frac{8g}{C^2}=0.0307
$$

# 第九节 局 部 损 失

## 一、局部损失发生的原因

各种工业管道（或明渠）中经常设有异径管、三通、闸阀、弯道、格栅等部件或构筑物。在这些局部阻碍处均匀流遭受破坏，引起流速分布的急剧变化，并常常伴有漩涡区出现，从而形成局部阻力，由此产生局部损失。局部损失和沿程损失一样在不同流态遵循不同的规律，只是实际工程上很少有局部阻碍处是层流运动，因此，本节只讨论紊流状态的局部损失。

关于局部损失产生的原因，现分析如下：

（1）边壁急剧变化使主流脱离固体边界，并伴有漩涡区出现，从而引起流速分布的重新调整，产生能量损失。

如图 4-9-1 所示，在边壁急骤变形的地方，如突然扩大、突然缩小、转弯、闸阀等处

都往往会发生主流与边壁脱离，在主流与边壁间形成漩涡区。漩涡区的存在大大增加了紊流的脉动程度，同时漩涡区"压缩"了主流的过流断面，引起过流断面上流速重新分布，增大了主流某些地方的流速梯度，也就增大了流层间的切应力。此外，漩涡区漩涡质点的能量不断消耗，也是通过漩涡区与主流的动量交换或黏性传递来补给的，由此消耗了主流的能量；再有，漩涡质点不断被主流带向下游，还将加剧下游一定范围内的紊流脉动，加大了这段长度上的水头损失。所以，局部阻碍范围内损失的能量，只是局部损失中的一部分，其余是在局部阻碍下游一段长度的流段上消耗掉的。受局部阻碍干扰的流动，经过这一段长度之后，流速分布和紊流脉动才能达到均匀流正常状态。

由以上分析可知，主流脱离固体边界和漩涡区的存在是造成局部损失的主要原因。

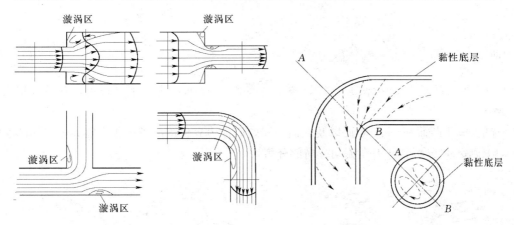

图 4-9-1 边界突变造成的边界分离　　　　图 4-9-2 二次流现象

（2）流动方向变化所造成的二次流损失。当实际流体经过弯管流动时，不但会使主流脱离固体边界，还会产生与主流方向正交的流动，称为二次流，如图 4-9-2 所示。这种断面环流叠加在主流上，形成了螺旋流。由于黏性的作用，二次流在弯道后一段距离内消失。

**二、局部损失的计算公式**

通过上述分析，局部损失主要是由于流体边界几何形状发生突然改变而引起的。它和沿程损失就物理本质来说并没有什么区别，都是由于流体内部各部分间或各流层间的相对运动以及从而产生的切应力作用所形成。但一般在发生局部阻力的地方通常都伴随有漩涡区出现，这样就增加了流体内部的紊动和速度梯度，改变了水流结构，因而可以把局部阻力认为是一种形体阻力。

仿照表示沿程损失的达西公式

$$h_f = \lambda \frac{l}{d} \frac{v^2}{2g}$$

局部损失也可以表示成类似形式，即

$$h_m = \zeta \frac{v^2}{2g} \tag{4-51}$$

式中：$\zeta$ 为局部阻力系数；$v$ 为局部阻力前或后的断面平均流速。

局部损失计算的关键在于确定局部阻力系数 $\zeta$。实验表明，$\zeta$ 取决于造成局部阻力的边界几何形式以及运动流体的雷诺数。但是，发生局部损失处的流体，由于受局部障碍的强烈干扰，在较小的雷诺数（$Re \approx 10^4$）时就进入了阻力平方区，故在一般工程计算中，认为 $\zeta$

只取决于局部障碍的形状，而与 $Re$ 无关。

由于局部障碍的形式繁多，$\zeta$ 值除少数几种情况可以用理论结合实验得到外，其余都仅由实验测定。下面讨论有代表性的圆管突然扩大的局部损失。

**三、圆管突然扩大的局部损失及其系数**

图 4-9-3（a）所示的突然扩大管的流体流动为恒定紊流。由于断面突然扩大，在 $A$—$B$ 断面及 2—2 断面之间主流与边壁分离并形成漩涡区，但 1—1 断面及 2—2 断面 [2—2 断面处流线接近平行，两断面之间距离约为 $(5\sim8)d_2$] 基本符合渐变流条件。因此，可对这两个断面列能量方程

$$z_1 + \frac{p_1}{\gamma} + \frac{\alpha_1 v_1^2}{2g} = z_2 + \frac{p_2}{\gamma} + \frac{\alpha_2 v_2^2}{2g} + h_m$$

即
$$h_m = \left(z_1 + \frac{p_1}{\gamma}\right) - \left(z_2 + \frac{p_2}{\gamma}\right) + \frac{\alpha_1 v_1^2}{2g} - \frac{\alpha_2 v_2^2}{2g} \qquad (4-52)$$

式中：$h_m$ 为突然扩大的局部损失。因 1—1 断面和 2—2 断面之间距离较短，其沿程损失可以忽略。

选取 1—1 断面和 2—2 断面以及它们之间的固体边界包围的流体作为隔离体，如图 4-9-3（b）所示，分析其外力在流动方向的分力。

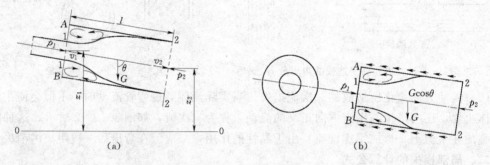

图 4-9-3　圆管突扩

（1）整个 $AB$ 断面可以看作两部分组成，即 1—1 断面和 $AB$ 面与 1—1 断面之间的环形面积（与之接触的为漩涡区）。实验表明，漩涡区作用在环形面积上的压强基本符合静压分布规律，而 1—1 过流断面符合渐变流条件，故作用在整个 $AB$ 面上的总压力为 $P_1 = p_1\omega_2$，其中 $p_1$ 为 1—1 断面形心处的压强。

（2）作用在 2—2 断面上的总压力 $P_2 = p_2\omega_2$，$p_2$ 为 2—2 断面形心处的压强。

（3）在 $AB$ 断面与 2—2 断面之间，流体与管壁间的切应力与其他力比较起来是微小的，可忽略不计。

（4）$AB$ 断面至 2—2 断面之间的流体重量在运动方向的分力为

$$G\cos\theta = \gamma\omega_2 l \frac{z_1 - z_2}{l} = \gamma\omega_2(z_1 - z_2)$$

根据动量方程式，得
$$\rho Q(\beta_2 v_2 - \beta_1 v_1) = p_1\omega_2 - p_2\omega_2 + \gamma\omega_2(z_1 - z_2)$$

方程式两边同除以 $\gamma\omega_2$，并将 $Q = v_2\omega_2$ 代入，整理得

$$\frac{v_2}{g}(\beta_2 v_2 - \beta_1 v_1) = \left(z_1 + \frac{p_1}{\gamma}\right) - \left(z_2 + \frac{p_2}{\gamma}\right) \qquad (4-53)$$

将式（4-53）代入式（4-52）得

$$h_m = \frac{v_2}{g}(\beta_2 v_2 - \beta_1 v_1) + \frac{\alpha_1 v_1^2}{2g} - \frac{\alpha_2 v_2^2}{2g}$$

在紊流状态下，近似认为 $\alpha_1$、$\alpha_2$、$\beta_1$、$\beta_2$ 都等于1，代入上式得

$$h_m = \frac{(v_1 - v_2)^2}{2g} \qquad (4-54)$$

式（4-54）就是圆管突然扩大的局部损失的计算公式。

根据连续性方程：$v_1 \omega_1 = v_2 \omega_2$，得 $v_2 = \frac{\omega_1}{\omega_2} v_1$，代入式（4-54）得

$$\left.\begin{aligned} h_m &= \left(1 - \frac{\omega_1}{\omega_2}\right)^2 \frac{v_1^2}{2g} = \zeta_1 \frac{v_1^2}{2g} \\ h_m &= \left(\frac{\omega_2}{\omega_1} - 1\right)^2 \frac{v_2^2}{2g} = \zeta_2 \frac{v_2^2}{2g} \end{aligned}\right\} \qquad (4-55)$$

或

式中：$\zeta_1 = \left(1 - \frac{\omega_1}{\omega_2}\right)^2$、$\zeta_2 = \left(\frac{\omega_2}{\omega_1} - 1\right)^2$ 为圆管突扩的局部损失系数。计算时必须注意使选用的系数与流速水头相对应。

当流体从管道在淹没情况下流入断面很大的容器时，$\frac{\omega_1}{\omega_2} \approx 0$，则 $\zeta_1 = 1$，这是突然扩大的特殊情况，称为出口局部阻力系数。

**四、各种管路配件及明渠的局部阻力系数**

计算各种情况的局部损失，可采用表4-2中所列公式或数据。实际工程中的有关内容可查阅水力计算手册，如《给排水设计手册》。

表4-2 各种管路配件及明渠的局部阻力系数

1. 断面逐渐扩大管  $h_m = \zeta \frac{(v_1 - v_2)^2}{2g}$

| $\theta$ $D/d$ | 2° | 4° | 6° | 8° | 10° | 15° | 20° | 25° | 30° | 35° | 40° | 45° |
|---|---|---|---|---|---|---|---|---|---|---|---|---|
| 1.1 | 0.01 | 0.01 | 0.01 | 0.02 | 0.03 | 0.05 | 0.10 | 0.13 | 0.16 | 0.18 | 0.19 | 0.20 |
| 1.2 | 0.02 | 0.02 | 0.02 | 0.03 | 0.04 | 0.00 | 0.16 | 0.21 | 0.25 | 0.29 | 0.31 | 0.33 |
| 1.4 | 0.02 | 0.03 | 0.03 | 0.04 | 0.06 | 0.12 | 0.23 | 0.30 | 0.36 | 0.41 | 0.44 | 0.47 |
| 1.6 | 0.03 | 0.03 | 0.04 | 0.05 | 0.07 | 0.14 | 0.26 | 0.35 | 0.42 | 0.47 | 0.51 | 0.54 |
| 1.8 | 0.03 | 0.04 | 0.04 | 0.05 | 0.07 | 0.15 | 0.28 | 0.37 | 0.44 | 0.50 | 0.54 | 0.58 |
| 2.0 | 0.03 | 0.04 | 0.04 | 0.05 | 0.07 | 0.16 | 0.29 | 0.38 | 0.45 | 0.52 | 0.56 | 0.60 |
| 2.5 | 0.03 | 0.04 | 0.04 | 0.05 | 0.08 | 0.16 | 0.30 | 0.39 | 0.48 | 0.54 | 0.58 | 0.62 |
| 3.0 | 0.03 | 0.04 | 0.04 | 0.05 | 0.08 | 0.16 | 0.31 | 0.40 | 0.48 | 0.55 | 0.59 | 0.63 |

续表

**2. 突然缩小管**

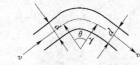

$$h_m = \zeta \frac{v_2^2}{2g} = 0.5\left[1 - \left(\frac{d}{D}\right)^2\right]\frac{v_2^2}{2g}$$

| $\omega_2/\omega_1\left(=\dfrac{d}{D}\right)^2$ | 0.01 | 0.1 | 0.2 | 0.3 | 0.4 | 0.5 |
|---|---|---|---|---|---|---|
| $\zeta$ | 0.50 | 0.45 | 0.40 | 0.35 | 0.30 | 0.25 |
| $\omega_2/\omega_1\left(=\dfrac{d}{D}\right)^2$ | 0.6 | 0.7 | 0.8 | 0.9 | 1.0 | |
| $\zeta$ | 0.20 | 0.15 | 0.10 | 0.05 | 0.00 | |

**3. 断面逐渐缩小管**

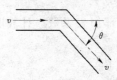

$$h_m = \zeta \frac{v_2^2}{2g}$$

| $d/D$ | 0.0 | 0.1 | 0.2 | 0.3 | 0.4 | 0.5 |
|---|---|---|---|---|---|---|
| $\zeta$ | 0.50 | 0.45 | 0.42 | 0.39 | 0.36 | 0.33 |
| $d/D$ | 0.6 | 0.7 | 0.8 | 0.9 | 1.0 | |
| $\zeta$ | 0.28 | 0.22 | 0.15 | 0.06 | 0.00 | |

**4. 弯管**

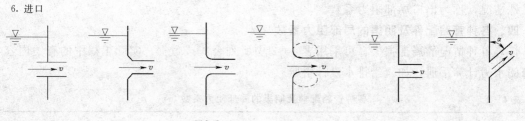

$$h_m = \zeta \frac{v^2}{2g}$$

$$\zeta = \left[0.131 + 0.1632\left(\frac{d}{R}\right)^{1/2}\right]\left(\frac{\theta^\circ}{90^\circ}\right)^{1/2}$$

**5. 折管**

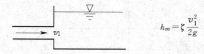

$$h_m = \zeta \frac{v^2}{2g} \quad \zeta = 0.946\sin^2\frac{\theta}{2} + 2.05\sin^4\frac{\theta}{2}$$

**6. 进口**

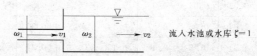

| 内插进口 | 切角进口 | 圆角进口 | 喇叭口 | 直角进口 | 斜角进口 |
|---|---|---|---|---|---|
| $\zeta = 1.0$ | $\zeta = 0.25$ | $\zeta = 0.1$ 圆管 $\zeta = 0.2$ 方管 | $\zeta = 0.01 \sim 0.05$ | $\zeta = 0.5$ | $\zeta = 0.5 + 0.3\cos\alpha + 0.2\cos^2\alpha$ |

**7. 出口**

$$h_m = \zeta \frac{v_1^2}{2g}$$

流入水池或水库 $\zeta = 1$

流入明渠 $\zeta$ 值见下表

| $\omega_1/\omega_2$ | 0.1 | 0.2 | 0.3 | 0.4 | 0.5 | 0.6 | 0.7 | 0.8 | 0.9 |
|---|---|---|---|---|---|---|---|---|---|
| $\zeta$ | 0.81 | 0.64 | 0.49 | 0.36 | 0.25 | 0.16 | 0.09 | 0.04 | 0.01 |

8. 其他管路配件局部损失　　　　　　　　$h_m = \zeta \dfrac{v^2}{2g}$

| 名称 | 图　式 | ζ | | 名称 | 图　式 | ζ |
|---|---|---|---|---|---|---|
| 截止阀 | | 全开 | 4.3～6.1 | 等径三通 | | 0.1 |
| 蝶阀 | | 全开 | 0.1～0.3 | | | 1.5 |
| 闸门 | | 全开 | 0.12 | | | 1.5 |
| 无阀滤水网 | | 2～3 | | | | 3.0 |
| 有网底阀 | | 3.5～10 ($d=600\sim50$mm) | | | | 2.0 |

两过流断面间的水头损失等于沿程损失加上各处的局部损失。在计算局部损失时，应注意表4-2给出的局部阻力系数是在局部阻碍前后都是足够长的均匀直段或渐变段的条件下，不受其他干扰而由实验测得的。一般采用这些系数计算时，要求各局部阻碍之间有一段间隔，其长度不得小于3倍直径（即 $l \geqslant 3d$）。因此，对于紧连一起的两个局部阻力，其阻力系数不等于单独分开的两个局部阻力系数之和，应另行实验测定。

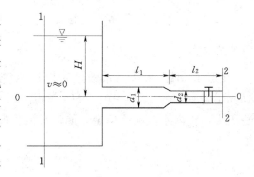

图 4-9-4　［例 4-7］图

**【例 4-7】** 水从水箱流入一管径不同的管道，管道连接情况如图4-9-4所示。已知：$Q=25000\text{cm}^3/\text{s}$，$d_1=150$mm，$l_1=25$m，$\lambda_1=0.037$，$d_2=125$mm，$l_2=10$m，$\lambda_2=0.039$。局部损失系数：进口 $\zeta_1=0.5$，逐渐收缩 $\zeta_2=0.15$，阀门 $\zeta_3=2.0$（以上 ζ 值相应的流速均采用发生局部损失后的流速）。要求：（1）计算沿程水头损失 $\sum h_f$；（2）计算局部损失 $\sum h_m$；（3）若保持流量 $Q=25000\text{cm}^3/\text{s}$ 所需要的水头 $H$。

**解：**（1）求沿程水头损失：

第一管段　　$h_m = \lambda_1 \dfrac{l_1}{d_1} \dfrac{v_1^2}{2g}$

$$v_1 = \frac{Q}{\omega_1} = \frac{0.025}{\frac{1}{4}\pi \times (0.15)^2} = 1.415 (\text{m/s})$$

$$h_{f_1} = 0.037 \times \frac{25}{0.15} \times \frac{1.415^2}{2 \times 9.8} = 0.63 \text{(m)}$$

第二管段　$h_{f_2} = \lambda_2 \frac{l_2}{d_2} \frac{v_2^2}{2g}$

$$v_2 = \frac{Q}{\omega_2} = \frac{0.025}{\frac{1}{4}\pi \times (0.125)^2} = 2.04 \text{(m/s)}$$

$$h_{f_2} = 0.039 \times \frac{10}{0.125} \times \frac{2.04^2}{2 \times 9.8} = 0.663 \text{(m)}$$

故

$$\sum h_f = h_{f_1} + h_{f_2} = 0.63 + 0.663 = 1.293 \text{(m)}$$

（2）局部损失：

进口

$$h_{m1} = \zeta_1 \frac{v_1^2}{2g} = 0.5 \times \frac{1.415^2}{2 \times 9.8} = 0.051 \text{(m)}$$

逐渐收缩

$$h_{m2} = \zeta_2 \frac{v_2^2}{2g} = 0.15 \times \frac{2.04^2}{2 \times 9.8} = 0.032 \text{(m)}$$

阀门

$$h_{m3} = \zeta_3 \frac{v_2^2}{2g} = 2 \times \frac{2.04^2}{2 \times 9.8} = 0.423 \text{(m)}$$

故

$$\sum h_m = h_{m1} + h_{m2} + h_{m3} = 0.051 + 0.032 + 0.423 = 0.506 \text{(m)}$$

（3）求水头 $H$：以 0—0 为基准面，建立 1—1 断面和 2—2 断面的能量方程，取 $\alpha = 1.0$，则

$$H = \frac{v_2^2}{2g} + h_w$$

因

$$h_w = \sum h_f + \sum h_m = 1.293 + 0.506 = 1.799 \text{(m)}$$

故所需水头

$$H = \frac{2.04^2}{2 \times 9.8} + 1.799 = 0.212 + 1.799 = 2.011 \text{(m)}$$

**【例 4-8】**　水从一水箱经过两段水管流入另一水箱，如图 4-9-5 所示。已知 $d_1 =$ 15cm，$l_1 = 30$m，$\lambda_1 = 0.03$，$H_1 = 5$m，$d_2 = 25$cm，$l_2 = 50$m，$\lambda_2 = 0.025$，$H_2 = 2$m，水箱面积很大，箱内水位保持恒定，如计及沿程损失与局部损失，试求其流量。两水箱底在同一基准面上。

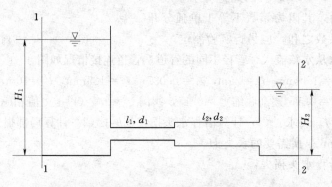

图 4-9-5　[例 4-8] 图

**解：**以水箱底为基准面建立 1—1 断面、2—2 断面的能量方程，并略去水箱中的流速水头，得

$$H_1 - H_2 = h_w$$

$$h_w = \sum h_f + \sum h_m = \lambda_1 \frac{l_1}{d_1}\frac{v_1^2}{2g} + \lambda_2 \frac{l_2}{d_2}\frac{v_2^2}{2g} + \zeta_{进口}\frac{v_1^2}{2g} + \zeta_{突扩}\frac{v_1^2}{2g} + \zeta_{出口}\frac{v_2^2}{2g}$$

由连续性方程知

$$v_2 = v_1\frac{\omega_1}{\omega_2} = \left(\frac{d_1}{d_2}\right)^2 v_1$$

注意到

$$\zeta_{突扩} = \left(1 - \frac{\omega_1}{\omega_2}\right)^2 = \left(1 - \frac{d_1^2}{d_2^2}\right)^2$$

得

$$h_w = \frac{v_1^2}{2g}\left[\lambda_1\frac{l_1}{d_1} + \lambda_2\frac{l_2}{d_2}\left(\frac{d_1}{d_2}\right)^4 + \zeta_{进口} + \left(1 - \frac{d_1^2}{d_2^2}\right)^2 + \zeta_{出口}\left(\frac{d_1}{d_2}\right)^4\right]$$

查表知

$$\zeta_{进口} = 0.5, \quad \zeta_{出口} = 1.0$$

则

$$h_w = \frac{v_1^2}{2g}\left[0.03 \times \frac{30}{0.15} + 0.025 \times \frac{50}{0.25} \times \left(\frac{0.15}{0.25}\right)^4 + 0.5 + \left(1 - \frac{0.15^2}{0.25^2}\right)^2 + 1 \times \left(\frac{0.15}{0.25}\right)^4\right]$$

$$= \frac{v_1^2}{2g}(6 + 0.65 + 0.5 + 0.41 + 0.13) = 7.69\frac{v_1^2}{2g}$$

而

$$h_w = H_1 - H_2$$

所以流速

$$v_1 = \sqrt{\frac{2g(H_1 - H_2)}{7.69}} = \sqrt{\frac{2 \times 9.8 \times (5 - 2)}{7.69}} = 2.77(\text{m/s})$$

则通过的流量

$$Q = v_1\omega_1 = v_1\frac{1}{4}\pi d_1^2 = 2.77 \times \frac{1}{4} \times 3.14 \times 0.15^2 = 0.049(\text{m}^3/\text{s}) = 49(\text{L/s})$$

## 思 考 题

4-1 思考题图 4-1 所示的管路系统中有哪些能量损失？并写出计算公式。

4-2 （1）雷诺数 $Re$ 有什么物理意义？为什么它能起到判别流态的作用？

（2）为什么用下临界雷诺数判别流态，而不用上临界雷诺数判别流态？

（3）两根不同管径的管道，通过不同黏性的流体，它们的下临界雷诺数是否相同？

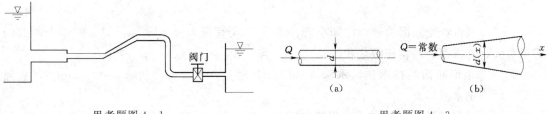

思考题图 4-1                                   思考题图 4-3

4-3 如思考题图 4-3 所示的两根输水管，图（a）直径一定，流量逐渐增加，图（b）流量一定，管径逐渐增大。试问：第一根管中的雷诺数随时间如何变化？第二根管中的雷诺数沿长度如何变化？

4-4 既然在层流中沿程损失与速度的一次方成正比，那么如何解释沿程损失的计算公式 $h_f = \lambda\frac{l}{d}\frac{v^2}{2g}$。

4-5 直径为 $d$，长度为 $l$ 的管路，若流动在阻力平方区，试问：

(1) 当流量 $Q$ 增大时沿程阻力系数 $\lambda$ 如何变化？

(2) 当流量 $Q$ 增大时沿程损失 $h_f$ 如何变化？

4-6 有两根直径 $d$、长度 $l$ 和绝对粗糙度 $\Delta$ 相同的管道，一根输送水；另一根输送油，试问：

(1) 当两管道中流体的流速相等时，其沿程损失 $h_f$ 是否相等？

(2) 当两管道中流体的雷诺数 $Re$ 相等时，其沿程损失 $h_f$ 是否相等？

4-7 (1) $\tau = \gamma R J$、$h_f = \lambda \dfrac{l}{d}\dfrac{v^2}{2g}$ 和 $v = C\sqrt{RJ}$ 三个公式之间有何联系与区别？

(2) 以上三式是否在均匀流和非均匀流中，管路和明渠中，层流和紊流中均能应用？

4-8 如思考题图4-8所示管道，已知水头为 $H$，管径为 $d$，沿程阻力系数为 $\lambda$，且流动在阻力平方区，若：(1) 在铅直方向接一长度为 $\Delta L$ 的同管径水管；(2) 在水平方向接一长度为 $\Delta L$ 的同管径水管。试问：哪一种情况的流量大？为什么（假设由于管路较长忽略其局部损失）？

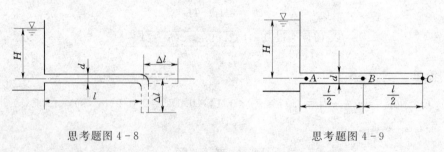

思考题图4-8　　　　　　　　　思考题图4-9

4-9 如思考题图4-9所示管路，管径为 $d$，管长为 $l$，试问：

(1) 假设不考虑能量损失，管中 $A$、$B$、$C$ 三点的压强为多大？

(2) 假设进口的局部损失系数为 $\zeta$，管路的沿程损失系数为 $\lambda$，若考虑能量损失，$A$、$B$、$C$ 三点压强各为多大？

# 计 算 题

4-1 水流经变断面管道，已知小管径为 $d_1$，大管径为 $d_2$，$d_2/d_1 = 2$，问哪个断面的雷诺数大，并求两断面雷诺数之比。

4-2 矩形断面的排水沟，水深 $h = 15\text{cm}$，底宽 $b = 20\text{cm}$，流速 $v = 0.15\text{m/s}$，水温15℃，试判别水流形态。

4-3 试判别温度20℃的水，以流量 $Q = 4000\text{cm}^3/\text{s}$ 流过直径 $d = 100\text{mm}$ 水管的形态。若保持管内水流为层流，流量应受怎样的限制？

4-4 有一管路均匀流，管长 $l = 100\text{m}$，管径 $d = 200\text{mm}$，水流水力坡度 $J = 0.008$，求管壁切应力 $\tau_0$，$r = 50\text{mm}$ 处的切应力 $\tau$ 及水头损失 $h_f$。

4-5 输油管管径 $d = 150\text{mm}$，输送油量 $Q = 15.5\text{t/h}$，求油管管轴上的流速 $u_{\max}$ 和1km长的沿程损失 $h_f$。已知 $\gamma_{油} = 8.43\text{kN/m}^3$，$\nu_{油} = 0.2\text{cm}^2/\text{s}$。

4-6 圆管直径 $d = 15\text{cm}$，通过该管道的水的速度 $v = 1.5\text{m/s}$，水温 $t = 18$℃。若已知

$\lambda=0.03$，试求黏性底层厚度 $\delta_0$。如果水流速提高至 2.0m/s，$\delta_0$ 如何变化？如水的流速不变管径增大到 30cm，$\delta_0$ 又如何变化？

4-7　铸铁管管径 $d=300$mm，通过流量 $Q=50$L/s，试用舍维列夫公式求沿程阻力系数 $\lambda$ 及每公里长的沿程损失。

4-8　上题取用 $\Delta=1.5$mm，水温 $T=10℃$，试用柯列勃洛克公式求 $\lambda$。

4-9　为确定输水管路的沿程阻力系数的变化特性，在长为 20m 的管段上，设有一水银压差计以量测两断面的压强差，如计算题图 4-9 所示。管路直径为 15cm，某一次测得：流量 $Q=40$L/s，水银面高差 $\Delta h=8$cm，水温 $t=10℃$，试求：（1）沿程阻力系数；（2）管段的沿程损失；（3）判别管中水流形态。

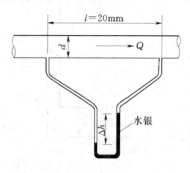

4-10　混凝土排水管的水力半径 $R=0.5$m，水以均匀流流过 1km 长度上的沿程损失为 1m，粗糙系数 $n=0.014$，求管中流速。

计算题图 4-9

4-11　流速由 $v_1$ 变为 $v_2$ 的突然扩大管，如分为两次突然扩大，如计算题图 4-11 所示，中间流速取何值时局部损失最小，此时水头损失为多少？并与一次突然扩大的水头损失比较。

4-12　如计算题图 4-12 所示，水从封闭容器 $A$ 经直径 $d=25$mm，长度 $l=10$m 管道流入容器 $B$。容器 $A$ 水面上的相对压强 $p_1$ 为 2 个大气压，$H_1=1$m，$H_2=5$m，局部阻力系数 $\zeta_{进口}=0.5$，$\zeta_{阀}=4.0$，$\zeta_{弯}=0.3$，沿程阻力系数 $\lambda=0.025$，求通过的流量 $Q$。

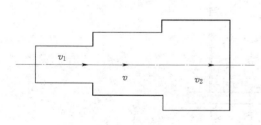

计算题图 4-11

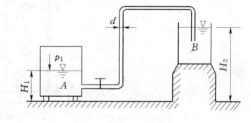

计算题图 4-12

4-13　计算题图 4-13 所示中的 $l=75$cm，$d=2.5$cm，$v=3.0$m/s，$\lambda=0.020$，$\zeta_{进口}=0.5$ 时，求水银差压计的水银面高度差 $h_p$。

4-14　计算题图 4-14 所示中逐渐扩大管的局部阻力系数。已知 $d_1=7.5$cm，$p_1=0.7$ 大气压，$d_2=15$cm，$p_2=1.4$ 大气压，$l=150$cm，$Q=56.6$ L/s。

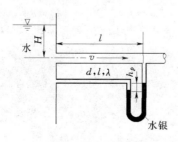

计算题图 4-13

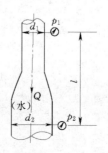

计算题图 4-14

4-15 烟囱直径 $d=1\text{m}$，通过烟气量 $G=176.2\text{kN/h}$，烟气密度为 $\rho=0.7\text{kg/m}^3$，周围气体密度为 $1.2\text{kg/m}^3$，烟囱的沿程阻力系数为 $0.035$，要保证底部（1—1 断面）真空度不小于 $10\text{mmH}_2\text{O}$，烟囱高度至少应为多少？求 $H/2$ 高度上的压强，计算时设 1—1 断面流速很低，忽略不计。

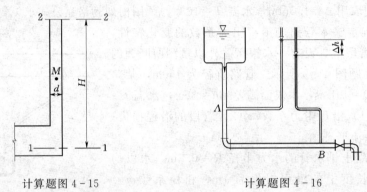

计算题图 4-15　　　　　　　　　　计算题图 4-16

4-16 为测定 $90°$ 弯头的局部阻力系数 $\zeta$，可采用如计算题图 4-16 所示的装置。已知 $AB$ 段管长 $l=10\text{m}$，管径 $d=50\text{mm}$，$\lambda=0.03$。实测数据为：（1）$AB$ 两断面测压管水头差 $\Delta h=0.629\text{m}$；（2）两分钟流入量水箱的水量为 $0.329\text{m}^3$。求弯头的局部阻力系数 $\xi$。

4-17 如计算题图 4-17 所示测定一阀门的局部阻力系数，在阀门的上下游装设了 3 个测压管，其间距 $L_1=1\text{m}$，$L_2=2\text{m}$，若直径 $d=50\text{mm}$，实测 $H_1=150\text{cm}$，$H_2=125\text{cm}$，$H_3=40\text{cm}$，流速 $v=3\text{m/s}$，求阀门的 $\zeta$ 值。

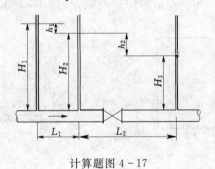

计算题图 4-17

# 第五章　孔口、管嘴出流和有压管路

## 【本章导读】

孔口、管嘴出流和有压管路的水力计算，是连续性方程、能量方程以及水头损失理论的具体应用。容器壁上开孔，流体经孔口流出的现象称为孔口出流；在孔口上连接长为3～4倍孔径的短管，流体经过短管并在出口断面满管流出的现象称为管嘴出流；管路较长，流体沿管道满管流动的现象称为有压管路。孔口、管嘴出流和有压管路是工程中常见的流动现象。给排水工程中各类取水、泄水闸孔以及孔板式量测流量设备均属孔口出流；消防水枪和水力机械化施工用水枪，都是管嘴的应用；有压管路则是一切输水系统的重要组成部分。

本章将运用前述各章的理论分析孔口出流和管嘴出流的特征，导出相应的流量计算公式。介绍短管（局部水头损失和流速水头在总水头中占有相当的比重，计算时都不可忽略的管流）的水力计算方法，包括虹吸管、水泵的吸水管和压力水管、气体管路等。介绍长管（管道中以沿程水头损失为主，局部水头损失和流速水头可以忽略不计的管流）的水力计算方法，包括简单长管、串联管、并联管、分叉管以及管网等。

本章学习要求：掌握孔口、管嘴出流的计算原理及工程应用。掌握简单短管和复杂短管的水力计算原理及工程应用，能解决短管的各种水力计算问题，并能正确绘制总水头线和测压管水头线。掌握简单长管的水力计算方法以及复杂长管中串联管路、并联管路的定义及计算原则。熟悉管网的水力计算原则及计算步骤。

## 第一节　液体经薄壁孔口的恒定出流

在容器壁上开一孔口，液体从孔口流出的现象叫孔口出流。

### 一、孔口出流的分类和特点

孔口出流可作以下分类：

（1）从出流的下游条件看，有自由出流和淹没出流。如果液体通过孔口后流入大气，称为自由出流；如果是流入充满液体的空间，称为淹没出流。

（2）从孔口直径（或高度）与孔口形心以上的水头高度 $H$ 的比值大小来看，有小孔口和大孔口。当孔口的直径 $d$（或高度 $e$）与孔口形心以上的水头 $H$ 相比较很小时，即 $d/H \leqslant 0.1$，这种孔口称为小孔口。当 $d/H > 0.1$ 时，称为大孔口。

（3）从孔口边缘形状和出流情况看，可将孔口分为薄壁孔口和厚壁孔口。如壁的厚度对水流现象没有影响，孔壁和水流仅在一条周线上接触，这种孔口称为薄壁孔口，否则为厚壁孔口。

（4）从孔口出流的运动要素是否随时间变化看，可分为恒定出流和非恒定出流。如水箱中水量能得到源源不断的补充，从而使孔口的水头不变，这种情况称为恒定出流。反之，即为非恒定出流。本节将着重分析薄壁小孔口的恒定出流。

### 二、薄壁小孔口的自由出流

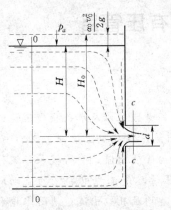

图 5-1-1 小孔口自由出流

如图 5-1-1 所示，箱中水流的流线自上游从各个方向趋近孔口，由于水流运动的惯性，流线不能成折角改变方向，只能逐渐光滑、连续地弯曲。因此，在孔口断面上各流线互不平行，而使水流在出口后继续形成收缩。实验发现，在距孔口约为 $d/2$ 处收缩完毕，流线在此趋于平行，这一断面称为收缩断面，如图 5-1-1 中的 $c$—$c$ 断面。

为推导孔口出流的关系式，选通过孔口形心的水平面为基准面，取水箱内符合渐变流条件的 0—0 断面和收缩断面 $c$—$c$ 作为计算断面建立能量方程。

$$H+\frac{p_a}{\gamma}+\frac{\alpha_0 v_0^2}{2g}=0+\frac{p_c}{\gamma}+\frac{\alpha_c v_c^2}{2g}+h_w$$

式中：$h_w$ 为孔口出流的水头损失。由于水箱中的微小水头损失可以忽略，于是 $h_w$ 只是水流经孔口的局部水头损失，即

$$h_w=h_m=\zeta_0 \frac{v_c^2}{2g}$$

在普通开口容器的情况下，$p_a=p_c$，于是上面的能量方程可写为

$$H+\frac{\alpha_0 v_0^2}{2g}=(\alpha_c+\zeta_0)\frac{v_c^2}{2g}$$

令 $H_0=H+\frac{\alpha_0 v_0^2}{2g}$，代入上式整理得

$$v_c=\frac{1}{\sqrt{\alpha_c+\zeta_0}}\sqrt{2gH_0}=\varphi \sqrt{2gH_0} \qquad (5-1)$$

$$\varphi=\frac{1}{\sqrt{\alpha_c+\zeta_0}}=\frac{1}{\sqrt{1+\zeta_0}}$$

式中：$H_0$ 为作用水头；$\zeta_0$ 为水流经孔口的局部阻力系数；$\varphi$ 为流速系数。

可以看出，如不计损失，则 $\zeta_0=0$，而 $\varphi=1.0$，可见 $\varphi$ 是收缩断面的实际液体流速 $v_c$ 与理想液体流速 $\sqrt{2gH_0}$ 的比值。由实验得圆形小孔口的流速系数 $\varphi=0.97\sim0.98$，一般取 $\varphi \approx0.97$。这样，可得水流经孔口的局部系数为

$$\zeta_0=\frac{1}{\varphi^2}-1=\frac{1}{0.97^2}-1=0.06$$

设孔口断面的面积为 $\omega$，收缩断面的面积为 $\omega_c$，则 $\omega_c/\omega=\varepsilon$ 称为收缩系数。由孔口流出的水流流量为

$$Q=v_c\omega_c=\varepsilon\omega\varphi \sqrt{2gH_0}=\mu\omega \sqrt{2gH_0} \qquad (5-2)$$

式中：$\mu$ 为孔口的流量系数，$\mu=\varepsilon\varphi$，对于薄壁圆形小孔口 $\mu=0.60\sim0.62$，常取 $\mu=0.62$。式（5-2）是薄壁小孔口自由出流的计算公式。

### 三、薄壁小孔口的淹没出流

若孔口流出的水流不是进入空气，而是进入另一部分液体中，如图 5-1-2 所示，致使孔口淹没在下游水面之下，这种情况称为淹没出流。如同自由出流一样，水流经孔口，由于惯性作用，流线形成收缩，然后扩大。

以下游水池的水面为基准面，取符合渐变流条件的 1—1 断面、2—2 断面列能量方程。

$$z+\frac{p_a}{\gamma}+\frac{\alpha_1 v_1^2}{2g}=\frac{p_a}{\gamma}+\frac{\alpha_2 v_2^2}{2g}+\zeta_0\frac{v_c^2}{2g}+\zeta_{\text{扩}}\frac{v_c^2}{2g}$$

式中：$z$ 为上、下游水位差；$\zeta_0$ 为水流经孔口的局部阻力系数；$\zeta_{\text{扩}}$ 为水流从收缩断面至 2—2 断面突然扩大的局部阻力系数，由式（4-54）确定，当 $\omega_2 \gg \omega_c$ 时，$\zeta_{\text{扩}} \approx 1.0$。当孔口两侧容器较大时，$\frac{\alpha_1 v_1^2}{2g} \approx \frac{\alpha_2 v_2^2}{2g} \approx 0$，代入上式整理得

$$z=(\zeta_0+\zeta_{\text{扩}})\frac{v_c^2}{2g}$$

即

$$v_c=\frac{1}{\sqrt{\zeta_{\text{扩}}+\zeta_0}}\sqrt{2gz}=\frac{1}{\sqrt{1+\zeta_0}}\sqrt{2gz}=\varphi\sqrt{2gz} \qquad (5-3)$$

则

$$Q=\varepsilon\omega\varphi\sqrt{2gz}=\mu\omega\sqrt{2gz} \qquad (5-4)$$

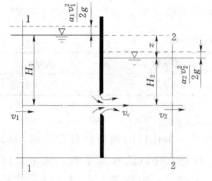

图 5-1-2　小孔口淹没出流

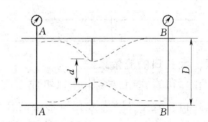

图 5-1-3　孔板流量计

比较式（5-2）与式（5-4），两式的流量系数完全相同，流速系数亦相同。但应注意，在自由出流情况下，孔口的作用水头 $H$ 是水面至孔口形心的深度，而在淹没出流情况下，孔口的作用水头 $z$ 则为孔口上、下游水位差。因此，孔口淹没出流的流速和流量均与孔口在水面下的深度无关，也无"大"、"小"孔口的区别。

气体出流一般也为淹没出流，比如气体管路的孔板流量计，如图 5-1-3 所示。

因流量和孔板前后断面的管径不变，所以 $v_A=v_B$。对 $A$ 断面和 $B$ 断面列能量方程得

$$v_c=\frac{1}{\sqrt{\zeta_{\text{扩}}+\zeta_0}}\sqrt{2g\left(\frac{p_A}{\gamma}-\frac{p_B}{\gamma}\right)}=\varphi\sqrt{\frac{2}{\rho}(p_A-p_B)}$$

$$Q=\varepsilon\varphi\omega\sqrt{\frac{2\Delta p}{\rho}}=\mu\omega\sqrt{\frac{2\Delta p}{\rho}}$$

测得孔板前后断面的压差，即可测得孔口的流量。

**四、小孔口的收缩系数及流量系数**

流速系数 $\varphi$ 和流量系数 $\mu$ 值，决定于局部阻力系数 $\zeta_0$ 和收缩系数 $\varepsilon$。局部阻力系数及收缩系数都与雷诺数 $Re$ 及边界条件有关，而当 $Re$ 较大，流动在阻力平方区时，两者都与 $Re$ 无关。因为工程中经常遇到的孔口出流问题，$Re$ 都足够大，可认为 $\varphi$ 及 $\mu$ 不再随 $Re$ 变化。因此，下面只分析边界条件的影响。

在边界条件中，影响 $\mu$ 的因素有孔口形状、孔口边缘情况和孔口在壁面上的位置三个

方面。

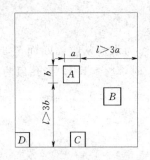

图 5-1-4　在不同位置的孔口

对于小孔口，实验证明，不同形状孔口的流量系数差别不大；孔口边缘情况对收缩系数会有影响，锐缘孔口的收缩系数最小，圆边孔口收缩系数 ε 较大，甚至等于 1。

孔口在壁面上的位置，对收缩系数 ε 有直接影响。当孔口的全部边界都不与相邻的容器底边和侧边重合时，如图 5-1-4 中 a、b 所示位置，孔口的四周流线都发生收缩，这种孔口称为全部收缩孔口。全部收缩孔口又有完善收缩和不完善收缩之分：凡孔口与相邻壁面的距离大于同方向孔口尺寸的 3 倍（l>3a，l>3b），则侧壁对孔口流速的收缩无影响，称为完善收缩孔口，如图 5-1-4 中 A 所示位置；否则是不完善收缩孔口，如图 5-1-4 中 B 所示位置。不完善收缩孔口的流量系数大于完善收缩孔口的流量系数。

根据实验结果，薄壁圆形小孔口在全部、完善收缩情况下，各项系数值列于表 5-1。

表 5-1　　　　　　　　　　　　薄壁圆形小孔口各项系数

| 收缩系数 ε | 阻力系数 ζ | 流速系数 φ | 流量系数 μ |
| --- | --- | --- | --- |
| 0.64 | 0.06 | 0.97 | 0.62 |

### 五、大孔口的流量系数

大孔口可看作由许多小孔口组成。实际计算表明，小孔口的流量计算公式（5-2）也适用于大孔口。式中 $H_0$ 为大孔口形心的作用水头，由于大孔口的收缩系数 ε 比小孔口大，因而流量系数亦大。给排水工程中的取水口以及闸孔出流，一般均按大孔口计算，其流量系数列于表 5-2。

表 5-2　　　　　　　　　　　大孔口的流量系数 μ

| 孔口形状和水流收缩情况 | 流量系数 μ |
| --- | --- |
| 全部、不完善收缩 | 0.70 |
| 底部无收缩但有适度的侧收缩 | 0.65~0.70 |
| 底部无收缩，侧向很小收缩 | 0.70~0.75 |
| 底部无收缩，侧向极小收缩 | 0.80~0.90 |

# 第二节　液体经管嘴的恒定出流

### 一、圆柱形外管嘴的恒定出流

在孔口断面处接一直径与孔口直径完全相同的圆柱形短管，其长度 $l \approx (3\sim4)d$，这样的短管称为圆柱形外管嘴，如图 5-2-1 所示。水流进入管嘴后，同样形成收缩，在收缩断面 c—c 处水流与管壁分离，形成漩涡区；然后又逐渐扩大，在管嘴出口断面上，水流已完全充满整个断面。

设水箱的水面压强为大气压强，管嘴为自由出流，以出口断面形心所在水平面为基准面，建立水箱中过流断面 0—0 和管嘴出口断面 b—b 的能量方程，即

$$H+\frac{\alpha_0\,v_0^{\,2}}{2g}=\frac{\alpha v^2}{2g}+h_w$$

式中：$h_w$ 为管嘴的水头损失，若忽略管嘴的沿程水头损失，$h_w$ 相当于管道直角进口（见表 4-2）的损失情况。

$$h_w=\zeta_n\frac{v^2}{2g}$$

令

$$H_0=H+\frac{\alpha_0\,v_0^{\,2}}{2g}$$

代入能量方程，并解出 $v$，得管嘴出口流速

$$v=\frac{1}{\sqrt{\alpha+\zeta_n}}\sqrt{2gH_0}=\varphi_n\,\sqrt{2gH_0} \qquad (5-5)$$

管嘴流量

$$Q=\omega v=\varphi_n\omega\,\sqrt{2gH_0}=\mu_n\omega\,\sqrt{2gH_0} \qquad (5-6)$$

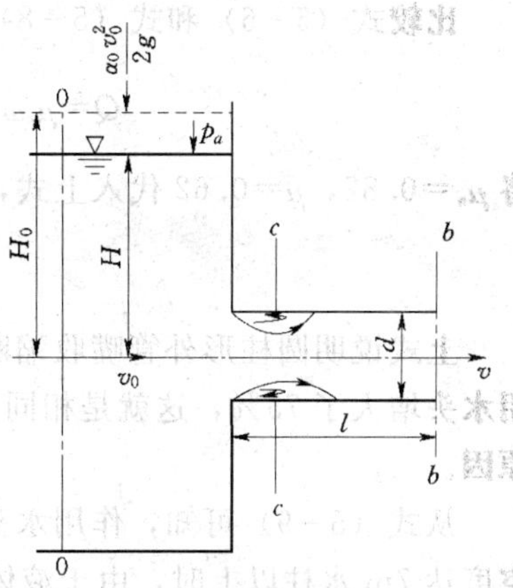

图 5-2-1 圆柱形管嘴出流

式中：$\omega$ 为出口断面面积；$\zeta_n$ 为管嘴的局部阻力系数，取 $\zeta_n=0.5$；$\varphi_n$ 为管嘴流速系数，$\varphi_n=\dfrac{1}{\sqrt{\alpha+\zeta_n}}\approx\dfrac{1}{\sqrt{1+0.5}}=0.82$；$\mu_n$ 为管嘴流量系数，因出口无收缩，故 $\mu_n=\varphi_n=0.82$。

比较式（5-2）与式（5-6），两式形式及 $\omega$、$H$ 均相同，然而 $\mu_n=1.32\mu$。可见，在相同水头作用下，同样断面直角进口管嘴的过流能力是孔口的 1.32 倍。因此，管嘴常被用作泄水管。

对于管嘴的淹没出流，仍采用式（5-6）计算，其中淹没出流作用水头 $H_0$ 为上下游水位差，淹没出流时 $\mu_n$ 与自由出流时等值。

**二、圆柱形外管嘴的真空**

在孔口外面加管嘴后，增加了阻力，但是流量反而增加了，这是由于收缩断面处真空的作用。

如图 5-2-1 所示，建立水箱中过水断面 0—0 和收缩断面 $c$—$c$ 的能量方程

$$H+\frac{p_a}{\gamma}+\frac{\alpha_0\,v_0^{\,2}}{2g}=\frac{p_c}{\gamma}+\frac{\alpha_c v_c^{\,2}}{2g}+\zeta_0\,\frac{v_c^{\,2}}{2g}$$

式中：$\zeta_0$ 表示从 0—0 断面到 $c$—$c$ 断面的局部阻力系数，相当于孔口出流时的 $\zeta_0$ 值。

整理得

$$H_0+\frac{p_a-p_c}{\gamma}=(\alpha_c+\zeta_0)\frac{v_c^{\,2}}{2g}$$

则

$$v_c=\frac{1}{\sqrt{\alpha_c+\zeta_0}}\sqrt{2g\left(H_0+\frac{p_a-p_c}{\gamma}\right)}=\varphi\sqrt{2g\left(H_0+\frac{p_a-p_c}{\gamma}\right)} \qquad (5-7)$$

管嘴流量

$$Q=v_c\omega_c=\varepsilon\varphi\omega\sqrt{2g\left(H_0+\frac{p_a-p_c}{\gamma}\right)}=\mu\omega\sqrt{2g\left(H_0+\frac{p_a-p_c}{\gamma}\right)} \qquad (5-8)$$

式中：$\varphi$ 为孔口出流的流速系数；$\mu$ 为孔口出流的流量系数，取 $\mu=0.62$；$\dfrac{p_a-p_c}{\gamma}$ 为收缩断面处的真空度。

比较式（5-6）和式（5-8），则

$$Q = \mu_n \omega \sqrt{2gH_0} = \mu \omega \sqrt{2g\left(H_0 + \frac{p_a - p_c}{\gamma}\right)}$$

将 $\mu_n = 0.82$，$\mu = 0.62$ 代入上式，解得

$$\frac{p_a - p_c}{\gamma} = 0.75 H_0 \qquad\qquad (5-9)$$

上式说明圆柱形外管嘴收缩断面处真空度可达作用水头的 0.75 倍，相当于把管嘴的作用水头增大了 75%，这就是相同直径、相同作用水头下的圆柱形外管嘴的流量比孔口大的原因。

从式（5-9）可知，作用水头 $H_0$ 愈大，收缩断面处的真空度亦愈大。但收缩断面的真空度达 7m 水柱以上时，由于液体在低于饱和蒸汽压时发生汽化，以及空气将会自管嘴出口处吸入，从而收缩断面处的真空被破坏，以致管嘴不能保持满管出流而如同孔口出流一样。因此，对收缩断面真空度的限制，决定了管嘴的作用水头有一个极限值

$$\frac{p_a - p_c}{\gamma} = 0.75 H_0 \leqslant 7\text{m}$$

即

$$H_0 \leqslant 9\text{m}$$

其次，管嘴的长度也有一定限制。长度过短，流束收缩后来不及扩大到整个管断面，水股将不会与管壁接触，在收缩断面不能形成真空而不能发挥管嘴作用。长度过长，沿程损失增大，流量将减小。所以，圆柱形外管嘴的正常工作条件是：

（1）作用水头 $H_0 \leqslant 9\text{m}$。

（2）管嘴长度 $l = (3\sim4)d$。

### 三、其他形式的管嘴

除圆柱形外管嘴之外，工程上为了增加泄水能力或为了增加（或减小）射流的流速，常用的管嘴还有下列几种形式，如图 5-2-2 所示。各种管嘴出流的基本公式都和圆柱形外管嘴相同。各自的水力特点如下。

（1）圆锥形扩张管嘴，如图 5-2-2（a）所示，在收缩断面处形成真空，其真空值随圆锥角增大而加大，并具有较大的过流能力和较低的出口速度。适用于要求形成较大真空或者出口流速较小处，如引射器、水轮机尾水管和人工降雨设备。当 $\theta = 5°\sim7°$ 时，$\mu_n = 0.45 \sim 0.5$。

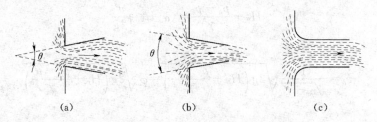

图 5-2-2  其他形式的管嘴

（2）圆锥形收敛管嘴，如图 5-2-2（b）所示，具有较大的出口流速，适用于水力机械化施工，如水力挖土机喷嘴以及消防用喷嘴等设备。$\mu_n = 0.9\sim0.96$。

（3）流线形管嘴。管段进口为流线形，如图 5-2-2（c）所示，水流在管嘴内无收缩及

扩大，与直角进口管嘴相比，阻力系数小得多，常用于水坝泄水管和涵洞的进口。$\mu_n = 0.9 \sim 0.98$。

# 第三节 短 管 计 算

若管道的整个断面均被流体所充满，断面的周界就是湿周，管道周界上的各点均受到流体压强的作用且压强一般都不等于大气压强。这种管道称为有压管道。

实际工程中的管道，根据其布置情况，可分为简单管道与复杂管道。若管道直径和流量沿程不变且无分支，称为简单管道，否则为复杂管道。复杂管道又可分为串联管道、并联管道及分叉管道等。简单管道是最常见的，也是复杂管道的基本组成部分，其计算方法是各种管道计算的基础。

若有压管道中流体的运动要素不随时间而变，称为有压管道的恒定流；否则称为有压管道的非恒定流。本书重点讨论有压管道恒定流的计算。

水电站的压力引水隧洞和压力钢管、水库的有压泄洪隧洞或泄水管、供给工农业和生活用水的水泵装置系统及给水管网、虹吸管以及输送石油的管道等都是工程中常见的有压管道。

通常根据流体流动时两种水头损失在总水头损失中所占比重的大小，将有压管道恒定流分为长管及短管两类：

（1）短管。短管是局部损失及流速水头在总水头损失中占有相当的比重，计算时必须和沿程水头损失同时考虑而不能忽略的管道。水泵的吸水管、虹吸管、倒虹吸管、铁路涵管等一般均按短管计算。

（2）长管。长管是指水头损失以沿程水头损失为主，其局部水头损失和流速水头在总水头损失中所占的比重很小，计算时可以忽略不计的管道。自来水管是典型的长管。

必须指出，长管和短管不是简单地从长度上考虑的，在没有忽略局部水头损失和流速水头的充分根据时，应先按短管计算。

本节重点讨论短管的水力计算。短管的水力计算可分为自由出流与淹没出流两种。短管的水力计算都可以通过能量方程和连续性方程直接求解。

## 一、自由出流

液体经管路出口流入大气，液体四周均受大气压作用的情况为自由出流。如图5-3-1和5-3-2所示的输水管路系统，设管路总长度为$l$，出口段管径为$d$。以管路出口断面2—2的形心所在水平面作基准面，在水池中取符合渐变流条件的0—0断面，对0—0断面和2—2断面建立能量方程：

$$H + \frac{\alpha_0 v_0^2}{2g} = \frac{\alpha v^2}{2g} + h_w$$

令

$$H + \frac{\alpha_0 v_0^2}{2g} = H_0$$

故有

$$H_0 = h_w + \frac{\alpha v^2}{2g} \tag{5-10}$$

式中：$v_0$为水池中流速，称为行近流速；$H_0$为包括行近流速水头在内的作用水头；$v$为管

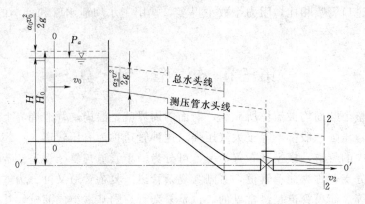

图 5-3-1　自由出流的简单管路

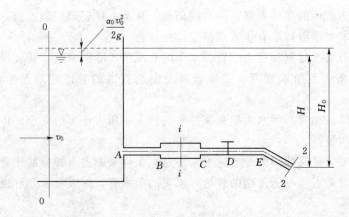

图 5-3-2　自由出流的复杂管路

路出口流速。水头损失 $h_w$ 为各管段沿程水头损失和局部水头损失之和，即

$$h_w = \sum h_f + \sum h_m = \sum \left( \lambda_i \frac{l_i}{d_i} \frac{v_i^2}{2g} \right) + \sum \left( \zeta_i \frac{v_i^2}{2g} \right) \qquad (5-11)$$

将式（5-11）代入式（5-10），再根据连续性方程，即可解得出口管段的流速 $v$ 和管道流量 $Q$。

计算时需要注意的问题：

（1）如果是简单管道，管道直径 $d_i$ 都相等（图 5-3-1），那么各管段流速 $v_i$ 也相等，若沿程阻力系数 $\lambda_i$ 也相等，则公式（5-11）变为

$$h_w = \sum h_f + \sum h_m = \lambda \frac{\sum l_i}{d} \frac{v^2}{2g} + \left( \sum \zeta_i \right) \frac{v^2}{2g} = \left( \lambda \frac{l}{d} + \sum \zeta_i \right) \frac{v^2}{2g}$$

（2）如果是串联的复杂管道，各管段直径 $d_i$ 不等（图 5-3-2），那么各管段流速 $v_i$ 也不等，若沿程阻力系数 $\lambda_i$ 也不等，则需要根据连续性方程将各管段流速 $v_i$ 转换为同一个流速，如出口流速 $v$，则式（5-11）变为

$$h_w = \sum h_f + \sum h_m = \left[ \sum \lambda_i \frac{l_i}{d_i} \left( \frac{\omega}{\omega_i} \right)^2 + \sum \zeta_i \left( \frac{\omega}{\omega_i} \right)^2 \right] \frac{v^2}{2g}$$

式中：$\omega$ 为出口断面面积；$\omega_i$ 为其他管段面积；$v$ 为出口流速。

所以，对于简单短管，出流流速和流量为

$$v=\frac{1}{\sqrt{1+\lambda\dfrac{l}{d}+\sum\zeta_i}}\sqrt{2gH_0} \qquad (5-12)$$

$$Q=v\omega=\frac{1}{\sqrt{1+\lambda\dfrac{l}{d}+\sum\zeta_i}}\omega\sqrt{2gH_0}=\mu_c\omega\sqrt{2gH_0} \qquad (5-13)$$

对于串联的复杂短管，出流流速和流量为

$$v=\frac{1}{\sqrt{1+\sum\lambda_i\dfrac{l_i}{d_i}\left(\dfrac{\omega}{\omega_i}\right)^2+\sum\zeta_i\left(\dfrac{\omega}{\omega_i}\right)^2}}\sqrt{2gH_0} \qquad (5-14)$$

$$Q=v\omega=\frac{1}{\sqrt{1+\sum\lambda_i\dfrac{l_i}{d_i}\left(\dfrac{\omega}{\omega_i}\right)^2+\sum\zeta_i\left(\dfrac{\omega}{\omega_i}\right)^2}}\omega\sqrt{2gH_0}=\mu_c\omega\sqrt{2gH_0} \qquad (5-15)$$

在式（5-13）和式（5-15）中，$\mu_c$ 称为管系的流量系数。

### 二、淹没出流

管路的出口如果是淹没在水下便称为淹没出流。

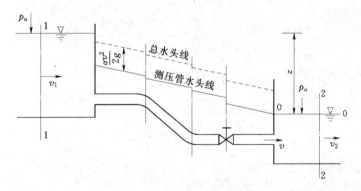

图 5-3-3　淹没出流的简单管路

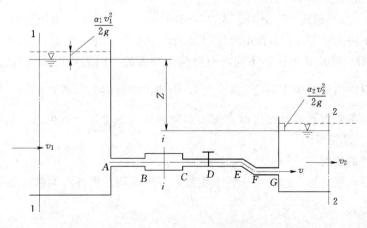

图 5-3-4　淹没出流的复杂管路

如图 5-3-3 和图 5-3-4 所示的输水管路，取下游水池水面作为基准面，并在上游水池离管路进口某一距离处取 1—1 断面，在下游水池离管路出口某一距离处取 2—2 断面，两

处均符合渐变流条件，建立 1—1 断面和 2—2 断面的能量方程

$$z+\frac{\alpha_1 v_1^2}{2g}=\frac{\alpha_2 v_2^2}{2g}+h_w$$

式中：$z$ 为上、下游水位差。

相对于管道的流速水头来说，$\dfrac{\alpha_1\ v_1^{\ 2}}{2g}$ 和 $\dfrac{\alpha_2\ v_2^{\ 2}}{2g}$ 可忽略不计，则

$$z=h_w \tag{5-16}$$

式（5-16）说明短管在淹没出流的情况下，其作用水头 $z$（即上下游水位差）完全消耗在克服水流所遇到的沿程阻力和局部阻力上。

水头损失 $h_w$ 为各管段沿程水头损失和局部水头损失之和，考虑各管段直径有可能相等，也可能不等，同自由出流时的情况一样，将 $h_w$ 的计算公式代入式（5-16），可以解得出流流速 $v$ 和管道的流量 $Q$。

通过计算，对于管径都相等的简单短管，出流流速和流量为

$$v=\frac{1}{\sqrt{\lambda\dfrac{l}{d}+\sum\zeta_i}}\sqrt{2gz} \tag{5-17}$$

$$Q=v\omega=\frac{1}{\sqrt{\lambda\dfrac{l}{d}+\sum\zeta_i}}\omega\ \sqrt{2gz}=\mu_c\omega\ \sqrt{2gz} \tag{5-18}$$

对于管径不等的复杂短管，出流流速和流量为

$$v=\frac{1}{\sqrt{\sum\lambda_i\dfrac{l_i}{d_i}\left(\dfrac{\omega}{\omega_i}\right)^2+\sum\zeta_i\left(\dfrac{\omega}{\omega_i}\right)^2}}\sqrt{2gz} \tag{5-19}$$

$$Q=v\omega=\frac{1}{\sqrt{\sum\lambda_i\dfrac{l_i}{d_i}\left(\dfrac{\omega}{\omega_i}\right)^2+\sum\zeta_i\left(\dfrac{\omega}{\omega_i}\right)^2}}\omega\ \sqrt{2gz}=\mu_c\omega\ \sqrt{2gz} \tag{5-20}$$

式中符号含义同前。

比较式（5-13）和式（5-18）、式（5-15）和式（5-20），可以看出，淹没出流时的有效水头是上下游水位差 $z$，而自由出流时是出口中心以上的水头 $H$；其次，两种情况下流量系数 $\mu_c$ 的计算公式形式上虽然不同，但数值是相等的。因为淹没出流时，$\mu_c$ 计算公式的分母上虽然较自由出流时少了一项 $\alpha$（$\alpha=1$），但淹没出流时 $\sum\zeta_i$ 或 $\zeta_i\left(\dfrac{\omega}{\omega_i}\right)^2$ 中却比自由出流时多一个出口局部阻力系数，在出口是流入水池的情况下 $\zeta_{出口}=1.0$。故其他条件相同时两者的 $\mu_c$ 值实际上是相等的。

### 三、水头线的绘制

短管水头线包括总水头线和测压管水头线，分别表示沿程各断面单位重量流体的机械能变化和势能变化。

1. 绘制步骤

（1）计算各项局部水头损失和各管段的沿程水头损失。

（2）从管道进口断面的总水头依次减去各项水头损失，得各断面的总水头值，连接成总水头线。绘制时假定沿程水头损失均匀分布在整个管段上，假定 $h_m$ 集中发生在边界改

变处。

（3）由总水头线向下减去各管段的流速水头，得测压管水头线。在等直径管段中，测压管水头线与总水头线平行。

2. 水头线特点

（1）管道总水头线和测压管水头线的起点和终点与管道进出口边界条件有关。如自由出流时，管道出口断面的测压管水头为零，故测压管水头线的终点应落在出口断面的形心上；在淹没出流时，应落在下游池的液面上。由于管道进口处存在局部水头损失，所以在通常忽略行近流速水头的情况下，总水头线的起点应在上游池液面下方。

（2）在没有额外的能量输入时，总水头线总是下降的；在有额外能量输入处，总水头线突然抬高。

（3）测压管水头线可能升高（突然扩大管段），也可能降低。

短管在自由出流及淹没出流时，管路中的总水头线及测压管水头线的示意图，如图 5-3-1 和图 5-3-3 所示。

### 四、短管的计算问题

在进行短管计算前，管道的长度、管道的材料（管壁粗糙情况）、局部阻力的组成都已确定。因此，短管计算主要有以下三类问题。

（1）已知流量 $Q$、管路直径 $d$ 和局部阻力的组成，计算 $H_0$（如设计水箱或水塔水位标高 $H$）。

（2）已知水头 $H_0$、管径 $d$ 和局部阻力的组成，计算通过的流量 $Q$。

（3）已知通过管道的流量 $Q$、水头 $H_0$ 和局部阻力的组成，设计管径 $d$。

前两类问题计算比较简单，第三类问题需要试算。下面结合具体问题进一步说明。

1. 虹吸管

若管道轴线的一部分高于上游水池的自由水面，这样的管道称为虹吸管，如图 5-3-5 所示。应用虹吸管输水，可以跨越高地，减少挖方，避免埋设管道工程，并便于自动操作。

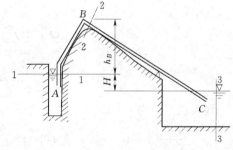

图 5-3-5 ［例 5-1］图

由于虹吸管一部分高出供水自由水面，必然存在真空区段。真空的存在将使溶解在水中的空气分离出来。如真空度很大，还可能出现汽化现象。分离出来的空气和汽化后的水蒸气积聚在虹吸管顶部，会破坏水流的连续性。工程上，为保证虹吸管能正常工作，一般限制管中最大真空度不超过允许值 $[h_v]=7\sim8\text{m}$ 水柱。

【例 5-1】 用虹吸管自钻井输水至集水池，如图 5-3-5 所示。虹吸管长 $l=l_{AB}+l_{BC}=30\text{m}+40\text{m}=70\text{m}$，直径 $d=200\text{mm}$。钻井至集水池间的恒定水位高差 $H=1.6\text{m}$。已知沿程阻力系数 $\lambda=0.03$，管路进口、120°弯头、90°弯头以及出口处的局部阻力系数分别为 $\zeta_1=0.5$，$\zeta_2=0.2$，$\zeta_3=0.5$，$\zeta_4=1.0$，试求：

（1）流经虹吸管的流量 $Q$。

（2）如虹吸管顶部 $B$ 点安装高程 $h_B=4.5\text{m}$，校核其真空度。

**解：**（1）计算流量：以集水池水面为基准面，建立钻井水面 1—1 与集水池 3—3 断面的

能量方程（由于两断面面积较大，故忽略流速水头）

$$H + \frac{p_a}{\gamma} + 0 = 0 + \frac{p_a}{\gamma} + 0 + h_w$$

$$H = h_w$$

$$h_w = \left( \lambda \frac{l}{d} + \sum \zeta_i \right) \frac{v^2}{2g}$$

解得

$$v = \frac{1}{\sqrt{\lambda \dfrac{l}{d} + \sum \zeta_i}} \sqrt{2gH}$$

代入数据　$v = \dfrac{1}{\sqrt{0.03 \times \dfrac{70}{0.2} + (0.5 + 0.2 + 0.5 + 1.0)}} \sqrt{2 \times 9.8 \times 1.6} = 1.57 \ (\text{m/s})$

于是　　　　　$Q = \omega v = \frac{1}{4} \pi d^2 v = \frac{\pi}{4} \times 0.2^2 \times 1.57 = 0.0493 \text{m}^3/\text{s} = 49.3 (\text{L/s})$

（2）计算管顶 2—2 断面的真空度（认为 2—2 断面中心与 $B$ 点高度相当，离管路进口距离与 $B$ 点也几乎相等）。

以钻井水面为基准面，建立 1—1 断面和 2—2 断面的能量方程

$$0 + \frac{p_a}{\gamma} + 0 = h_B + \frac{p_2}{\gamma} + \frac{\alpha_2 v_2^2}{2g} + h_{w1}$$

取 $a_2 = 1.0$，上式成

$$\frac{p_a - p_2}{\gamma} = h_B + \frac{v_2^2}{2g} + \left( \lambda \frac{l_{AB}}{d} + \sum \zeta_i \right) \frac{v_2^2}{2g}$$

其中　　　　　$\sum \zeta = \zeta_1 + \zeta_2 + \zeta_3 = 0.5 + 0.2 + 0.5 = 1.2$

$$v_2 = \frac{Q}{\omega} = \frac{4Q}{\pi d^2} = \frac{4 \times 0.0493}{\pi \times 0.2^2} = 1.57 \ (\text{m/s})$$

将　　　　　　$\frac{v_2^2}{2g} = \frac{1.57^2}{2 \times 9.8} = 0.13 \ (\text{m})$

代入能量，得

$$\frac{p_a - p_2}{\gamma} = 4.5 + 0.13 + \left( 0.03 \times \frac{30}{0.2} + 1.2 \right) \times 0.13 = 5.25 (\text{mH}_2\text{O}) (\text{米水柱})$$

小于 $[h_v] = 7 \sim 8\text{m}$ 水柱，所以虹吸管可以正常工作。

2. 水泵的吸水管和压力水管

水泵是增加水流能量，把水从低处引向高处的一种水力机械。

如图 5-3-6 所示为一装有水泵的抽水系统，系统主要由吸水管、水泵和压水管组成。通过水泵叶轮转动，在水泵进口处形成真空，使水流在池面大气压作用下沿吸水管上升，流经水泵时从水泵获得新的能量，从而输入压水管，再输出至水塔。

和虹吸管类似，当水泵进口压强小于该温度下的蒸汽压强时，水会汽化，同时形成大量气泡，气泡随着水流进入水泵内高压部位，会突然溃灭，周围的水以很大速度冲向气泡溃灭点，在该点造成高达数百大气压的压强，这种集中在极小面积上的强大冲击力如果作用在水泵部件表面，就会使部件很快损坏，这种现象叫气蚀。为确保水泵正常工作，必须限制水泵

进口处的真空度。在水泵铭牌或样本中，都给出水泵的进口允许真空高度 $[h_v]$。

水泵抽水系统的水力计算包括吸水管和压力水管的计算。吸水管属于短管；压力水管则根据不同情况按短管或长管计算。主要计算内容有：确定吸水管和压力水管的管径；计算水泵安装高程；计算水泵的扬程。

(1) 确定吸水管和压力水管的管径。管径一般根据经济流速 $v$ 确定。通常吸水管的经济流速约为 $0.8\sim2.0\text{m/s}$，压力水管的经济流速为 $1.5\sim2.5\text{m/s}$。如果管道的流量 $Q$ 一定，流速为 $v$，则根据连续性方程可以求出管道直径 $d$：

$$d=\sqrt{\frac{4Q}{\pi v}}$$

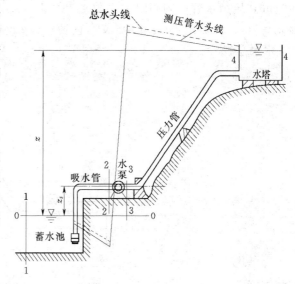

图 5-3-6  水泵抽水系统

(2) 确定水泵的最大允许安装高程 $z_s$。

水泵的最大允许安装高程 $z_s$ 主要取决于水泵的最大允许真空度 $[h_v]$ 和吸水管的水头损失。以水池水面为基准面，对 1—1 断面及水泵进口断面 2—2 建立能量方程，得

$$0+\frac{p_a}{\gamma}+0=z_s+\frac{p_2}{\gamma}+\frac{\alpha_2 v_2^2}{2g}+h_{w吸}$$

由此

$$z_s=\frac{p_a-p_2}{\gamma}-\frac{\alpha_2 v_2^2}{2g}-\lambda\frac{l}{d}\frac{v_2^2}{2g}-\sum\zeta_i\frac{v_2^2}{2g}$$

式中：$v_2$ 为吸水管管内流速；$\dfrac{p_a-p_2}{\gamma}$ 为 2—2 断面的真空度，不能大于水泵允许真空度 $[h_v]$。所以：

$$z_s\leqslant[h_v]-\left(\alpha_2+\lambda\frac{l}{d}+\sum\zeta_i\right)\frac{v_2^2}{2g} \tag{5-21}$$

(3) 计算水泵的扬程 $H_t$。水泵的扬程 $H_t$ 是水泵向单位重量液体所提供的机械能，单位为 m。由于获得外加能量，水流经过水泵时总水头线突然升高，如图 5-3-6 所示。扬程 $H_t$ 的计算公式可直接由能量方程得到。

在图 5-3-6 中，以 0—0 为基准面建立 1—1 断面和 4—4 断面的能量方程

$$H_t=z+h_{w1-4}$$

式中：$h_{w1-4}$ 是水流从 1—1 断面至 4—4 断面间的全部水头损失，包括吸水管的水头损失 $h_{w吸}$ 和压力水管的水头损失 $h_{w压}$，$z$ 为提水高度。故总扬程

$$H_t=z+h_{w吸}+h_{w压} \tag{5-22}$$

上式表明，水泵向单位重量液体所提供的机械能，一方面是用来将水流提高一个几何高度 $z$，另一方面是用来克服吸水管和压力水管的水头损失。

【例 5-2】 用一离心式水泵将上游水源中的水抽入水塔，如图 5-3-7 所示。水源水位为 102.00m，水塔水位为 122.00m，水泵流量 $Q=0.05\text{m}^3/\text{s}$，吸水管长度 $l_1=8\text{m}$，压力水管长度 $l_2=200\text{m}$，两管都采用铸铁管（$\Delta=0.3\text{mm}$）。吸水管进口采用有底阀滤网，

其局部阻力系数 $\zeta_1 = 6.0$，所有各弯头阻力系数都采用 $\zeta_2 = 0.3$，压力水管直径 $d_2 = 200\text{mm}$，压力水管中闸阀阻力系数 $\zeta_3 = 0.1$，水泵允许真空度 $[h_v] = 6.0\text{m}$，水泵安装高程 $h_s = 5\text{m}$。试确定：（1）吸水管直径；（2）校核水泵进口真空度是否满足允许值；（3）水泵总扬程。

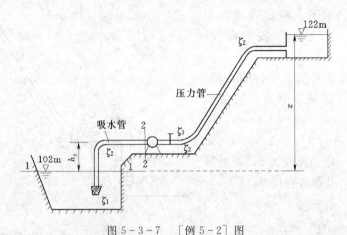

图 5 - 3 - 7 ［例 5 - 2］图

**解：**（1）吸水管直径：取吸水管经济流速 $v = 1.2\text{m/s}$，则吸水管直径为

$$d = \sqrt{\frac{4Q}{\pi v}} = \sqrt{\frac{4 \times 0.05}{3.14 \times 1.2}} = 0.23(\text{m})$$

选用标准管径 $d_1 = 250\text{mm}$（也可选用 $d_1 = 200\text{mm}$），相应吸水管中流速 $v_1 = 1.02\text{m/s}$，在经济流速范围之内。

（2）校核水泵进口断面真空度：以水源水面为基准面，建立水源水面 1—1 和水泵进口 2—2 断面的能量方程，即

$$\frac{p_a}{\gamma} = h_s + \frac{p_2}{\gamma} + \frac{\alpha_1 v_1^2}{2g} + h_{w吸}$$

则 2—2 断面的真空度为

$$h_{v2} = \frac{p_a - p_2}{\gamma} = h_s + \frac{\alpha_1 v_1^2}{2g} + h_{w吸}$$

式中：$h_{w吸}$ 为吸水管的全部水头损失。

取水温为 20℃ 时的运动黏性系数 $\nu = 0.0101\text{cm}^2/\text{s}$，则雷诺数 $Re = \dfrac{v_1 d_1}{\nu} = \dfrac{102 \times 25}{0.0101} = 2.53 \times 10^5$，而 $\dfrac{\Delta}{d} = \dfrac{0.03}{25} = 0.0012$。查莫迪图，得吸水管沿程阻力系数 $\lambda_1 = 0.022$，则

$$h_{w吸} = \left(\lambda_1 \frac{l_1}{d_1} + \zeta_1 + \zeta_2\right)\frac{v_1^2}{2g} = \left(0.022 \times \frac{8}{0.25} + 6 + 0.3\right) \times \frac{1.02^2}{2 \times 9.8} = 0.371(\text{m})$$

$$h_{v2} = h_s + \frac{\alpha_1 v_1^2}{2g} + h_{w吸} = 5 + 0.053 + 0.371 = 5.424(\text{m}) < [h_v] = 6.0(\text{m})$$

故水泵进口真空度小于允许值，符合要求。

（3）水泵扬程：水泵扬程 $H_t$ 是提水高度 $z$ 与吸水管水头损失和压力水管水头损失之总和，即

$$H_t = z + h_{w吸} + h_{w压}$$

式中：$z=122-102=20\text{m}$；$h_{w吸}=0.371\text{m}$。下面确定 $h_{w压}$。

压力水管直径 $d_2=200\text{mm}$，相应压力水管流速 $v_2=1.59\text{m/s}$，压力水管相对粗糙度 $\dfrac{\Delta}{d}$ $=\dfrac{0.03}{20}=0.0015$，雷诺数 $Re=\dfrac{v_2 d_2}{\nu}=\dfrac{159\times20}{0.0101}=3.15\times10^5$。查莫迪图得压力水管沿程阻力系数 $\lambda_2=0.0225$，则

$$h_{w压}=\left(\lambda_2\frac{l_2}{d_2}+\zeta_3+2\zeta_2+1\right)\frac{v_2^2}{2g}$$

$$=\left(0.0225\times\frac{200}{0.2}+0.1+2\times0.3+1\right)\frac{1.59^2}{2\times9.8}=3.12(\text{m})$$

于是，水泵的扬程

$$H_t=20+0.371+3.12=23.49(\text{m})$$

3. 倒虹吸管

倒虹吸管是穿过道路、河渠等障碍物的一种输水管道，它的中间部分比进、出口都低，外形像倒置的虹吸管，故称为倒虹吸管，如图 5-3-8 所示。

【例 5-3】 如图 5-3-8 所示的倒虹吸管，截面为圆形，管长 $l=50\text{m}$，在上、下游水位差 $H=2.24\text{m}$ 时，要求通过流量 $Q=3\text{m}^3/\text{s}$。已知 $\lambda=0.02$，管道进口、弯头及出口的局部阻力系数分别为：$\zeta_{进}=0.5$，$\zeta_{弯}=0.25$，$\zeta_{出}=1.0$，试选择其管径 $d$。

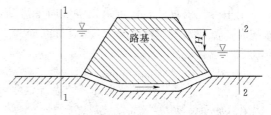

图 5-3-8 ［例 5-3］图

解：以下游水面为基准面，建立 1—1 断面和 2—2 断面的能量方程，可得

$$H=h_w=2.24(\text{m})$$

而

$$h_w=\lambda\frac{l}{d}\frac{v^2}{2g}+\sum\zeta_i\frac{v^2}{2g}=\left(0.02\times\frac{50}{d}+0.5+2\times0.25+1\right)\frac{v^2}{2g}$$

$$=\left(\frac{1}{d}+2\right)\times\frac{4^2\times3^2}{19.6\pi^2 d^4}$$

$$=\frac{0.745}{d^5}+\frac{1.49}{d^4}$$

整理得

$$2.24d^5-1.49d-0.745=0$$

采用试算法求解，得管径 $d=1.0\text{m}$。

在实际计算中，试算法过程很繁杂，随着计算技术的发展，人们越来越普遍地应用计算机解决该类问题，详见第十章。

**五、气体管路**

工程中一般的气体管路，气流速度远小于音速，气体的密度变化不大，依然作为不可压缩流体处理。由于管内气体的重度与外界空气的重度是相同的数量级，因此应按照恒定气流能量方程解决气体管路问题。下面通过例题分析气体管路的计算。

【例 5-4】 如图 5-3-9 所示，矿井竖井和横向坑道相连，竖井高为 200m，坑道长 300m，坑道和竖井内气温保持为 $t=15℃$，密度 $\rho=1.18\text{kg/m}^3$，坑道外气温在清晨为 $t=$

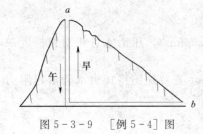

图 5-3-9 ［例 5-4］图

5℃，$\rho_m = 1.29\text{kg/m}^3$，中午为 $t = 20℃$，$\rho_n = 1.16\text{kg/m}^3$。问清晨和中午空气的气流流向及气流速度的大小？假定总的损失为 $9\gamma\dfrac{v^2}{2g}$。

**解**：早晨空气外重内轻，故气流向上流动。在 $b$ 出口外大气中选取一断面（由于该断面面积大，流速水头忽略不计），并对该断面与 $a$ 出口断面写能量方程（设此时坑道内气流速度为 $v$）

$$(\rho_m - \rho)g \times 200 = \frac{\rho v^2}{2} + 9\frac{\rho v^2}{2}$$

代入数据，得

$$(1.29 - 1.18)g \times 200 = \frac{10}{2} \times 1.18 v^2$$

解出

$$v = 6.05\text{m/s}$$

中午空气内重外轻，坑道内空气向下流动，在 $a$ 出口外大气中选取一断面（由于该断面面积大，流速水头忽略不计），并对该断面与 $b$ 出口断面写能量方程（设此时坑道内气流速度为 $v'$）

$$g(\rho_n - \rho)(-200) = \frac{\rho v'^2}{2} + 9\frac{\rho v'^2}{2}$$

代入数据，得

$$9.8 \times 0.02 \times 200 = \frac{10}{2} \times 1.18 v'^2$$

解出

$$v' = 2.6(\text{m/s})$$

# 第四节 长 管 计 算

长管是指管流的流速水头和局部水头损失的总和与沿程水头损失比较起来很小，因而计算时常常将其按沿程水头损失的某一百分数估算或完全忽略不计（通常是在 $l/d > 1000$ 的条件下），这样计算大为简化，同时也不会影响计算精确度。

根据管道的组合情况，长管计算可分为简单管路、串联管路、并联管路、分叉管路、和管网等。

## 一、简单管路

直径沿程不变、没有分支、流量也不变的管道称为简单管路。简单管路的计算是一切复杂管路计算的基础。

如图 5-4-1 所示为简单管路自由出流情况。简单管路长度为 $l$，直径为 $d$，池中液面距管道出口高度为 $H$，管内流速为 $v$。因为长管的流速水头可以忽略，所以它的总水头线与测压管水头线重合。下面推导计算简单管路的基本公式。

以通过管路出口 2—2 断面形心的水平面作为基准面，在池中距管路进口某一距离处取

1—1断面，该断面的水流可认为是渐变流。对1—1断面和2—2断面建立能量方程为

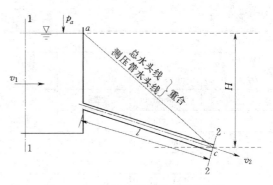

$$H+\frac{p_a}{\gamma}+\frac{\alpha_1 v_1^2}{2g}=0+\frac{p_a}{\gamma}+\frac{\alpha_2 v_2^2}{2g}+h_w$$

在长管中忽略局部水头损失和流速水头，得

$$H=h_f \qquad (5-23)$$

式（5-23）即为简单管路的基本公式，公式表明长管全部作用水头都消耗于沿程水头损失。

图 5-4-1 按长管计算的简单管路

对于工程中应用最多的输水长管，常制成相应的水力计算表以简化计算，下面介绍比阻法。

由达西公式，得

$$H=h_f=\lambda\frac{l}{d}\frac{v^2}{2g}=\lambda\frac{l}{d}\frac{1}{2g}\left(\frac{4Q}{\pi d^2}\right)^2=\frac{8\lambda}{g\pi^2 d^5}lQ^2$$

令 $A=\dfrac{8\lambda}{g\pi^2 d^5}$，称为比阻，则

$$H=h_f=AlQ^2 \qquad (5-24)$$

比阻 $A$ 是单位流量通过单位长度管道所需的水头，它由沿程阻力系数 $\lambda$ 和管径 $d$ 决定。由于计算 $\lambda$ 的公式繁多，这里只引用工程中常用的两种。

1. 专用公式

对于旧钢管、旧铸铁管，采用舍维列夫公式计算 $\lambda$，并代入 $A=\dfrac{8\lambda}{g\pi^2 d^5}$ 得到：

当 $v\geqslant 1.2\text{m/s}$（阻力平方区）时

$$A=\frac{0.001736}{d^{5.3}} \qquad (5-25)$$

当 $v<1.2\text{m/s}$（过渡区）时

$$A'=0.852\left(1+\frac{0.867}{v}\right)^{0.3}\left(\frac{0.001736}{d^{5.3}}\right)=kA \qquad (5-26)$$

式中：$k$ 为过渡区的修正系数，$k=0.852\left(1+\dfrac{0.867}{v}\right)^{0.3}$。

上式表明过渡区的比阻可用阻力平方区的比阻乘以修正系数 $k$ 来计算。当水温为 $10℃$ 时，在各种流速下的 $k$ 值列于表 5-3 中。

按式（5-25）编制出的不同直径的管道比阻见表 5-4、表 5-5。

表 5-3                         钢管和铸铁管 $A$ 值的修正系数 $k$

| $v$ (m/s) | 0.20 | 0.25 | 0.30 | 0.35 | 0.40 | 0.45 | 0.50 | 0.55 | 0.60 |
|---|---|---|---|---|---|---|---|---|---|
| $k$ | 1.41 | 1.33 | 1.28 | 1.24 | 1.20 | 1.175 | 1.15 | 1.13 | 1.115 |
| $v$ (m/s) | 0.65 | 0.70 | 0.75 | 0.80 | 0.85 | 0.90 | 1.0 | 1.1 | $\geqslant 1.2$ |
| $k$ | 1.10 | 1.085 | 1.07 | 1.06 | 1.05 | 1.04 | 1.03 | 1.015 | 1.00 |

表 5-4 钢管的比阻 A 值 单位：s²/m⁶

| 水　煤　气　管 | | | 中　等　管　径 | | 大　管　径 | |
|---|---|---|---|---|---|---|
| 公称直径 $D_g$（mm） | $A$（$Q$ 以 m³/s 计） | $A$（$Q$ 以 L/s 计） | 公称直径 $D_g$（mm） | $A$（$Q$ 以 m³/s 计） | 公称直径 $D_g$（mm） | $A$（$Q$ 以 m³/s 计） |
| 8 | 225500000 | 225.5 | 125 | 106.2 | 400 | 0.2062 |
| 10 | 32950000 | 32.95 | 150 | 44.95 | 450 | 0.1089 |
| 15 | 8809000 | 8.809 | 175 | 18.96 | 500 | 0.06222 |
| 20 | 1643000 | 1.643 | 200 | 9.273 | 600 | 0.02384 |
| 25 | 436700 | 0.4367 | 225 | 4.822 | 700 | 0.01150 |
| 32 | 93860 | 0.09386 | 250 | 2.583 | 800 | 0.005665 |
| 40 | 44530 | 0.04453 | 275 | 1.535 | 900 | 0.003034 |
| 50 | 11080 | 0.01108 | 300 | 0.9392 | 1000 | 0.001736 |
| 70 | 2893 | 0.002893 | 325 | 0.6088 | 1200 | 0.0006605 |
| 80 | 1168 | 0.001168 | 350 | 0.4078 | 1300 | 0.0004322 |
| 100 | 267.4 | 0.0002674 | | | 1400 | 0.0002918 |
| 125 | 86.23 | 0.00008623 | | | | |
| 150 | 33.95 | 0.00003395 | | | | |

表 5-5 铸铁管的比阻 A 值 单位：s²/m⁶

| 内　径（mm） | $A$（$Q$ 以 m³/s 计） | 内　径（mm） | $A$（$Q$ 以 m³/s 计） |
|---|---|---|---|
| 50 | 15190 | 400 | 0.2232 |
| 75 | 1709 | 450 | 0.1195 |
| 100 | 365.3 | 500 | 0.06839 |
| 125 | 110.8 | 600 | 0.02602 |
| 150 | 41.85 | 700 | 0.01150 |
| 200 | 9.029 | 800 | 0.005665 |
| 250 | 2.752 | 900 | 0.003034 |
| 300 | 1.025 | 1000 | 0.001736 |
| 350 | 0.4529 | | |

必须指出，式（5-25）和式（5-26）中的 $d$ 代表水管的计算内径，以 m 计，它和表中所列管径 $D_g$（称为公称直径）有所不同（要求精确计算时应有这种区别）。表 5-4 和表 5-5 在编制时已考虑了这种区别。各种管径钢管和铸铁管的公称直径和计算内径之间的关系详见有关手册。

2. 通用公式

工程上一般选用曼宁公式计算 λ。将 $C=\dfrac{1}{n}R^{1/6}$ 和 $\lambda=\dfrac{8g}{C^2}$ 代入 $A=\dfrac{8\lambda}{g\pi^2 d^5}$，得

$$A=\frac{10.3n^2}{d^{5.33}} \tag{5-27}$$

按式（5-27）同样编制出的比阻计算表，见表 5-6。

表 5 - 6 按曼宁公式计算的比阻 $A$

| 水 管 直 径 (mm) | 比阻 $A$（$Q$ 以 $m^3/s$ 计） | | |
|---|---|---|---|
| | 曼宁公式 $\left(C=\dfrac{1}{n}R^{1/6}\right)$ | | |
| | $n=0.012$ | $n=0.013$ | $n=0.014$ |
| 75 | 1480 | 1740 | 2010 |
| 100 | 319 | 375 | 434 |
| 150 | 36.7 | 43.0 | 49.9 |
| 200 | 7.92 | 9.30 | 10.8 |
| 250 | 2.41 | 2.83 | 3.28 |
| 300 | 0.911 | 1.07 | 1.24 |
| 350 | 0.401 | 0.471 | 0.545 |
| 400 | 0.196 | 0.230 | 0.267 |
| 450 | 0.105 | 0.123 | 0.143 |
| 500 | 0.0598 | 0.0702 | 0.0815 |
| 600 | 0.0226 | 0.0265 | 0.0307 |
| 700 | 0.00993 | 0.0117 | 0.0135 |
| 800 | 0.00487 | 0.00573 | 0.00663 |
| 900 | 0.00260 | 0.00305 | 0.00354 |
| 1000 | 0.00148 | 0.00174 | 0.00201 |

下面举例说明简单长管的计算问题。

【例 5 - 5】 由水塔向工厂供水，如图 5 - 4 - 2 所示，采用铸铁管。管长 2500m，管径 400mm。水塔处地形标高 $\nabla_1$ 为 61m，水塔水面距地面高度 $H_1=$ 18m，工厂地形标高 $\nabla_2$ 为 45m，管路末端需要的自由水头 $H_2=25m$，求通过管路的流量。

解：以海拔水平面为基准面，在水塔水面与管路末端间列出长管的能量方程：

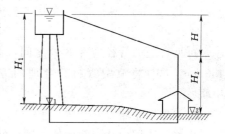

图 5 - 4 - 2 ［例 5 - 5］图

$$H_1+\nabla_1=\nabla_2+H_2+h_f$$

故

$$h_f=H_1+\nabla_1-\nabla_2-H_2=61+18-45-25=9(\text{m})$$

查表 5 - 5 得直径 400mm 的铸铁管比阻 $A=0.2232s^2/m^6$，由式（5 - 24）得

$$Q=\sqrt{\frac{h_f}{Al}}=\sqrt{\frac{9}{0.2232\times2500}}=0.127(\text{m}^3/\text{s})$$

验算是否为阻力平方区

$$v=\frac{4Q}{\pi d^2}=\frac{4\times0.127}{\pi\times0.4^2}=1.01\text{m/s}<1.2(\text{m/s})$$

属于过渡区，比阻需要修正，由表 5 - 3 查得 $v=1\text{m/s}$ 时，$k=1.03$。修正后流量为

$$Q=\sqrt{\frac{h_f}{kAl}}=\sqrt{\frac{9}{1.03\times0.2232\times2500}}=0.125(\text{m}^3/\text{s})$$

**【例 5-6】** 上题中（图 5-4-2），如工厂需水量为 $0.152\text{m}^3/\text{s}$，管路情况、地形标高以及管路末端需要的自由水头都不变，试设计水塔高度。

**解：** 首先验算是否为阻力平方区

$$v=\frac{4Q}{\pi d^2}=\frac{4\times0.152}{\pi\times0.4^2}=1.21(\text{m}/\text{s})$$

$v>1.2\text{m}/\text{s}$，比阻不需修正。

由表 5-5 查得 $A=0.2232\text{s}^2/\text{m}^6$，代入式（5-24）得

$$H=h_f=AlQ^2=0.2232\times2500\times(0.152)^2=12.89(\text{m})$$

水塔高度

$$H_1=(\nabla_2+H_2)+h_f-\nabla_1=45+25+12.89-61=21.89(\text{m})$$

**【例 5-7】** 由水塔向工厂供水（图 5-4-2），采用铸铁管。长度 $l=2500\text{m}$，水塔处地形标高 $\nabla_1$ 为 61m，水塔水面距地面的高度 $H_1=18\text{m}$，工厂地形标高 $\nabla_2$ 为 45m，要求供水量 $Q=0.152\text{m}^3/\text{s}$，自由水头 $H_2=25\text{m}$，计算所需管径。

**解：** 由能量方程

$$H=h_f=(\nabla_1+H_1)-(\nabla_2+H_2)=(61+18)-(45+25)=9(\text{m})$$

代入式（5-24）得

$$A=\frac{H}{lQ^2}=\frac{9}{2500\times(0.152)^2}=0.1558(\text{s}^2/\text{m}^6)$$

由表 5-5 查得

$$d_1=400\text{mm}\quad A=0.2232\text{s}^2/\text{m}^6$$
$$d_2=450\text{mm}\quad A=0.1195\text{s}^2/\text{m}^6$$

可见合适的管径应在两者之间，但无此种规格产品，因而只能采用较大的管径，$d=450\text{mm}$，这样将浪费管材。合理的方法是用两段不同直径的管道（400mm 和 450mm）串联。

### 二、串联管路

由直径不同的几根管段依次连接的管路称为串联管路。串联管路各管段通过的流量可能相同，也可能不同。有分流的两管段的交点（或者三根或三根以上管段的交点）称为节点。

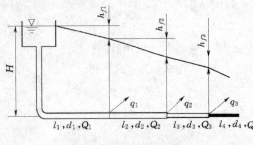

图 5-4-3　串联管路

串联管路各管段虽然串联在一个管路系统中，但因各管段的管径、流量、流速互不相同，所以应分段计算其沿程水头损失。

如图 5-4-3 所示的串联管路，设各管段长度、直径、流量和各管段末端分出的流量分别用 $l_i$、$d_i$、$Q_i$ 和 $q_i$ 表示，则串联管路的总作用水头等于各管段水头损失的总和，即

$$H=\sum_{i=1}^{n}h_{fi}=\sum_{i=1}^{n}A_il_iQ_i^2 \tag{5-28}$$

串联管路的流量计算应满足连续性方程，则流向节点的流量等于流出节点的流量，即

$$Q_i = Q_{i+1} + q_i \qquad (5-29)$$

式（5-28）和式（5-29）联立可以解出所求的未知量。

串联长管的测压管水头线与总水头线重合，整个管道的水头线呈折线形。这是因为各管段流速不同，其水力坡度也各不相等。

### 三、并联管路

在两节点之间并设两条或两条以上的管路称为并联管路。如图 5-4-4 所示中 AB 段就是由 3 条管段组成的并联管路。并联管路能提高供水的可靠性。

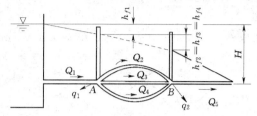

图 5-4-4 并联管路

并联管路的特点在于流体通过所并联的任何管段时其水头损失皆相等。在并联管段 AB 间，A 点与 B 点是各管段所共有的，如果在 A、B 两点安装测压管，每一点都只可能有一个测压管水头，其测压管水头差就是 AB 间的水头损失，即

$$h_{f2} = h_{f3} = h_{f4} = h_{fAB} \qquad (5-30)$$

用比阻表示可写成

$$A_2 l_2 Q_2^2 = A_3 l_3 Q_3^2 = A_4 l_4 Q_4^2 \qquad (5-31)$$

并联管路各支管水头损失相等，是表示各支管中单位重量流体的能量损失相等，但由于各管中流量可能不等，所以通过各支管流体的总机械能的消耗是可以不相等的。

并联管路可以是单独的，也可以在其前后与其他管路连接，如图 5-4-4 所示中的 2、3 和 4 管是并联，它们与前面 1 管和后面的 5 管又形成一串联管路系统。根据串联管路的计算原则，可得到

$$H = h_{f1} + h_{fAB} + h_{f5} \qquad (5-32)$$

另外，并联管路的各管段直径、长度、粗糙度可能不同，因而流量也会不同。但各管段流量分配应满足节点流量平衡，即流向节点的流量等于由节点流出的流量。

对节点 A

$$Q_1 = q_1 + Q_2 + Q_3 + Q_4 \qquad (5-33)$$

对于节点 B

$$Q_2 + Q_3 + Q_4 = Q_5 + q_2 \qquad (5-34)$$

利用上述公式可以解决并联管路的计算问题。

【例 5-8】 三根并联铸铁管路用于输水，如图 5-4-5 所示，由节点 A 分出，在节点 B 重新会合。已知 $Q = 0.28\text{m}^3/\text{s}$，$l_1 = 500\text{m}$，$d_1 = 300\text{mm}$，$l_2 = 800\text{m}$，$d_2 = 250\text{mm}$，$l_3 = 1000\text{m}$，$d_3 = 200\text{mm}$。求并联管路中每一管段的流量及水头损失。

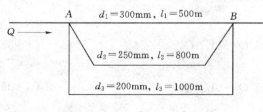

图 5-4-5 ［例 5-8］图

**解：** 并联各管段的比阻由表 5-5 查得

$$d_1 = 300\text{mm}，A_1 = 1.025$$

$$d_2 = 250\text{mm}，A_2 = 2.752$$

$$d_3 = 200\text{mm}，A_3 = 9.029$$

由并联管路的计算原则得：

$$A_1 l_1 Q_1^2 = A_2 l_2 Q_2^2 = A_3 l_3 Q_3^2$$

将各 $A$、$l$ 值代入上式，得

$$1.025 \times 500 Q_1^2 = 2.752 \times 800 Q_2^2 = 9.029 \times 1000 Q_3^2$$

即

$$5.125 Q_1^2 = 22.02 Q_2^2 = 90.29 Q_3^2$$

则

$$Q_1 = 4.197 Q_3 \quad Q_2 = 2.025 Q_3$$

由连续性方程得

$$Q = Q_1 + Q_2 + Q_3$$

即

$$0.28 \mathrm{m^3/s} = (4.197 + 2.025 + 1) Q_3$$

所以

$$Q_3 = 0.03877 \mathrm{m^3/s} = 38.77 (\mathrm{L/s})$$

$$Q_2 = 78.51 (\mathrm{L/s})$$

$$Q_1 = 162.72 (\mathrm{L/s})$$

各段流速分别为

$$v_1 = \frac{4 Q_1}{\pi d_1^2} = \frac{4 \times 0.16272}{\pi \times 0.3^2} = 2.3 \mathrm{m/s} > 1.2 (\mathrm{m/s})$$

$$v_2 = \frac{4 Q_2}{\pi d_2^2} = \frac{4 \times 0.07851}{\pi \times 0.25^2} = 1.6 \mathrm{m/s} > 1.2 (\mathrm{m/s})$$

$$v_3 = \frac{4 Q_3}{\pi d_3^2} = \frac{4 \times 0.03877}{\pi \times 0.2^2} = 1.23 \mathrm{m/s} > 1.2 (\mathrm{m/s})$$

各管段流动均属于阻力平方区，比阻 $A$ 值不需修正。$AB$ 间水头损失为

$$h_{fAB} = A_3 l_3 Q_3^2 = 9.029 \times 1000 \times 0.03877^2 = 13.57 (\mathrm{m})$$

**四、分叉管路**

由一根总管分成数根支管，分叉后不再汇合的管道，称为分叉管道。

如图 5-4-6 所示为一分叉管道，总管在 $B$ 点分叉，然后通过两根支管 $BC$、$BD$ 分别流入大气。$C$ 点与池中液面的高差为 $H_1$，$D$ 点与池中液面的高差为 $H_2$。当不计局部水头损失时，$AB$、$BC$、$BD$ 各段的水头损失分别用 $h_f$，$h_{f1}$，$h_{f2}$ 表示，流量用 $Q$、$Q_1$、$Q_2$ 表示。显然，管道 $ABC$ 及 $ABD$ 均可作为串联管道计算。

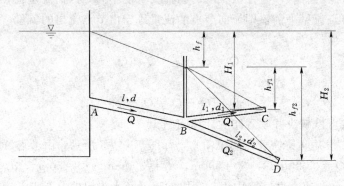

图 5-4-6 分叉管道

对管道 $ABC$ 有

$$H_1 = h_f + h_{f1} = A l Q^2 + A_1 l_1 Q_1^2 \tag{5-35}$$

对管道 $ABD$ 有

$$H_2 = h_f + h_{f2} = A l Q^2 + A_2 l_2 Q_2^2 \tag{5-36}$$

根据连续性条件

$$Q = Q_1 + Q_2 \tag{5-37}$$

联立式（5-35）、式（5-36）、式（5-37）三个方程能求解三个未知数。

【例5-9】 如图5-4-7所示，旧铸铁管的分叉管路用于输水。已知主管直径 $d = 300mm$，管长 $l = 200m$；支管1的直径 $d_1 = 200mm$，管长 $l_1 = 300m$；支管2的直径 $d_2 = 150mm$，管长 $l_2 = 200m$，主管中流量 $Q = 0.1m^3/s$，试求各支管中流量 $Q_1$ 及 $Q_2$ 和支管2的出口高程 $\nabla_2$。

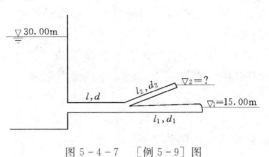

图5-4-7 ［例5-9］图

**解：** 各管段的比阻由表5-5查得

$$d = 300mm，A = 1.025$$
$$d_1 = 200mm，A_1 = 9.029$$
$$d_2 = 150mm，A_2 = 41.85$$

根据分叉管路的计算原则

$$30 - 15 = AlQ^2 + A_1 l_1 Q_1^2$$
$$30 - \nabla_2 = AlQ^2 + A_2 l_2 Q_2^2$$
$$Q = Q_1 + Q_2$$

将各已知量代入上式，得

$$15 = 1.025 \times 200 \times 0.1^2 + 9.029 \times 300 Q_1^2$$
$$30 - \nabla_2 = 1.025 \times 200 \times 0.1^2 + 41.85 \times 200 \times Q_2^2$$
$$0.1 = Q_1 + Q_2$$

解得　　　　　$Q_1 = 69.1L/s$　　$Q_2 = 30.9L/s$

检验流速

$$v = \frac{Q}{\frac{1}{4}\pi d^2} = \frac{4 \times 0.1}{\pi \times 0.3^2} = 1.41m/s > 1.2(m/s)$$

$$v_1 = \frac{Q_1}{\frac{1}{4}\pi d_1^2} = \frac{4 \times 0.0691}{\pi \times 0.2^2} = 2.2m/s > 1.2(m/s)$$

$$v_2 = \frac{Q_2}{\frac{1}{4}\pi d_2^2} = \frac{4 \times 0.0309}{\pi \times 0.15^2} = 1.75m/s > 1.2(m/s)$$

各管段流动均属于阻力平方区，比阻 $A$ 值不需修正。

支管2的出口高程 $\nabla_2 = 19.96m$。

# 第五节　管网计算基础

为了向更多的用户供水，在给水工程中往往将许多管路组合成为管网。管网按其布置形式可分为枝状管网和环状管网两种。

　　枝状管网是由干管和支管组成的树枝状管网，如图 5-5-1（a）所示。这种管网从水塔到用户的水流路线只有一条，管道布设简单，管路总长较短，管网造价较低，但供水可靠性较差，一般用在小范围的生活用水、工地施工用水或农田灌溉用水。

　　环状管网是各管段首尾相连组成了若干个闭合环形的管网，如图 5-5-1（b）所示。这种管网从水塔到用户的水流路线有很多条，如果任一管段出现问题，其他管路都可以进行供水补给，保证各用户的用水要求，供水可靠性高，而且流量可以自行分配，其缺点是管路总长度较长，管网布局复杂，管路系统造价高，设计计算复杂。环状管网一般用于大型给水工程和通风工程系统。

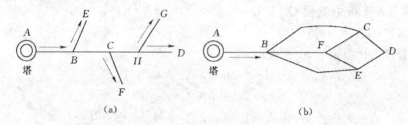

图 5-5-1　枝状管网与环状管网

　　管网内各管段的管径是根据流量 $Q$ 及流速 $v$ 二者来决定的。在流量 $Q$ 一定的条件下，管径随着在计算中所选择的速度 $v$ 的大小而不同。如果流速大，则管径小，管路造价低；然而流速大，导致水头损失大，又会增加水塔高度及抽水的经常费用。反之，如果流速小，管径便大，管路造价高；但是，管内液体流速的降低会减少水头损失，从而减小了水塔高度及抽水的经常费用。所以在确定管径时，应作经济比较，采用一定的流速使得供水的总成本（包括铺筑水管的建筑费、抽水机站建筑费、水塔建筑费及抽水经常运营费之总和）最低，这种流速称为经济流速 $v_e$。

　　经济流速涉及的因素很多，综合实际的设计经验及技术经济资料，对于中小直径的给水管路，当直径 $d=100\text{mm}\sim400\text{mm}$ 时，$v_e$ 可取 $0.6\sim1.0\text{m/s}$；当直 $d>400\text{mm}$ 时，$v_e=1.0\sim1.4\text{m/s}$。

**一、枝状管网水力计算**

　　枝状管网的水力计算，可分为新建给水系统的设计及扩建已有的给水系统的设计两种情形。

　　1. 新建给水系统的设计

　　设计问题一般是：已知管路沿线地形、各管段长度 $l$、通过的流量 $Q$ 和端点要求的自由水头 $H_z$，要求确定管路的各段直径 $d$ 及水塔的高度 $H_t$。

　　对于枝状管网，从水塔到管网中任意一支管路的末端点均为串联管路。具体计算可按下列步骤进行：

　　（1）首先确定经济流速，根据经济流速和各管段的已知流量计算各管段管径。根据计算所得的管径选取标准管径，最后验算管段流速是否在经济流速范围内。

　　（2）根据 $h_{fi}=A_i l_i Q_i^2$ 计算各段管路的水头损失。

　　（3）通过计算，确定控制点。控制点是指在管网中水塔至该点的水头损失、该点地形标高和该点要求的自由水头三项之和最大之点。

（4）建立水塔和控制点处的能量方程（按长管计算），得到水塔高度 $H_t$ 的计算公式

$$H_t = \sum h_{f塔\sim控} + H_{z控} + \nabla_控 - \nabla_塔 \tag{5-38}$$

式中：$\sum h_{f塔\sim控}$ 为从水塔到管网控制点的总水头损失；$H_{z控}$ 为控制点的自由水头；$\nabla_控$ 为控制点的地形标高；$\nabla_塔$ 为水塔处的地形标高。

【例5-10】 一枝状管网如图 5-5-2 所示，各节点要求供水量如图中所示。每一段管路长度列于表 5-7 中。此外，水塔处的地形标高和点 4、点 7 的地形标高相同，点 4 和点 7 要求的自由水头同为 $H_z = 12\text{m}$。求各管段的直径、水头损失及水塔应有的高度。

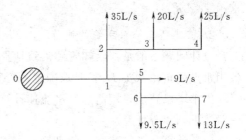

图 5-5-2 ［例5-10］图

**解：** 根据经济流速选择各管段的直径。

对于 3—4 管段，$Q = 25\text{L/s}$，采用经济流速 $v_e = 1\text{m/s}$，则管径

$$d = \sqrt{\frac{4Q}{\pi v_e}} = \sqrt{\frac{4 \times 0.025}{\pi \times 1}} = 0.178(\text{m}) \quad 采用 \ d = 200\text{mm}$$

管中实际流速

$$v = \frac{4Q}{\pi d^2} = \frac{4 \times 0.025}{\pi \times 0.2^2} = 0.8(\text{m/s}) \quad （在经济流速范围）$$

采用铸铁管（用旧管的舍维列夫公式计算 $\lambda$），查表 5-5 得 $A = 9.029$。因为平均流速 $v = 0.8\text{m/s} < 1.2\text{m/s}$，水流在过渡区范围，$A$ 值需修正；当 $v = 0.8\text{m/s}$，查表 5-3 得修正系数 $k = 1.06$，则管段 3—4 的水头损失

$$h_{f3-4} = kAlQ^2 = 1.06 \times 9.029 \times 350 \times 0.025^2 = 2.09(\text{m})$$

各管段计算可列表进行，见表 5-7。

表 5-7　　　　　　　　　　　**枝 状 管 网 计 算 表**

| 管段 | | 已知数值 | | 计算所得数值 | | | | |
|---|---|---|---|---|---|---|---|---|
| | | 管段长度 $l$ (m) | 管段中的流量 $Q$ (L/s) | 管道直径 $d$ (mm) | 流速 $v$ (m/s) | 比阻 $A$ (s²/m⁶) | 修正系数 $k$ | 水头损失 $h_f$ (m) |
| 左侧支线 | 3—4 | 350 | 25 | 200 | 0.80 | 9.029 | 1.06 | 2.09 |
| | 2—3 | 350 | 45 | 250 | 0.92 | 2.752 | 1.04 | 2.03 |
| | 1—2 | 200 | 80 | 300 | 1.13 | 1.015 | 1.01 | 1.31 |
| 右侧支线 | 6—7 | 500 | 13 | 150 | 0.74 | 41.85 | 1.07 | 3.78 |
| | 5—6 | 200 | 22.5 | 200 | 0.72 | 9.029 | 1.08 | 0.99 |
| | 1—5 | 300 | 31.5 | 250 | 0.64 | 2.752 | 1.10 | 0.90 |
| 水塔至分叉点 | 0—1 | 400 | 111.5 | 350 | 1.16 | 0.4529 | 1.01 | 2.27 |

下面确定控制点。由已知条件，在 4 和 7 两点中，由于两点的地形标高和要求的自由水头相同，故从水塔至哪一点的水头损失大，哪一点即为控制点。

沿 0—1—2—3—4 线

$$\sum h_f = 2.09 + 2.03 + 1.31 + 2.27 = 7.70(\text{m})$$

沿 0—1—5—6—7 线

$$\sum h_f = 3.78 + 0.99 + 0.90 + 2.27 = 7.94 \text{(m)}$$

故 7 点为控制点。由式（5-38）得水塔高度

$$H_t = \sum h_f + H_{z7} = 7.94 + 12 = 19.94 \text{(m)}$$

采用 $H_t = 20\text{m}$。

2. 扩建已有给水系统的设计

设计问题一般是：已知管路沿线地形，水塔高度 $H_t$，各管段长度 $l$ 以及通过的流量 $Q$，各用水点的自由水头 $H_z$，要求确定各管段管径。

因水塔已建成，用前述经济流速计算管径，不能保证供水的技术经济要求，对此情况，一般按下列步骤计算。

（1）计算各条扩建管线的平均水力坡度，采用下式计算

$$\bar{J} = \frac{(\nabla_{塔} + H_t) - (\nabla_i + H_{zi})}{\sum l_i}$$

式中：$\nabla_i$ 为某一分支端点（或某一节点）处的地形标高，$H_{zi}$ 为该点处对应的自由水头；$\sum l_i$ 为从水塔至该点的管线总长度。

（2）选择平均水力坡度 $\bar{J}$ 最小的那条扩建管线作为控制干线。假定控制干线上水头损失均匀分配，即各段水力坡度相等，计算控制干线各管段比阻

$$A_i = \frac{\bar{J}}{Q_i^2}$$

（3）按照求得的 $A_i$ 值选择各管段直径。实际选用时，可取部分管段比阻大于计算值，部分却小于计算值，使得这些管段的组合正好满足在给定水头下通过需要的流量。

（4）计算控制干线各节点的水头，并以此为准继续设计各支管管径。

**二、环状管网**

计算环状管网时，通常是已确定了管网的管线布置和各管段的长度，并且管网各节点的流量为已知。因此，环状管网的水力计算就是确定各管段通过的流量 $Q$ 和管径 $d$，从而求出各段的水头损失 $h_f$。

环状管网的水力计算应符合以下两条准则：

（1）对于各节点，流向节点的流量应等于由此节点流出的流量（此即水流的连续性原理）。如以流向节点的流量为正值，离开节点的流量为负值，则两者的总和应等于零，即在各节点处：

$$\sum Q_i = 0 \tag{5-39}$$

（2）在任何一个封闭环路内，由某一节点沿两个方向至另一节点的水头损失应相等（此即并联管路水力计算的特点）。因此，在一个环内如以顺时针方向水流引起的水头损失为正值，逆时针方向水流引起的水头损失为负值，则两者的总和应等于零。即在各个环内

$$\sum h_{fi} = \sum A_i l_i Q_i^2 = 0 \tag{5-40}$$

环状管网的水力计算，理论上可以通过联立多个方程组直接求解，但计算工作量随着节点数和闭合环数量的增加而变得非常繁琐，工程上常用逐次渐近法计算。方法步骤如下：

（1）在符合每个节点 $\sum Q_i = 0$ 的原则下，拟定各管段的水流方向和流量，根据拟定的流量按经济流速选择各管段的直径。

（2）用公式 $h_{fi}=A_il_iQ_i^2$ 计算各管段的水头损失。

（3）对每一闭合环路，若顺时针方向的水头损失为正，逆时针方向的水头损失为负，计算环路闭合差 $\sum h_{fi}$。这一 $\sum h_{fi}$ 值在首次试算时一般是不会等于零的。

（4）当 $\sum h_{fi}\neq0$ 时，即最初分配流量不满足闭合条件时，在各环路加入校正流量 $\Delta Q$，各管段相应的水头损失增量为 $\Delta h_{fi}$，即

$$h_{fi}+\Delta h_{fi}=A_il_i(Q_i+\Delta Q)^2=A_il_iQ_i^2\left(1+\frac{\Delta Q}{Q_i}\right)^2$$

将上式按二项式展开，取前两项得

$$h_{fi}+\Delta h_{fi}=A_il_iQ_i^2\left(1+2\frac{\Delta Q}{Q_i}\right)=A_il_iQ_i^2+2A_il_iQ_i\Delta Q$$

如加入校正流量后，环路满足闭合条件，则有

$$\sum(h_{fi}+\Delta h_{fi})=\sum h_{fi}+\sum\Delta h_{fi}=\sum h_{fi}+2\sum A_il_iQ_i\Delta Q=0$$

于是

$$\Delta Q=-\frac{\sum h_{fi}}{2\sum A_il_iQ_i}=-\frac{\sum h_{fi}}{2\sum\dfrac{A_il_iQ_i^2}{Q_i}}=-\frac{\sum h_{fi}}{2\sum\dfrac{h_{fi}}{Q_i}} \tag{5-41}$$

按式（5-41）计算时，为使 $Q_i$ 和 $h_{fi}$ 取得一致符号，特规定环路内水流以顺时针方向为正，逆时针方向为负。若计算所得 $\Delta Q$ 为正，说明在环路内为顺时针方向流动；若为负，则说明 $\Delta Q$ 在环路内逆时针方向流动。

（5）将 $\Delta Q$ 与各管段第一次分配流量相加得第二次分配流量，再重复上述步骤，直到满足所要求的精度，通常重复 3～5 次即可达到要求，必要时还得调整管径。

近年来，应用电子计算机对管网进行计算已逐渐广泛起来，特别是对于多环管网计算，更能显示出其计算迅速而准确的优越性。

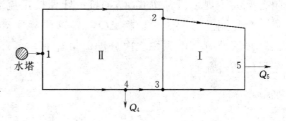

【例 5-11】 水平两环状管网，如图 5-5-3 所示，已知用水点流量 $Q_4=0.032\text{m}^3/\text{s}$，$Q_5=0.054\text{m}^3/\text{s}$。各管段均为铸铁管，长度及直径如表 5-8 所示，求各管段通过的流量（闭合差小于 0.5 m 即可）。

图 5-5-3 ［例 5-11］图

**表 5-8** 管段长度、直径表

| 环号 | 管段 | 长度（m） | 直径（mm） |
|---|---|---|---|
| Ⅰ | 2—5 | 220 | 200 |
|  | 5—3 | 210 | 200 |
|  | 2—3 | 90 | 150 |
| Ⅱ | 1—2 | 270 | 200 |
|  | 2—3 | 90 | 150 |
|  | 3—4 | 80 | 200 |
|  | 4—1 | 260 | 250 |

**解**：为便于计算，列表进行，如表 5-9 所示。

135

（1）初拟流向，分配流量：初拟各管段流向如图5-5-3所示。根据节点流量平衡条件 $\sum Q_i = 0$，第一次分配流量。分配值列入计算表5-9内。

表5-9　　　　　　　　　　　　环状管网计算表

| 环号 | 管段 | 第一次分配流量 $Q$ (L/s) | $h_{fi}$ (m) | $h_{fi}/Q_i$ | $\Delta Q$ | 各管段校正流量 | 二次分配流量 | $h_{fi}$ |
|---|---|---|---|---|---|---|---|---|
| I | 2—5 | +30 | +1.84 | 0.0613 | | −1.81 | 28.19 | 1.64 |
| | 5—3 | −24 | −1.17 | 0.0488 | −1.81 | −1.81 | −25.81 | −1.34 |
| | 3—2 | −6 | −0.17 | 0.0283 | | 3.75−1.81 | −4.06 | −0.08 |
| | $\Sigma$ | | +0.5 | 0.138 | | | | +0.22 |
| II | 1—2 | +36 | 3.19 | 0.089 | | −3.75 | 32.25 | 2.61 |
| | 2—3 | +6 | +0.17 | 0.0283 | | −3.75+1.81 | 4.06 | 0.08 |
| | 3—4 | −18 | −0.26 | 0.014 | −3.75 | −3.75 | −21.75 | −0.37 |
| | 4—1 | −50 | −1.84 | 0.0368 | | −3.75 | −53.37 | 2.10 |
| | $\Sigma$ | | 1.26 | 0.168 | | | | +0.22 |

（2）计算各管段水头损失：按分配流量，根据式 $h_{fi} = A_i l_i Q_i^2$，算得各管段的水头损失，写入表内。

（3）计算环路闭合差：

$$\sum h_{f\,I} = 1.84 - 1.17 - 0.17 = 0.5 \text{(m)}$$
$$\sum h_{f\,II} = 3.19 + 0.17 - 0.26 - 1.84 = 1.26 \text{(m)}$$

闭合差大于规定值，按式（5-41）计算校正流量 $\Delta Q$，列入表5-9内。

（4）调整分配流量：将 $\Delta Q$ 与各管段分配流量相加，得二次分配流量，然后重复（2）、（3）步骤计算。本题按二次分配流量计算，各环已满足闭合差要求，故二次分配流量即为各管段的通过流量。

# 思　考　题

5-1　试定性分析在一定水头作用下，孔口的位置、孔口的大小及孔口的形状对流量系数 $\mu$ 的影响。

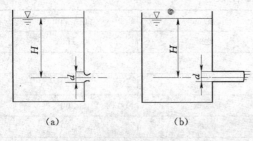

(a)　　　　(b)

思考题图5-2

5-2　如思考题图5-2所示两个水箱，图（a）箱侧壁开一直径为 $d$ 的孔口，图（b）箱侧壁装一直径为 $d$ 的管嘴，在相同的水头 $H$ 作用下，试问：

（1）哪一个出流速度大？哪一个出流流量大？为什么？

（2）管嘴具有什么作用？圆柱形外管嘴的作用在什么条件下将遭到破坏？为什么？

5-3　（1）何谓短管和长管？判别标准是什么？在流体力学中为什么引入这个概念？

（2）如果某管为短管，但欲采用长管计算公式，怎么办？

5-4　如思考题图 5-4 所示，思考题图 5-4（a）为自由出流，思考题图 5-4（b）为淹没出流，若在两种出流情况下作用水头 H、管长 l、管径 d 及沿程阻力系数均相同，试问：

（1）两管中的流量是否相同？为什么？

（2）两管中各相应点的压强是否相同？为什么？

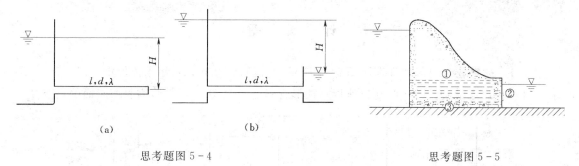

（a）　　　　　　　　　　（b）

思考题图 5-4　　　　　　　　　　　思考题图 5-5

5-5　如思考题图 5-5 所示，坝身底部有三个泄水孔，其孔径和长度均相同，试问：这三个底孔的泄流量是否相同？为什么？

5-6　有两个泄水隧洞，管线布置、管径 d、管长 l、管材及作用水头 H 完全一样，但出口断面积不同，思考题图 5-6（a）出口断面不收缩，思考题图 5-6（b）出口为一收缩管嘴，假设不计收缩的局部水头损失，试分析：

（1）哪一种情况出口流速大？哪一种情况泄流量大？为什么？

（2）两隧洞中相应点的压强哪一个大？为什么？

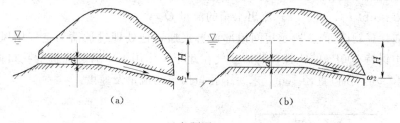

（a）　　　　　　　　（b）

思考题图 5-6

5-7　如思考题 5-7 所示，用长度为 l 的两根平行管路由 A 水池向 B 水池引水，两管管径 $d_2=2d_1$，两管的粗糙系数 n 相同，局部水头损失不计，试分析：两管中的流量之比。

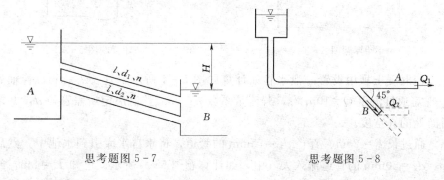

思考题图 5-7　　　　　　　　　　思考题图 5-8

5-8　如思考题图 5-8 所示为一分叉管路的断面图。已知管 A、管 B 的流量分别为 $Q_1$、$Q_2$，试分析：

（1）如果在管 $B$ 上接一水平管（虚线所示），而其他条件不变，$Q_1$、$Q_2$ 怎样变化？为什么？

（2）如果在管 $B$ 延长线上接一管段（虚线所示），而其他条件不变，$Q_1$、$Q_2$ 又怎样变化？为什么？

# 计 算 题

5-1　薄壁孔口出流如计算题图 5-1 所示，直径 $d=2\mathrm{cm}$，水箱水位恒定，$H=2\mathrm{m}$，试求：（1）孔口流量 $Q$；（2）此孔口外接圆柱形管嘴的流量 $Q_n$；（3）管嘴收缩断面的真空度。

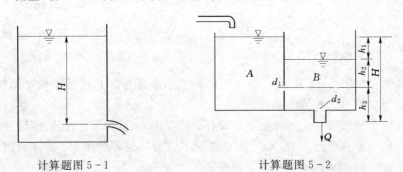

计算题图 5-1　　　　　　　　　　计算题图 5-2

5-2　水箱用隔板分 $A$、$B$ 两室，如计算题图 5-2 所示，隔板上开一孔口，其直径 $d_1=4\mathrm{cm}$；在 $B$ 室底部装有圆柱形外管嘴，其直径 $d_2=3\mathrm{cm}$。已知 $H=3\mathrm{m}$，$h_3=0.5\mathrm{m}$，水恒定出流。试求：（1）$h_1$、$h_2$；（2）流出水箱的流量 $Q$。

5-3　如计算题图 5-3 所示房间顶部设置夹层，把处理过的清洁空气用风机送入夹层中，并使层中保持 300Pa 的压强，清洁空气在此压强作用下，通过孔板的孔口向房间流出，$\mu=0.6$，$\varphi=0.97$，孔口直径 1cm，求每个孔口出流的流量及速度。

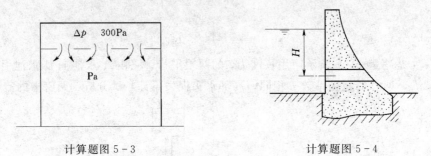

计算题图 5-3　　　　　　　　　　计算题图 5-4

5-4　在混凝土坝中设置一泄水管如计算题图 5-4 所示，管长 $l=4\mathrm{m}$，管轴处的水头 $H=6\mathrm{m}$，现需通过流量 $Q=10\mathrm{m}^3/\mathrm{s}$，若流量系数 $\mu=0.82$，试决定所需管径 $d$，并求管中水流收缩断面处的真空度。

5-5　通过长 $l_1=25\mathrm{m}$、直径 $d_1=75\mathrm{mm}$ 的管道，将水自水库引到水池中。然后又沿长 $l_2=150\mathrm{m}$、$d_2=50\mathrm{mm}$ 的管道流入大气中，如计算题图 5-5 所示。已知 $H=8\mathrm{m}$，闸门局部阻力系数 $\zeta_v=3$，管道进口阻力系数 $\zeta_e=0.5$，管道沿程阻力系数 $\lambda=0.03$。试求流量 $Q$ 和水面差 $h$，并绘制总水头线和测压管水头线。

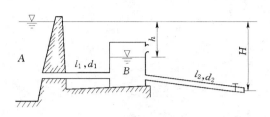

计算题图 5-5

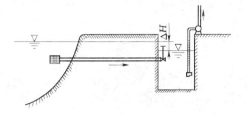

计算题图 5-6

**5-6** 抽水量各为 $50m^3/h$ 的两台水泵，同时由吸水井中抽水，该吸水井与河道间有一根自流管连通，如计算题图 5-6 所示。已知自流管管径 $d=200mm$、长 $l=60m$，管道的粗糙系数 $n=0.011$，在管的入口装有过滤网，其阻力系数 $\zeta_1=5$，另一端装有闸阀，其阻力系数 $\zeta_v=0.5$，试求井中水面比河水面低多少？

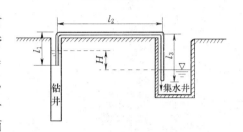

计算题图 5-7

**5-7** 用虹吸管（钢管），自钻井输水至集水井如计算题图 5-7 所示。虹吸管长 $l=l_1+l_2+l_3=60m$，直径 $d=200mm$，钻井与集水井间的恒定水位高差 $H=1.5m$。试求流经虹吸管的流量。已知 $n=0.0125$，管道进口、弯头及出口的局部阻力系数分别为 $\zeta_e=0.5$、$\zeta_b=0.5$、$\zeta_0=1.0$。

**5-8** 如计算题图 5-8 所示，定性绘制管路中的总水头线和测压管水头线。

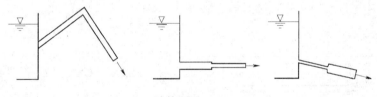

计算题图 5-8

**5-9** 如计算题图 5-9 所示，有一输水管通过河底，即倒虹吸管。两端连接引水渠，输水流量 $Q=36L/s$，管径 $d=50cm$，管路总长 150m，沿程阻力系数 $\lambda=0.02$，局部阻力系数取 $\zeta_{进}=0.6$，$\zeta_{弯}=0.05$，$\zeta_{出}=1.0$，渠中流速不计。试

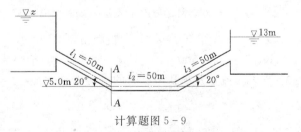

计算题图 5-9

求：（1）上游渠道水位 $z$；（2）A—A 断面的压强水头；（3）绘制总水头线和测压管水头线。

**5-10** 有一虹吸管，如计算题图 5-10 所示，已知 $H_1=2.5m$，$H_2=2m$，$l_1=5m$，$l_2=5m$。管道沿程阻力系数 $\lambda=0.02$，进口设有滤网，其局部阻力系数 $\zeta=10$，弯头阻力系数 $\zeta_b=0.15$。试求：（1）通过流量为 $0.015m^3/s$ 时，所需管径；（2）校核虹吸管最高处 A 点的真空高度是否超过允许的 6.5m 水柱高。

**5-11** 某工厂供水管道如计算题图 5-11 所示，由水泵 A 向 B、C、D 三处供水。已知流量 $Q_B=0.01m^3/s$，$Q_c=0.005m^3/s$，$Q_D=0.01m^3/s$，铸铁管直径 $d_{AB}=200mm$，$d_{BC}=150mm$，$d_{CD}=100mm$，管长 $l_{AB}=350m$，$l_{BC}=450m$，$l_{CD}=100m$。整个场地水平，试求水

泵出口处的水头。

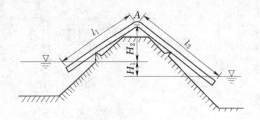

计算题图 5-10

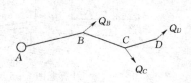

计算题图 5-11

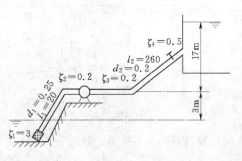

计算题图 5-12

5-12 如计算题图 5-12 所示水泵抽水系统，管长、管径单位为 m，局部阻力系数 ζ 给于图中，流量 $Q=40\times10^{-3}\,m^3/s$，$\lambda=0.03$。绘制水头线，并求水泵所需的水头。

5-13 有一中等直径钢管并联管路，如计算题图 5-13 所示，流过的总流量为 $0.08m^3/s$，钢管的直径 $d_1=150mm$，$d_2=200mm$，长度 $l_1=500m$，$l_2=800m$。求并联管中的流量 $Q_1$、$Q_2$ 和 $A$、$B$ 两点间的水头损失。

5-14 沿铸铁管 $AB$ 送水，在点 $B$ 分成三根并联管路，如计算题图 5-14 所示，其直径 $d_1=d_3=300mm$，$d_2=250mm$，长度 $l_1=100m$，$l_2=120m$，$l_3=130m$，$AB$ 段流量 $Q=0.25m^3/s$，试计算每一根并联管路通过的流量。

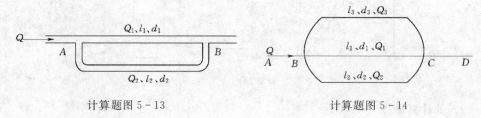

计算题图 5-13                        计算题图 5-14

5-15 并联管路如计算题图 5-15 所示，已知干管流量 $Q=0.1m^3/s$，长度 $l_1=1000m$，$l_2=l_3=500m$，直径 $d_1=250mm$、$d_2=300mm$、$d_3=200mm$，如采用铸铁管，试求各支管的流量及 $AB$ 两点间的水头损失。

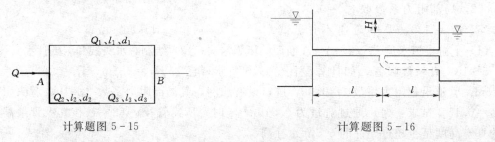

计算题图 5-15                        计算题图 5-16

5-16 在长为 $2l$，直径为 $d$ 的管路上，并联一根直径相同，长为 $l$ 的支管（计算题图 5-16 中虚线），若水头 $H$ 不变，求并联前后的流量比（不计局部水头损失）。

5-17 如计算题图 5-17 所示，两水池间水位差 $H=8m$，如水池间并联二根标高相同的管路，直径 $d_1=50\text{mm}$、$d_2=100\text{mm}$，长度 $l_1=l_2=30\text{m}$。试求：（1）每根管路通过的流量；（2）如改为单管，通过的总流量及管长均不变，求单管的直径（假设各种情况下的局部水头损失均为 $0.5\dfrac{v^2}{2g}$，沿程阻力系数 $\lambda$ 均为 $0.032$）。

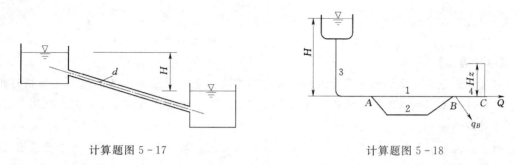

计算题图 5-17　　　　　　　　　　　　计算题图 5-18

5-18　由水塔经铸铁管路供水，如计算题图 5-18 所示，已知 $C$ 点流量 $Q=0.01\text{m}^3/\text{s}$，要求自由水头 $H_z=5\text{m}$，$B$ 点分出流量 $q_B=5\text{L/s}$，各管段管径 $d_1=150\text{mm}$、$d_2=100\text{mm}$、$d_3=200\text{mm}$、$d_4=150\text{mm}$，管长 $l_1=300\text{m}$、$l_2=400\text{m}$、$l_3=l_4=500\text{m}$，试求并联管路内的流量分配及所需水塔高度。

5-19　枝状铸铁供水管网，如计算题图 5-19 所示，已知水塔地面标高 $\nabla_A=15\text{m}$，管网终点 $C$ 和 $D$ 点的标高 $\nabla_C=20\text{m}$，$\nabla_D=15\text{m}$，自由水头 $H_z$ 都为 $5\text{m}$，$q_C=20\text{L/s}$，$q_D=7.5\text{L/s}$，$l_1=800\text{m}$，$l_2=400\text{m}$，$l_3=700\text{m}$，水塔高 $H=35\text{m}$，试设计 $AB$、$BC$、$BD$ 段直径。

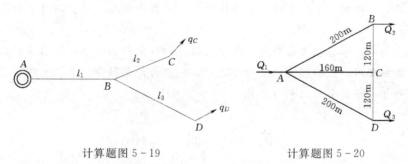

计算题图 5-19　　　　　　　　　　　　计算题图 5-20

5-20　如计算题图 5-20 所示，水平布置的管系，$A$ 点的表压强 $p_A=280\text{kN/m}^2$，水流从 $BD$ 直接排入大气，$AD$ 管直径为 $0.4\text{m}$，其他各支管直径为 $0.3\text{m}$，沿程阻力系数 $\lambda=0.02$，忽略局部损失，确定 $Q_1$、$Q_2$、$Q_3$ 和表压强 $P_c$。

# 第六章 明渠均匀流

**【本章导读】**

明渠水流与第五章中的有压管流不同，它具有自由表面，表面上各点受大气压强作用，其相对压强为零，所以又称为无压流动。天然河道、人工渠道、运河及未充满水流的管道等都属于明渠水流。

明渠水流根据其运动要素是否随时间变化分为恒定流动与非恒定流动。对于明渠恒定流动又根据流线是否为平行直线分为均匀流动与非均匀流动两类。如果流线是一簇平行直线，则液体质点作匀速直线运动，水深、断面平均流速及流速分布均沿程不变，称为明渠恒定均匀流，否则为明渠恒定非均匀流。明渠水流由于自由表面不受约束，一旦受到河渠建筑物等因素的影响，便往往形成非均匀流动。但在实用上，如在铁路、公路和水利工程的沟渠中，其排水或输水能力的计算，常按明渠均匀流处理。此外，明渠均匀流理论对于进一步研究明渠非均匀流，也具有重要意义。

本章首先对明渠进行分类，介绍明渠均匀流的特征及产生条件、明渠均匀流的基本计算公式、水力最优断面以及允许流速的概念，在此基础上介绍明渠均匀流的若干水力计算问题，包括过流能力校核、底坡设计、断面设计等。最后介绍无压圆管均匀流和复式断面渠道的水力计算。

本章学习要求：掌握明渠的分类、明渠均匀流的特征和计算公式、明渠水力最优条件的推导过程及工程应用。能够解决明渠均匀流的各种水力计算问题。掌握无压圆管均匀流的水力计算。熟悉复式断面渠道的水力计算。

# 第一节 概 述

## 一、明渠的分类

由于过水断面形状、尺寸与底坡的变化对明渠水流运动有重要影响，因此明渠被分成以下类型。

1. 棱柱形渠道与非棱柱形渠道

凡是断面形状及尺寸沿程不变的长直渠道，称为棱柱形渠道，否则为非棱柱形渠道。前者的过水断面面积 $\omega$ 仅随水深 $h$ 而变化，即 $\omega=f(h)$；后者的过水断面面积不仅随着水深变化，而且还随着各断面的沿程位置而变化，也就是说，过水断面 $\omega$ 的大小是水深 $h$ 及其距某起始断面的距离 $s$ 的函数，即 $\omega=f(h,s)$。断面规则的长直人工渠及涵洞是典型的棱柱形渠道。在实际计算时，对于断面形状及尺寸沿程变化较小的河段，可按棱柱形渠道来处理；而连接两条断面形状和尺寸不同的渠道的过渡段，则是典型的非棱柱形渠道。

至于渠道的断面形状有梯形、矩形、圆形及抛物线形等多种，如图 6-1-1 所示。

2. 顺坡、平坡和逆坡渠道

从纵剖面来看，明渠渠底纵向倾斜的程度称为底坡。底坡以符号 $i$ 表示，$i$ 等于渠底线与水平线夹角 $\theta$ 的正弦，即 $i=\sin\theta$。

一般规定：渠底沿程降低的底坡称为顺坡（正坡），此时 $i>0$；渠底水平时，$i=0$，称为平坡；渠底沿程升高时，$i<0$，称为逆坡（负坡），如图 6-1-2 所示。

通常土渠的底坡很小（$i\leqslant0.01$），即 $\theta$ 角很小，渠底线沿水流方向的长度 $l$ 在实用上可认为与水平投影长度 $l_x$ 相等，即 $i=\tan\theta$。另外，在渠道底坡微小的情况下，水流的过水断面与在水流中所取的铅垂断面，在实用上可以认为没有差异。因此，过水断面可取铅垂的，水深可沿垂线来量取。

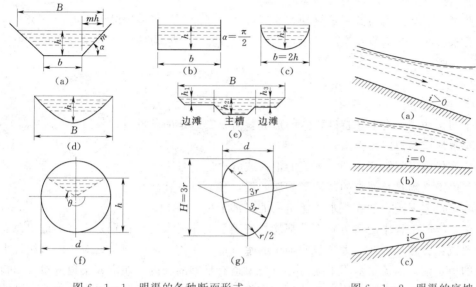

图 6-1-1 明渠的各种断面形式　　　　图 6-1-2 明渠的底坡

## 二、明渠均匀流的特征及产生条件

1. 明渠均匀流的特征

均匀流是一种渐变流的极限情况，即流线是绝对平行无弯曲的流动，如图 6-1-3 所示。具体说来，当明渠的断面平均流速沿程不变，各过水断面上的流速分布也相同时才会出现明渠均匀流动。从运动学角度分析，明渠均匀流时液体质点作等速直线运动；从能量角度分析，对于单位重量液体，其重力功等于阻力功；从力学角度分析，明渠均匀流中重力沿流动方向的分力与摩阻力相平衡。证明如下：设想在产生均匀流动的明渠中取出一流段 AB-CD 进行分析，如图 6-1-4 所示。设此流段水体重量为 $G$，周界的摩阻力为 $F_f$，流段两端的动水压力各为 $P_1$、$P_2$。由于明渠均匀流是一种等速直线运动，所以作用于流段上所有外力在流动方向的分量必须相互平衡，即

$$P_1+G\sin\theta-P_2-F_f=0$$

式中：$\theta$ 为渠底线与水平线的夹角。

因为均匀流中过水断面上的动水压强符合静压分布，而且各过水断面的水深及过水断面积相同，故 $P_1=P_2$。则有

$$G\sin\theta=F_f$$

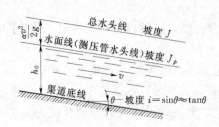
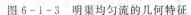

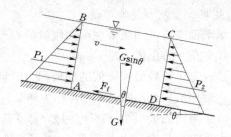

图 6-1-3 明渠均匀流的几何特征　　　图 6-1-4 明渠均匀流的受力分析

即重力沿流动方向的分量与摩阻力相抵消。对于平坡和逆坡渠道，不存在上述条件，所以在平坡和逆坡渠道上不会出现明渠均匀流。

由此可见，明渠均匀流的水流具有如下特征：断面平均流速 $v$ 沿程不变；水深 $h$ 也沿程不变；总水头线、水面线及渠底线相互平行，也就是说，水力坡度 $J$ 与渠道底坡 $i$ 相等，如图 6-1-3 所示，即

$$J = i \qquad\qquad (6-1)$$

2. 明渠均匀流产生的条件

由于明渠均匀流有上述特性，它的形成就需要有一定的条件。

（1）水流应为恒定流。

（2）流量应沿程不变，即无支流的汇入或分出。

（3）渠道必须是长而直的棱柱形顺坡明渠，且 $i$ 和 $n$ 沿程不变。

（4）渠道中无闸、坝或跌水等建筑物的局部干扰。

显然，实际工程中的渠道并不是都能严格满足上述要求的，特别是许多渠道中总有这种或那种建筑物存在，因此，大多数明渠中的水流都是非均匀流。但是，对于顺直棱柱形正坡渠道中的恒定流，当流量沿程不变时，只要渠道有足够的长度，在离开渠道进口、出口或建筑物一定距离的渠段，常可按均匀流处理。至于天然河道，因其断面形状尺寸、底坡、粗糙系数一般均沿程改变，所以不会产生均匀流。但对于较为顺直、整齐的河段，当其余条件比较接近时，也常按均匀流公式作近似计算。

## 第二节　明渠均匀流的计算公式

明渠均匀流的计算公式可由前述的谢才公式得到。

1775 年，法国工程师谢才（Antoine Chézy）提出了明渠均匀流的计算公式即谢才公式

$$v = C\sqrt{RJ} \qquad\qquad (6-2)$$

式中：$v$ 为断面平均流速，m/s；$R$ 为水力半径，m；$J$ 为水力坡度；$C$ 为谢才系数，$m^{1/2}/s$。由于在明渠均匀流中，水力坡度 $J$ 与渠底坡度 $i$ 相等，故谢才公式也可写成

$$v = C\sqrt{Ri} \qquad\qquad (6-3)$$

由此得流量计算式

$$Q = \omega v = \omega C\sqrt{Ri} \qquad\qquad (6-4)$$

上式为计算明渠均匀流输水能力的基本关系式。式中 $\omega$ 为相应于明渠均匀流水深 $h$ 时的过水断面面积。

若令 $K = \omega C \sqrt{R}$，则上式可表示为

$$Q = K\sqrt{i} \qquad\qquad (6-5)$$

式中：$K$ 为流量模数，其单位与 $Q$ 相同。

在明渠均匀流中，若渠道的断面形状尺寸和粗糙系数一定，则有

$$K = f(h)$$

其中，相应于 $K = \dfrac{Q}{\sqrt{i}}$ 的水深 $h$，是渠道作均匀流动时沿程不变的断面水深，称为正常水深，通常以 $h_0$ 表示。

通常谈到的某一渠道的输水或排水能力，指的是在一定的正常水深 $h_0$ 时所通过的流量。计算谢才系数 $C$ 的公式可采用前面提到的曼宁公式和巴甫洛夫斯基公式。

1889 年，爱尔兰工程师曼宁（Robert Manning）提出了一个计算 $C$ 的公式，即

$$C = \frac{1}{n}R^{\frac{1}{6}} \qquad\qquad (6-6)$$

式中：$n$ 为渠道的粗糙系数；$R$ 为水力半径，m；在 $n < 0.02$，$R < 0.5$m 范围内，计算结果符合实际。

在曼宁公式中，水力半径的指数为常数，而实际上不是一个常数，而是一个主要依据渠道形状及粗糙度而变化的量。为此，苏联水利学家巴甫洛夫斯基（Н. Н. Павловский），于 1925 年提出了一个带有变指数的公式，称为巴甫洛夫斯基公式

$$C = \frac{1}{n}R^{y} \qquad\qquad (6-7)$$

其中 $\qquad\qquad y = 2.5\sqrt{n} - 0.75\sqrt{R}(\sqrt{n} - 0.10) - 0.13$

此式是在下列数据范围内得到的：$0.1\text{m} \leqslant R \leqslant 3\text{m}$ 及 $0.011 \leqslant n \leqslant 0.04$。$C$ 与 $n$、$R$ 的关系可查附录 2。

上述各式中粗糙系数 $n$ 的选择意味着对所给渠道水流阻力的估计，这不是一件容易的事情。对于一般工程计算，可选用附录 1 或有关计算手册的数值。

粗糙系数 $n$ 值的大小综合反映渠道壁面（包括渠底）对水流阻力的作用，它不仅与渠道表面材料有关，同时与水位高低（即流量大小）以及运行管理的好坏有关。因此，正确地选择渠道壁面的粗糙系数 $n$ 对于渠道水力计算成果和工程造价的影响颇大。若 $n$ 值估计小了，相应的水流阻力也小，在其他条件不变的情况下，则所预计可通过的流量就大了，这样计算所得的断面就偏小，容易发生水流漫溢渠槽造成事故，对挟带泥沙的水流还会形成淤积。如果选择的 $n$ 值偏大，不仅因设计断面尺寸偏大而造成浪费，还会因实际流速过大引起冲刷。因此，一些重要河渠工程的 $n$ 值，有时要通过试验或实测来确定。

# 第三节 明渠水力最优断面和允许流速

## 一、水力最优断面

从均匀流的公式可以看出，明渠的输水能力（流量）取决于过水断面的形状、尺寸、底坡和粗糙系数的大小。设计渠道时，底坡一般依地形条件或其他技术上的要求而定，粗糙系数则主要取决于渠壁的材料。在底坡和粗糙系数已定的前提下，渠道的过水能力则决定于渠

道的横断面形状及尺寸。从经济观点看，总是希望所选定的横断面形状在通过已知的设计流量时面积最小，或者是过水面积一定时通过的流量最大。这样，当 $i$、$n$ 大小一定时，在断面面积相等的各种断面形状中通过流量最大的那种断面形状称为水力最优断面。

把曼宁公式代入明渠均匀流的基本公式可得

$$Q = \omega C \sqrt{Ri} = \frac{1}{n}\omega i^{1/2} R^{2/3} = \frac{\omega^{5/3} i^{1/2}}{n\chi^{2/3}}$$

由上式可知，当 $i$、$n$ 及 $\omega$ 给定，则水力半径 $R$ 最大，即湿周 $\chi$ 最小的断面通过的流量最大。

从几何学角度分析，面积一定时圆形断面的湿周最小，因此管路断面形状通常为圆形。对于明渠则为半圆形，但半圆形断面施工困难。除了在钢筋混凝土或钢丝网水泥渡槽等采用外，其余很少应用。

工程中采用最多的是梯形断面，其边坡系数 $m$ [$m = \cot\alpha$，见图 6-1-1（a）] 由边坡稳定要求确定，见表 6-1。在 $m$ 已定的情况下，湿周的大小因底宽与水深的比值 $b/h$ 而异。

表 6-1　　　　　　　　梯形过水断面的边坡系数 $m$

| 土壤种类 | 边坡系数 $m$ | 土壤种类 | 边坡系数 $m$ |
|---|---|---|---|
| 细粒砂土 | 3.0~3.5 | 重壤土、密实黄土、普通黏土 | 1.0~1.5 |
| 砂壤土或松散土壤 | 2.0~2.5 | 密实重黏土 | 1.0 |
| 密实砂壤土，轻粘壤土 | 1.5~2.0 | 各种不同硬度的岩石 | 0.5~1.0 |
| 砾石、砂砾石土 | 1.5 | | |

由图 6-1-1（a）知，梯形断面面积和湿周可表示为

$$\omega = (b + mh)h \quad 即 \quad b = \frac{\omega}{h} - mh \tag{6-8}$$

$$\chi = b + 2h\sqrt{1+m^2} = \frac{\omega}{h} - mh + 2h\sqrt{1+m^2} \tag{6-9}$$

根据水力最优断面的定义，当 $i$、$n$ 及 $\omega$ 一定，湿周最小时，通过的流量最大。对上式求 $\chi = f(h)$ 的极小值：

$$\frac{d\chi}{dh} = -\frac{\omega}{h^2} - m + 2\sqrt{1+m^2} = 0 \tag{6-10}$$

再求二阶导数，得 $\dfrac{d^2\chi}{dh^2} = 2\dfrac{\omega}{h^3} > 0$，故有湿周最小值 $\chi_{min}$ 存在。将式（6-8）代入式（6-10）得梯形断面水力最优条件为：

$$\beta_h = \left(\frac{b}{h}\right)_h = 2(\sqrt{1+m^2} - m) \tag{6-11}$$

由此可见，水力最优断面的宽深比 $\beta_h$ 仅是边坡系数 $m$ 的函数，根据上式可列出不同 $m$ 时的 $\beta_h$ 值，见表 6-2。

表 6-2　　　　　　　　水力最优断面的宽深比 $\beta_h$

| $m = \cot\alpha$ | 0 | 0.25 | 0.50 | 0.75 | 1.00 | 1.25 | 1.50 | 1.75 | 2.00 | 3.00 |
|---|---|---|---|---|---|---|---|---|---|---|
| $\beta_h = \left(\dfrac{b}{h}\right)_h$ | 2.00 | 1.56 | 1.24 | 1.00 | 0.83 | 0.70 | 0.61 | 0.53 | 0.47 | 0.32 |

从上式出发，还可引出一个结论，在任何边坡系数 $m$ 的情况下，水力最优梯形断面的

水力半径 $R$ 为水深 $h$ 的一半。证明如下：根据 $R$ 的定义，有

$$R=\frac{\omega}{\chi}=\frac{(b+mh)h}{b+2h\sqrt{1+m^2}}=\frac{(b/h+m)h^2}{(b/h+2\sqrt{1+m^2})h}$$

将式（6-11）代入上式，整理得

$$R_h=\frac{h}{2} \qquad\qquad\qquad (6-12)$$

至于水力最优的矩形断面，不过是梯形断面在 $m=0$ 时的一个特例。当 $m=0$ 时，代入式（6-11）得

$$b=2h \qquad\qquad\qquad (6-13)$$

说明水力最优矩形断面的底宽 $b$ 为水深 $h$ 的两倍。

水力最优断面是仅从纯理论角度讨论，在工程实践中还必须依据造价、施工技术、运转要求和养护等各方面条件来综合考虑和比较，选出最经济合理的过水断面。对于小型渠道，其造价基本上由过水断面的土方量决定，其水力最优断面和经济合理断面比较接近。对于大型渠道，水力最优断面往往是窄而深的断面，这种断面施工时深挖高填，养护也较困难，因而不是最经济合理的断面。另外，渠道的设计不仅考虑输水，还要考虑航运对水深和水面宽度等方面的要求，需要综合各方面的因素来考虑，在这里提出的水力最优条件，便是应考虑的因素之一。

### 二、渠道的允许流速

一条设计合理的渠道，除了考虑上述水力最优条件及经济因素外，还应使渠道的设计流速不应大到使渠道遭受冲刷，也不能小到使水中悬浮的泥沙发生淤积，而应当是不冲、不淤的流速。因此，在设计中，要求渠道流速 $v$ 在不冲、不淤的允许流速范围内，即

$$v_{min}<v<v_{max}$$

式中：$v_{max}$ 为免遭冲刷的最大允许流速，简称不冲允许流速；$v_{min}$ 为免遭淤积的最小允许流速，简称不淤允许流速。

渠道中不冲允许流速 $v_{max}$ 的大小决定于土质情况，即土壤种类、颗粒大小和密实程度，或决定于渠道的衬砌材料，以及渠中流量等因素，可按表6-3选用。

关于不淤允许流速 $v_{min}$，为了防止植物在渠道中滋生、淤泥或沙的沉积，渠道中断面平均流速应分别不低于 $0.6m/s$、$0.2m/s$ 或 $0.4m/s$。

表 6-3　　　　　　　　　　　　渠道的不冲允许流速

1. 坚硬岩石和人工护面渠道

| 岩石或护面种类 ＼ 不冲允许流速(m/s) ＼ 渠道流量（m³/s） | <1 | 1~10 | >10 |
|---|---|---|---|
| 软质水成岩（泥灰岩、页岩、软砾岩） | 2.5 | 3.0 | 3.5 |
| 中等硬质水成岩（致密砾岩、多孔石灰岩、层状石灰岩、白云石灰岩、灰质砂岩） | 3.5 | 4.25 | 5.0 |
| 硬质水成岩（白云砂岩、硬质石灰岩） | 5.0 | 6.0 | 7.0 |
| 结晶岩、火成岩 | 8.0 | 9.0 | 10.0 |
| 单层块石铺砌 | 2.5 | 3.5 | 4.0 |
| 双层块石铺砌 | 3.5 | 4.5 | 5.0 |
| 混凝土护面（水流中不含砂和砾石） | 6.0 | 8.0 | 10.0 |

2. 土质渠道

| 均质黏性土质 | 不冲允许流速（m/s） | | 说　　明 |
|---|---|---|---|
| 轻壤土 | 0.6～0.8 | | |
| 中壤土 | 0.65～0.85 | | |
| 重壤土 | 0.70～1.0 | | |
| 黏土 | 0.75～0.95 | | |
| 均质无黏性土质 | 粒径（mm） | 不冲允许流速（m/s） | |
| 极细砂 | 0.05～0.1 | 0.35～0.45 | |
| 细砂和中砂 | 0.25～0.5 | 0.45～0.60 | |
| 粗砂 | 0.5～2.0 | 0.60～0.75 | |
| 细砾石 | 2.0～5.0 | 0.75～0.90 | |
| 中砾石 | 5.0～10.0 | 0.90～1.10 | |
| 粗砾石 | 10.0～20.0 | 1.10～1.30 | |
| 小卵石 | 20.0～40.0 | 1.30～1.80 | |
| 中卵石 | 40.0～60.0 | 1.80～2.20 | |

说明栏：

（1）均质黏性土质渠道中各种土质的干容量为 $13\sim17kN/m^3$；

（2）表中所列为水力半径 $R=1.0m$ 的情况，如 $R\neq1.0m$ 时，则应将表中数值乘以 $R^\alpha$ 才得相应的不冲允许流速值，对于砂、砾石、卵石、疏松的壤土黏土，$\alpha=\frac{1}{3}\sim\frac{1}{4}$；对于密实的壤土黏土，$\alpha=\frac{1}{4}\sim\frac{1}{5}$

## 第四节　明渠均匀流水力计算的基本问题

下面以最常用的梯形断面为例，分析明渠均匀流的水力计算问题。从明渠均匀流的基本关系式（6-4）可看出，各水力要素间存在着以下的函数关系，即

$$Q=\omega C\sqrt{Ri}=f(m,b,h,n,i)$$

一般情况下 $m$、$n$ 预先选定，这样明渠均匀流的水力计算主要有以下三种基本问题。

1. 验算渠道的输水能力

当渠道已定，已知渠道的断面形状尺寸，渠道的土壤或护面材料以及渠底坡度，即已知 $m$、$b$、$h$、$n$、$i$，求其输水能力 $Q$。

这类问题主要是对已成渠道进行校核性的水力计算，特别是验算其输水能力。在这种情况下，可根据已知值求出 $\omega$、$R$ 及 $C$ 后，直接按式（6-4）求出流量 $Q$。

2. 决定渠道底坡

这类问题在渠道的设计中会遇到，进行计算时，一般已知土壤或护面材料、设计流量以及断面的几何尺寸，即已知 $n$、$Q$、$m$、$b$、$h$ 各量，求所需要的底坡 $i$。

在这种情况下，先算出流量模数 $K=\omega C\sqrt{R}$，再由式（6-5）直接求出渠道底坡 $i$。即

$$i=\frac{Q^2}{K^2}$$

3. 决定渠道断面尺寸

在设计一条新渠道时，一般已知 $Q$、渠道底坡 $i$、边坡系数 $m$ 及粗糙系数 $n$，求 $b$ 和 $h$。

从基本关系式 $Q=\omega C\sqrt{Ri}=f(m,b,h,n,i)$ 可看出，这六个量中仅知四个量，需求两个未知量（$b$ 和 $h$），可能有许多组 $b$ 和 $h$ 的数值能满足这个方程式。为了使问题的解能

够确定，必须根据工程要求及经济条件，先定出渠道底宽 $b$，或水深 $h$，或者宽深比 $\beta=b/h$，有时还可选定渠道的最大允许流速 $v_{max}$。以下分四种情况说明。

（1）水深 $h$ 已定，求相应的底宽 $b$。将各已知量代入式（6-4），得到关于 $b$ 的一元高次方程。这一类问题的计算方法，可采用试算—图解法或查图法。

1）试算—图解法：假设一系列的 $b$ 值，按式（6-4）算出相应的 $Q$ 值，并作 $Q\sim f(b)$ 关系曲线，如图6-4-1所示，再由图中找出对应已知流量 $Q$ 的 $b$ 值，即为所求的底宽 $b$。

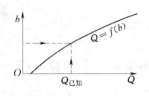

2）查图法：查附录3（a），先计算出 $\dfrac{h^{2.67}}{nK}$ 值，然后在图中已知 $m$ 的曲线上查出相应的 $h/b$ 值，从而确定底宽 $b$。

图 6-4-1　明渠底宽计算

除试算—图解法和查图法外，也可采用下述迭代公式求解 $b$

$$b_{j+1}=\left[\frac{1}{h}\left(\frac{nQ}{\sqrt{i}}\right)^{0.6}(b_j+2h\sqrt{1+m^2})^{0.4}-mh\right]^{1.3}\times b_j^{-0.3}\quad(j=0,1,2,\cdots)$$

$$(6-14)$$

上式中的指数 1.3 是为加速收敛而加设的加权指数，是经验值，它与加权乘数 $b_j^{-0.3}$ 的指数和必定为 1.0；式中 $j$ 为迭代循次数，$j=0$ 时的 $b_{(0)}$ 为预估迭代初值，以下类同。

（2）底宽 $b$ 已定，求相应的水深 $h$。与上述方法相似，仍采用试算—图解法或查图法。

1）试算—图解法：假设一系列的 $h$ 值，算出相应的 $Q$ 值，并作 $Q\sim f(h)$ 关系曲线，如图6-4-2所示；再由图中找出对应已知流量 $Q$ 的 $h$ 值，即为所求。

2）查图法：查附录3（b），可得到 $h$ 值。

除试算—图解法和查图法外，也可采用下述迭代公式求解 $h$：

$$h_{j+1}=\left(\frac{nQ}{\sqrt{i}}\right)^{0.6}\frac{(b+2h_j\sqrt{1+m^2})^{0.4}}{b+mh_j}\quad(j=0,1,2,\cdots)\quad(6-15)$$

迭代公式（6-14）、式（6-15）收敛均较快，一般迭代 3～4 次即可满足工程上的精度要求。

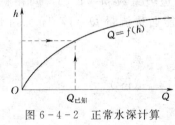

图 6-4-2　正常水深计算

（3）给定宽深比 $\beta=b/h$，求相应的 $b$ 和 $h$。与上述两种情况相似，此处给定 $\beta$ 这一补充条件后，问题的解是可以确定的。对于小型渠道的 $\beta$ 值，一般按水力最优设计，即 $\beta=2(\sqrt{1+m^2}-m)$；对于大型土渠的计算，则要考虑经济条件；对通航渠道则按特殊要求设计。

将 $b/\beta h$ 值代入式（6-4），并采用曼宁公式计算 $C$ 值，则有

$$Q=\frac{\sqrt{i}}{n}\frac{\left[h^2(\beta+m)\right]^{\frac{5}{3}}}{\left[h(\beta+2\sqrt{1+m^2})\right]^{\frac{2}{3}}}$$

可得显示计算公式

$$\left.\begin{array}{l}h=\left(\dfrac{nQ}{\sqrt{i}}\right)^{0.375}\dfrac{(\beta+2\sqrt{1+m^2})^{0.25}}{(\beta+m)^{0.625}}\\[3mm]b=\beta h\end{array}\right\}\quad(6-16)$$

（4）从最大允许流速 $v_{max}$ 出发，求相应的 $b$ 和 $h$。当允许流速成为设计渠道的控制条件

时，就需要采取下述方法计算。

首先找出梯形过水断面各要素间的几何关系，有

$$\omega=(b+mh)h$$

$$\chi=b+2h\sqrt{1+m^2}$$

$$R=\frac{\omega}{\chi}$$

再由 $\omega=\dfrac{Q}{v_{\max}}$ 和 $Q=\omega C\sqrt{Ri}$ 直接计算出 $\omega$、$R$ 和 $\chi$，其中谢才系数 $C$ 按曼宁公式计算。将 $\omega$、$\chi$ 值代入式中后联立解方程组，可以得到 $b$、$h$ 值。选取时应舍去无意义的解。

**【例 6 - 1】** 有一段长为 1km 的顺直小河，壁面粗糙系数 $n=0.03$，其过水断面为梯形，底部落差为 0.5m，底宽 $b$ 为 3m，水深为 0.8m，边坡系数 $m=1.5$，求流量 $Q$。

**解：** 根据基本关系式

$$Q=\omega C\sqrt{Ri}$$

渠道底坡 $\qquad\qquad i=\dfrac{0.5}{1000}=0.0005$

过水断面面积 $\quad \omega=(b+mh)h=(3+1.5\times0.8)\times0.8=3.36(\mathrm{m}^2)$

湿周 $\qquad\qquad \chi=b+2h\sqrt{1+m^2}=3+2\times0.8\sqrt{1+m^2}=5.88(\mathrm{m})$

水力半径 $\qquad\quad R=\dfrac{\omega}{\chi}=\dfrac{3.36}{5.88}=0.57(\mathrm{m})$

由曼宁公式计算 $C$ 值

$$C=\frac{1}{n}R^{1/6}=\frac{1}{0.03}\times0.57^{1/6}=30.35(\mathrm{m}^{1/2}/\mathrm{s})$$

所以

$$Q=\omega C\sqrt{Ri}=3.36\times30.35\times\sqrt{0.57\times0.0005}=1.72\ (\mathrm{m}^3/\mathrm{s})$$

**【例 6 - 2】** 有一条输水土渠（$n=0.022$）为梯形断面，边坡系数 $m=1.25$，问在底坡 $i=0.0004$ 及正常水深 $h_0=2.2\mathrm{m}$ 时，其底宽 $b$ 为多少才能通过流量 $Q=17.1\mathrm{m}^3/\mathrm{s}$ 的水流？

**解：**（1）试算一图解法：假设 $b=3.5\mathrm{m}$

则 $\qquad\qquad \omega=(b+mh_0)h_0=(3.5+1.25\times2.2)\times2.2=13.75(\mathrm{m}^2)$

$$\chi=b+2h_0\sqrt{1+m^2}=3.5+2\times2.2\times\sqrt{1+1.25^2}=10.53(\mathrm{m})$$

$$R=\frac{\omega}{\chi}=\frac{13.75}{10.53}=1.31(\mathrm{m})$$

$$C=\frac{1}{n}R^{1/6}=\frac{1}{0.022}\times1.31^{1/6}=47.55(\mathrm{m}^{1/2}/\mathrm{s})$$

$$Q=\omega C\sqrt{Ri}=13.75\times47.55\times\sqrt{1.31\times0.0004}=14.97(\mathrm{m}^3/\mathrm{s})$$

再假设一系列 $b$ 值，求相应 $Q$，计算值列于表 6-4 中。

根据表中数值绘制 $b\sim Q$ 曲线，如图 6-4-3 所示，由图查得 $Q=17.1\mathrm{m}^3/\mathrm{s}$ 时的渠底宽度 $b=4.2\mathrm{m}$。

表 6-4　　　　　　　　　　　　例 题 计 算 表

| $b$ (m) | $\omega$ (m²) | $\chi$ (m) | $R$ (m) | $C$ (m⁰·⁵/s) | $Q$ (m³/s) |
|---|---|---|---|---|---|
| 3.5 | 13.75 | 10.53 | 1.31 | 47.55 | 14.97 |
| 4.0 | 14.85 | 11.04 | 1.35 | 47.79 | 16.49 |
| 4.5 | 15.95 | 11.54 | 1.38 | 47.96 | 17.97 |
| 4.7 | 16.39 | 11.74 | 1.40 | 48.08 | 18.65 |

（2）用查图法求解：利用附录 3（a）求解

$$K=\frac{Q}{\sqrt{i}}=\frac{17.1}{\sqrt{0.0004}}=855$$

$$\frac{h^{2.67}}{nK}=\frac{2.2^{2.67}}{0.022\times855}=0.436$$

由上述值与 $m=1.25$，查得 $h/b=0.518$，于是渠底宽 $b=\dfrac{2.2}{0.518}=4.25\text{m}$。

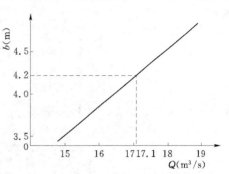

图 6-4-3　［例 6-2］底宽计算图

【例 6-3】　有一灌溉干渠，断面为梯形，采用浆砌块石衬砌，渠道底宽 $b=5\text{m}$，粗糙系数 $n=0.025$，底坡 $i=0.0006$，边坡系数 $m=1.5$，干渠设计流量 $Q=9.5\text{m}^3/\text{s}$，试按均匀流计算渠道水深。

**解：**（1）用试算—图解法求解。假设一系列 $h_0$ 值，计算一系列对应流量 $Q$（计算方法同［例 6-2］），计算结果列于表 6-5 中。

根据表中数值绘制成 $h\sim Q$ 曲线，如图 6-4-4 所示。根据设计流量 $Q=9.5\text{m}^3/\text{s}$，查图得渠道正常水深 $h_0=1.39\text{m}$。

表 6-5　　　　　　　　　　　　例 题 计 算 表

| $h_0$ (m) | $\omega$ (m²) | $\chi$ (m) | $R$ (m) | $C$ (m⁰·⁵/s) | $Q$ (m³/s) |
|---|---|---|---|---|---|
| 1.0 | 6.5 | 8.61 | 0.755 | 38.17 | 5.28 |
| 1.3 | 9.04 | 9.69 | 0.933 | 39.54 | 8.46 |
| 1.5 | 10.88 | 10.41 | 1.045 | 40.30 | 10.98 |
| 1.8 | 13.86 | 11.49 | 1.206 | 41.27 | 15.39 |

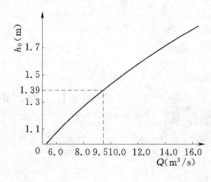

图 6-4-4　［例 6-3］水深计算图

（2）用图解法求解：利用附录 3（b）求解

$$K=\frac{Q}{\sqrt{i}}=\frac{9.5}{\sqrt{0.0006}}=387.8$$

$$\frac{b^{2.67}}{nK}=\frac{5^{2.67}}{0.025\times387.8}=7.58$$

由上述值及 $m=1.5$，查得 $h/b=0.285$，则所求正常水深 $h_0=0.285\times5=1.43\text{m}$，与试算—图解法结果相近。

【例 6-4】　试设计一梯形断面灌溉渠道，要求输水流量 $Q=15\text{m}^3/\text{s}$，边坡系数 $m=1.0$，粗糙系数 $n=$

0.028，渠中规定流速 $v=0.8\text{m/s}$，渠道底坡 $i=0.0003$，求 $b$ 和 $h$。

**解：** 由于流量和流速为已知，因此，过水断面面积为已知，即

$$\omega=\frac{Q}{v}=\frac{15}{0.8}=18.75(\text{m}^2)$$

又根据式 (6-4)，$C$ 采用曼宁公式计算，则

$$Q=\omega C\sqrt{Ri}=\frac{1}{n}R^{2/3}i^{1/2}\omega$$

解得

$$R=\left(\frac{Qn}{i^{1/2}\omega}\right)^{3/2}=\left(\frac{15\times0.028}{0.0003^{1/2}\times18.75}\right)^{3/2}=1.47(\text{m})$$

$$\chi=\frac{\omega}{R}=\frac{18.75}{1.47}=12.75(\text{m})$$

根据梯形断面 $\omega$ 和 $\chi$ 的计算关系式

$$\omega=(b+mh)h$$

$$\chi=b+2h\sqrt{1+m^2}$$

将各已知值代入，联立解得

$$\begin{cases}h_1=2.10\text{m}\\b_1=6.74\text{m}\end{cases}\quad\begin{cases}h_2=4.86\text{m}\\b_2=-1.0\text{m}\end{cases}$$

显然，第二组解不合理，应舍去，即渠道的底宽为 6.74m，渠中正常水深为 2.1m。

**【例 6-5】** 某梯形断面的灌溉引水渠道，边坡系数 $m=1.25$，粗糙系数 $n=0.03$，底坡 $i=0.0005$，设计流量 $Q=2.2\text{m}^3/\text{s}$，试按水力最优条件计算 $b$ 和 $h$。

**解：** 根据水力最优条件

$$\frac{b}{h}=2(\sqrt{1+m^2}-m)=2(\sqrt{1+1.25^2}-1.25)=0.7,\text{即 }b=0.7h$$

此时

$$\omega=(b+mh)h=(0.7h+1.25h)h=1.95h^2$$

$$\chi=b+2h\sqrt{1+m^2}=0.7h+2h\sqrt{1+1.25^2}=3.9h$$

$$R=\frac{\omega}{\chi}=\frac{1.95h^2}{3.9h}=0.5h$$

即梯形水力最优断面的水力半径是水深的一半。

由式 (6-4)，$C$ 采用曼宁公式计算，则

$$Q=\omega C\sqrt{Ri}=\frac{1}{n}R^{2/3}i^{1/2}\omega$$

代入数值：　　　　$2.2=\frac{1}{0.03}\times0.5^{\frac{2}{3}}\times h^{\frac{2}{3}}\times0.0005^{\frac{1}{2}}\times1.95h^2$

解得：　　　　　　$h=1.39\text{m},b=0.7h=0.98(\text{m})$

本例也可以采用查图法求解，由 $h/b=1/0.7=1.43$，在附录 3 (a) 图的纵标上找到相应点，由此作水平线与 $m=1.25$ 的曲线相交，交点的横坐标为

$$\frac{h^{2.67}}{nK}=0.82$$

因为　　　　　　　　$K=\frac{Q}{\sqrt{i}}=\frac{2.2}{\sqrt{0.0005}}=98.39$

所以 $\qquad h=(0.82nK)^{1/2.67}=(0.82\times0.03\times98.39)^{1/2.67}=1.39(\mathrm{m})$

$\qquad\qquad\qquad b=0.7h=0.7\times1.39=0.98(\mathrm{m})$

# 第五节 无压圆管均匀流的水力计算

本节所讨论的无压管道是指不满流的长管道,如下水管道。考虑到水力最优条件,无压管道常采用圆形的过水断面,在流量比较大时也采用非圆形的断面。下面仅讨论圆形断面的情况。

### 一、无压圆管的水流特征

无压短管道(如铁道、公路的涵洞)的水流现象与第八章将介绍的宽顶堰水流现象基本相似。由于管道比较短,其水流的沿程水头损失比局部水头损失小得多,因此,沿程水头损失对水流的影响不大,其计算方法可按宽顶堰理论进行。

对于比较长的无压圆管来说,直径不变的顺直段,其水流状态与明渠均匀流相同,它的水力坡度、水面线坡度及底坡彼此相等,即 $J=i$。因此,无压圆管均匀流具有前述的一般明渠均匀流的特征。除此之外,无压管道的均匀流还具有这样一种水力特性,即流速和流量分别在水流为满流之前,达到其最大值。也就是说,其水力最优情形发生在满流之前。

圆形管道的过水断面面积,在水深较小时,随水深的增加而迅速增加,这是因为水面宽度也随水深的增加而增加的缘故。到管流达半满后,水深的增加引起水面宽度的减小,因此,过水断面面积增加缓慢,在接近满流前,增加最慢。

至于湿周随水深的变化,情形就很不相同。在水面接近于管轴处,湿周增加最慢,而在接近满流前,湿周却增加最快。

从以上说明看出,水深超过半径后,随着水深的增加,过水断面面积的增长程度逐渐减小,而湿周的增长程度逐渐增大。当水深增大到一定程度时,过水断面面积的增长率比相应的湿周的增长率小,此时所通过的流量 $Q=i^{1/2}n^{-1}\omega^{5/3}\chi^{-2/3}$ 反而会相对减小。说明无压圆管的通过流量 $Q$ 在满流之前(即 $h<d$ 时)便可能达到其最大值。

水流在无压圆管中的充满程度可用水深与直径的比值(即充满度 $\alpha=h/d$)来表示。当无压圆管的充满度 $\alpha=h/d=0.95$(即 $h=0.95d$)时,其输水性能最优。分析证明如下:

由均匀流的流量关系式(6-4)

$$Q=\omega C\sqrt{Ri}=\omega\left(\frac{1}{n}R^{1/6}\right)(Ri)^{1/2}=i^{1/2}n^{-1}\omega^{5/3}\chi^{-2/3} \qquad [6\text{-}17\ (a)]$$

从如图 6-5-1 所示中得无压管流的过水断面积 $\omega$ 及湿周 $\chi$ 为

$$\left.\begin{aligned}\omega&=\frac{d^2}{8}(\theta-\sin\theta)\\\chi&=\frac{d}{2}\theta\end{aligned}\right\} \qquad [6\text{-}17\ (b)]$$

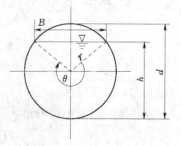

图 6-5-1 无压圆管过流断面

将式 [6-17 (b)] 代入式 [6-17 (a)],当 $i$、$n$、$d$ 一定时,得

$$Q=f(\omega,\chi)=f(\theta)$$

说明此时流量 $Q$ 仅为过水断面的充满角 $\theta$ 的函数。因此，当 $i$、$n$、$d$ 一定，过水断面中的充满角处于水力最优（即 $\theta=\theta_h$）状态时，所通过的流量最大。

根据极值的概念，对式 [6-17（a）] 求导

$$\frac{dQ}{d\theta}=\frac{d}{d\theta}\left(\frac{i^{1/2}}{n}\frac{\omega^{5/3}}{\chi^{2/3}}\right)=0$$

当底坡 $i$、粗糙系数 $n$ 及管径 $d$ 一定时，上式便为

$$\frac{d}{d\theta}\left(\frac{\omega^{5/3}}{\chi^{2/3}}\right)=0 \text{ 或 } \frac{d}{d\theta}\left[\frac{(\theta-\sin\theta)^{5/3}}{\theta^{2/3}}\right]=0$$

将上式展开并整理得

$$1-\frac{5}{3}\cos\theta+\frac{2}{3}\frac{\sin\theta}{\theta}=0$$

式中的 $\theta$ 便是水力最优过水断面（即 $Q=Q_{max}$ 时）的充满角，称为水力最优充满角 $\theta_h$，解得

$$\theta_h=308°$$

从图 6-5-1 知，过水断面中的水流充满度为

$$\alpha=\frac{h}{d}=\sin^2\frac{\theta}{4}$$

故相应得水力最优充满度为

$$\alpha_h=\left(\sin\frac{308°}{4}\right)^2=0.95$$

由此可见，在无压圆管均匀流中，水深 $h=0.95d$（即 $\alpha_h=0.95$）时，其输水能力最优。

依照上述类似的分析方法，当 $i$、$n$、$d$ 一定，求水力半径 $R$ 的最大值，可得到无压圆管均匀流的平均流速最大值发生在 $\theta=257°30'$ 处，所相应的水深 $h=0.81d$（即充满度 $\alpha=0.81$）。

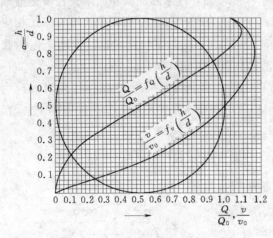

图 6-5-2 流量和流速的变化曲线

无压圆管均匀流中流量和平均流速根据水深 $h$ 的变化，还可用图形清楚地表示出来，如图 6-5-2 所示。为了使图形在应用上更具有普遍意义，也就是说能适用于各种尺寸的圆管，特引入几个无量纲的组合量来表示图形的坐标。图中横坐标：

$$\frac{Q}{Q_0}=\frac{\omega C\sqrt{Ri}}{\omega_0 C_0\sqrt{R_0 i}}=\frac{\omega}{\omega_0}\left(\frac{R}{R_0}\right)^{2/3}=f_Q(h/d)$$

$$\frac{v}{v_0}=\frac{C\sqrt{Ri}}{C_0\sqrt{R_0 i}}=\left(\frac{R}{R_0}\right)^{2/3}=f_v(h/d)$$

式中不带下角标和带下角标"0"的各量分别表示不满流（即 $h<d$）和满流（即 $h=d$）时的情形，$d$ 为圆管直径。

从图 6-5-2 中可看出：

（1）当 $h/d=0.95$ 时，$\frac{Q}{Q_0}$ 呈最大值，$\left(\frac{Q}{Q_0}\right)_{max}=1.087$。此时，管中通过的流量 $Q_{max}$ 超过管内恰好满流时的流量 $Q_0$ 的 8.7%。

（2）当 $h/d=0.81$ 时，$\dfrac{v}{v_0}$ 呈最大值，$\left(\dfrac{v}{v_0}\right)_{\max}=1.16$。此时，管中流速大于管内恰好满流时的流速 $v_0$ 的 $16\%$。

**二、无压管道的计算问题**

无压管道均匀流的基本公式仍是 $Q=\omega C\sqrt{Ri}$。对于圆形断面来说，不满流时各水力要素计算可按下列各式或表 6-6 进行，式中符号如图 6-5-1 所示。

表 6-6　　　　　　　　不同充满度时圆形管道的水力要素（$d$ 以 m 计）

| 充满度 $\alpha$ | 过水断面面积 $\omega$（$m^2$） | 水力半径 $R$（m） | 充满度 $\alpha$ | 过水断面面积 $\omega$（$m^2$） | 水力半径 $R$（m） |
|---|---|---|---|---|---|
| 0.05 | $0.0147d^2$ | $0.0326d$ | 0.55 | $0.4426d^2$ | $0.2649d$ |
| 0.10 | 0.0400 | 0.0635 | 0.60 | 0.4920 | 0.2776 |
| 0.15 | 0.0739 | 0.0929 | 0.65 | 0.5404 | 0.2881 |
| 0.20 | 0.1118 | 0.1206 | 0.70 | 0.5872 | 0.2962 |
| 0.25 | 0.1535 | 0.1466 | 0.75 | 0.6319 | 0.3017 |
| 0.30 | 0.1982 | 0.1709 | 0.80 | 0.6736 | 0.3042 |
| 0.35 | 0.2450 | 0.1935 | 0.85 | 0.7115 | 0.3033 |
| 0.40 | 0.2934 | 0.2142 | 0.90 | 0.7445 | 0.2980 |
| 0.45 | 0.3428 | 0.2331 | 0.95 | 0.7707 | 0.2865 |
| 0.50 | 0.3927 | 0.2500 | 1.00 | 0.7854 | 0.2500 |

$$
\left.
\begin{aligned}
\text{过水断面面积} \qquad & \omega=\frac{d^2}{8}(\theta-\sin\theta) \\[2mm]
\text{湿周} \qquad & \chi=\frac{d}{2}\theta \\[2mm]
\text{水力半径} \qquad & R=\frac{d}{4}\left(1-\frac{\sin\theta}{\theta}\right) \\[2mm]
\text{流速} \qquad & v=C\sqrt{Ri}=\frac{C}{2}\sqrt{d\left(1-\frac{\sin\theta}{\theta}\right)i} \\[2mm]
\text{流量} \qquad & Q=\omega C\sqrt{Ri}=\frac{C}{16}d^{\frac{5}{2}}i^{\frac{1}{2}}\left[\frac{(\theta-\sin\theta)^3}{\theta}\right]^{\frac{1}{2}} \\[2mm]
\text{充满度} \qquad & \alpha=\frac{h}{d}=\sin^2\frac{\theta}{4} \\[2mm]
\text{水面宽度} \qquad & B=d\sin\frac{\theta}{2}
\end{aligned}
\right\} \qquad (6-18)
$$

从以上各式可知，$Q=\omega C\sqrt{Ri}=f(d,\ \alpha,\ n,\ i)$，可见无压管道水力计算的基本问题可分为下述三类：

（1）检验过水能力，即已知管径 $d$，充满度 $\alpha$，管壁粗糙系数 $n$ 及底坡 $i$，求流量 $Q$。

（2）已知通过流量 $Q$ 及 $d$、$\alpha$ 和 $n$，要求设计管底的坡度 $i$。

（3）已知通过流量 $Q$ 及 $\alpha$、$i$ 和 $n$，要求确定管径 $d$。

这三类问题可根据式（6-18）直接求解。

表 6-7　　最大设计充满度

| 管径（d）或暗渠高（H）（mm） | 最大设计充满度 $\left(\alpha=\dfrac{h}{d}\text{ 或 }\dfrac{h}{H}\right)$ |
| --- | --- |
| 150～300 | 0.60 |
| 350～450 | 0.70 |
| 500～900 | 0.75 |
| ≥1000 | 0.80 |

在进行无压管道的水力计算时，还要注意一些有关规定，如国家建委颁发的《室外排水设计规范》中便规定：

（1）污水管道应按不满流计算、其最大设计充满度按表 6-7 采用。

（2）雨水管道和合流管道应按满流计算。

（3）排水管的最大设计流速：金属管为 10m/s；非金属管为 5m/s。

（4）排水管的最小设计流速：对污水管道（在设计充满度下），当管径≤500mm 时，为 0.7m/s；当管径＞500mm 时，为 0.8m/s。

另外，对最小管径和最小设计坡度等也有规定，在实际工作中可参阅有关手册和规范。

【例 6-6】　钢筋混凝土圆形污水管，管径 $d$ 为 1000mm，管壁粗糙系数 $n$ 为 0.014，管道坡度 $i$ 为 0.001，求最大设计充满度时的流速和流量。

**解：**查表 6-7 得管径 1000mm 的污水管最大设计充满度为

$$\alpha=\frac{h}{d}=0.8$$

再从表 6-6 查得，当 $\alpha=0.8$ 时，过水断面上的水力要素值为

$$\omega=0.6736d^2=0.6736\times1^2=0.6736(\text{m}^2)$$
$$R=0.3042d=0.3042\times1=0.3042(\text{m})$$

而 $C=\dfrac{1}{n}R^{1/6}=\dfrac{1}{0.014}(0.3042)^{1/6}=58.6\text{m}^{1/2}/\text{s}$，从而算得流速和流量为

$$v=C\sqrt{Ri}=58.6\times\sqrt{0.3042\times0.001}=1.02(\text{m/s})$$
$$Q=wv=0.6736\times1.02=0.685(\text{m}^3/\text{s})$$

在实际工作中，还需检验计算流速 $v$ 是否在允许流速范围之内，即需满足 $v_{min}<v<v_{max}$，如本例给出的钢筋混凝土管，其 $v_{max}=5\text{m/s}$，$v_{min}=0.8\text{m/s}$，故所得的计算流速在允许流速范围之内。

## 第六节　复式断面渠道的水力计算

明渠复式断面，如图 6-1-1 所示，由两个或三个单式断面组成，例如天然河道中的主槽和边滩。在人工渠道中，如果要求通过的最大流量和最小流量相差很大，也常采用复式断面。它与单式断面比较，能更好地控制淤积，减少开挖量。

如图 6-6-1 所示的复式断面，在主槽两侧各有左右边滩。当流量较小时，水流集中在主槽；流量较大时，水流漫及到包括边滩的整个渠槽。复式断面过流量计算常采用分算的方法，其原因：第一，主槽的粗糙系数一般较边滩小，如果把复式断面作为一个整体，就会容易在粗糙系数的估计上造成较大的偏差；第二，滩地水深较小，亦即水力半径一般较小，如果不实行分算，就会由于边滩的影响，使复式断面的整体流速算得偏低。在极端情况下，例如边滩甚宽而水深很小时，这样算出的流量甚至小于仅是主槽部分的流量，这显然是完全不合理的。

分算的方法是把整个过水断面分成几部分，而每部分分别按均匀流计算。一般是通过主槽侧壁和边滩底线的交点作垂线作为分割线，如图 6-6-1 中的虚线 $a—a$ 和 $b—b$ 所示。图中分割线将断面分为①、②、③三部分，计算时对每部分分别应用基本公式（6-4），并认为均匀流中各部分的水力坡度与总流的水力坡度相等，都等于底坡 $i$，所以断面上各部分流量分别为

$$\left.\begin{aligned}
Q_1 &= \omega_1 C_1 \sqrt{R_1 i} = K_1 \sqrt{i}\\
Q_2 &= \omega_2 C_2 \sqrt{R_2 i} = K_2 \sqrt{i}\\
Q_3 &= \omega_3 C_3 \sqrt{R_3 i} = K_3 \sqrt{i}
\end{aligned}\right\} \qquad (6-19)$$

那么，整个渠道的流量为各部分流量之和，即

$$Q = Q_1 + Q_2 + Q_3 = (K_1 + K_2 + K_3)\sqrt{i} \qquad (6-20)$$

计算时，断面各部分 $K$ 值分别以各部分断面的要素来计算，各部分断面的湿周只计算水流与渠道边壁相接触的周长，而水流与水流相接触的长度（图 6-6-1 中的虚线部分）则不计。

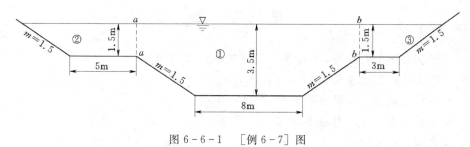

图 6-6-1　［例 6-7］图

**【例 6-7】**　有一复式断面的排洪渠道，各部分尺寸如图 6-6-1 所示，主槽部分粗糙系数 $n_1 = 0.02$，边滩部分粗糙系数 $n_2 = n_3 = 0.025$，各部分边坡系数都为 1.5，渠道底坡 $i = 0.0003$，试求排洪流量及断面平均流速。

**解：** 由 $a—a$、$b—b$ 两垂线将断面分成三部分，现分别计算各部分断面水力要素

（1）主槽部分

面积　　　　$\omega_1 = (8+1.5\times2)\times2 + (8+2\times1.5\times2)\times1.5 = 22+21 = 43(\text{m}^2)$

湿周　　　　　　$\chi_1 = 8 + 2\times2\sqrt{1+1.5^2} = 15.21(\text{m})$

水力半径　　　　　$R_1 = \dfrac{\omega_1}{\chi_1} = \dfrac{43}{15.21} = 2.83(\text{m})$

流量模数　　$K_1 = \omega_1 C_1 \sqrt{R_1} = \dfrac{\omega_1}{n}R_1^{2/3} = \dfrac{43}{0.02}\times2.83^{2/3} = 4301.6(\text{m}^3/\text{s})$

（2）左边滩部分

面积　　　　　　$\omega_2 = \left(5+\dfrac{1}{2}\times1.5\times1.5\right)\times1.5 = 9.19(\text{m}^2)$

湿周　　　　　　$\chi_2 = 5 + 1.5\sqrt{1+1.5^2} = 7.7(\text{m})$

水力半径　　　　　$R_2 = \dfrac{\omega_2}{\chi_2} = \dfrac{9.19}{7.7} = 1.194(\text{m})$

流量模数　　　　　$K_2 = \dfrac{9.19}{0.025}\times1.194^{2/3} = 413.7(\text{m}^3/\text{s})$

（3）右边滩部分

面积
$$\omega_3 = \left(3 + \frac{1}{2} \times 1.5 \times 1.5\right) \times 1.5 = 6.19(\text{m}^2)$$

湿周
$$\chi_3 = 3 + 1.5\sqrt{1 + 1.5^2} = 5.7(\text{m})$$

水力半径
$$R_3 = \frac{6.19}{5.7} = 1.09(\text{m})$$

流量模数
$$K_3 = \frac{6.19}{0.025} \times 1.09^{\frac{2}{3}} = 262.2(\text{m}^3/\text{s})$$

复式断面通过的总流量为

$$Q = (K_1 + K_2 + K_3)\sqrt{i} = (4301.6 + 413.7 + 262.2) \times \sqrt{0.0003} = 86.21(\text{m}^3/\text{s})$$

断面平均流速为

$$v = \frac{Q}{\omega_1 + \omega_2 + \omega_3} = \frac{86.21}{43 + 9.16 + 6.19} = 1.48(\text{m/s})$$

## 思 考 题

6-1　试从力学角度分析，在下列渠道中能否产生均匀流。

（1）平坡渠道，如思考题图 6-1（a）所示；

（2）正底坡长渠道，如思考题图 6-1（b）所示；

（3）负底坡渠道，如思考题图 6-1（c）所示；

（4）变断面正底坡渠道，如思考题图 6-1（d）所示。

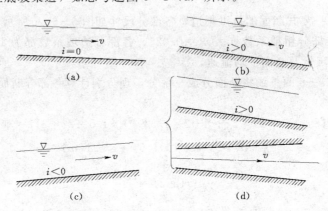

思考题图 6-1

6-2　有两条梯形断面长渠道，已知流量 $Q_1 = Q_2$，边坡系数 $m_1 = m_2$，但是下列参数不同：

（1）粗糙系数 $n_1 > n_2$，其他条件均相同；

（2）底宽 $b_1 > b_2$，其他条件均相同；

（3）底坡 $i_1 > i_2$，其他条件均相同。

试问：这两条渠道中的均匀流水深哪个大？哪个小？为什么？

6-3　有三条矩形断面的长渠道，其过水断面积 $\omega$，粗糙系数 $n$ 及底坡 $i$ 均相同，但是，

底宽 $b$ 和均匀流水深 $h_0$ 不同，已知：$b_1=4\mathrm{m}$，$h_{01}=1\mathrm{m}$；$b_2=2\mathrm{m}$，$h_{02}=2\mathrm{m}$；$b_3=2.83\mathrm{m}$，$h_{03}=1.41\mathrm{m}$。试问：哪条渠道的流量最大？哪两条流量相等？为什么？

6-4　思考题图 6-4 所示的两渠道断面，试问：

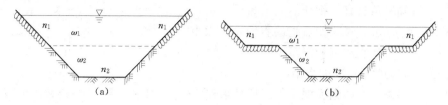

思考题图 6-4

（1）两断面各有什么水力特点？

（2）当两渠道的底坡 $i$ 相等，且 $\omega_1=\omega_1'$，$\omega_2=\omega_2'$ 时，哪个渠道的过水能力大？

# 计　算　题

6-1　有一条养护良好的矩形断面的长直小土渠，渠底坡度 $i=0.0008$，断面宽度 $b=0.8\mathrm{m}$，当水深 $h=0.5\mathrm{m}$ 及水温 $t=10℃$ 时，问水流的流量 $Q$ 及雷诺数 $Re$ 为多少？

6-2　有一矩形断面的混凝土明渠（$n=0.014$），养护一般，断面宽度 $b=4\mathrm{m}$，底坡 $i=0.002$，当水深 $h=2\mathrm{m}$ 时，问按曼宁公式和巴甫洛夫斯基公式所算出的断面平均流速 $v$ 各为多少？

6-3　在我国铁路现场中，路基排水沟的最小梯形断面尺寸一般规定如下：其底宽 $b$ 为 0.4m，过水深度按 $h$ 为 0.6m 考虑，沟底坡度规定 $i$ 最小值为 0.002。现有一段梯形排水沟在土层开挖（$n=0.025$），边坡系数 $m=1$，$b$、$h$ 和 $i$ 均采用上述规定的最小值，问此段排水沟按曼宁公式计算能通过多大流量？

6-4　有一条长直的矩形断面明渠，过水断面宽度 $b=2\mathrm{m}$，水深 $h=0.5\mathrm{m}$。若流量变为原来的两倍，水深变为多少？假定流速系数 $C$ 不变。

6-5　一路基排水沟需要通过流量 $Q$ 为 $1.0\mathrm{m}^3/\mathrm{s}$，沟底坡度 $i$ 为 4/1000，水沟断面采用梯形，并用小片石干砌护面（$n=0.020$），边坡系数 $m$ 为 1。试按水力最优条件决定此排水沟的断面尺寸。

6-6　有一梯形渠道，在土层开挖（$n=0.025$），$i=0.0005$，$m=1.5$，设计流量 $Q=1.5\mathrm{m}^3/\mathrm{s}$。试按水力最优条件设计断面尺寸。

6-7　有一梯形断面明渠，已知 $Q=2\mathrm{m}^3/\mathrm{s}$，$i=0.0016$，$m=1.5$，$n=0.020$，若允许流速 $v_{max}=1.0\mathrm{m/s}$。试决定此明渠的断面尺寸。

6-8　已知一矩形断面排水暗沟的设计流量 $Q=0.6\mathrm{m}^3/\mathrm{s}$，断面宽 $b=0.8\mathrm{m}$，渠道粗糙系数 $n=0.014$（砖砌护面），若断面水深 $h=0.4\mathrm{m}$ 时，问此排水沟所需底坡 $i$ 为多少（$C$ 按曼宁公式计算）？

6-9　有一梯形渠道，用大块石干砌护面（$n=0.02$）。已知底宽 $b=7\mathrm{m}$，边坡系数 $m=1.5$，底坡 $i=0.0015$，需要通过的流量 $Q=18\mathrm{m}^3/\mathrm{s}$，试决定此渠道的正常水深（即均匀流时的水深）$h_0$。（$C$ 按曼宁公式计算）。

6-10 有一梯形渠道，设计流量 $Q=10\mathrm{m^3/s}$，采用小片石干砌护面（$n=0.020$），边坡 $m=1.5$，底坡 $i=0.003$，当要求水深 $h=1.5\mathrm{m}$ 的情况下，问断面的底宽 $b$ 是多少（$C$ 按巴甫洛夫斯基公式计算）？

6-11 已知一条长直的钢筋混凝土圆形下水管道（$n=0.014$）的污水流量 $Q=0.2\mathrm{m^3/s}$，管底坡度 $i=0.005$，试决定管道的直径 $d$ 的大小。

6-12 有一条长直的钢筋混凝土圆形排水管（$n=0.014$），$d=1000\mathrm{mm}$、$i=0.002$，试验算此无压管道通过能力 $Q$ 的大小。

6-13 有一条长直的钢筋混凝土圆形排水管（$n=0.014$），管径 $d=500\mathrm{mm}$，试问在最大设计充满度下需要多大的管底坡度 $i$ 才能通过 $0.3\mathrm{m^3/s}$ 的流量？

6-14 某天然河道的河床断面及尺寸如计算题图 6-14 所示，边滩部分水深为 1.2m，若水流近似为均匀流，河底坡度 $i$ 为 0.0004，试确定所通过的流量 $Q$。

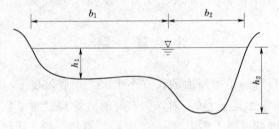

计算题图 6-14

# 第七章　明渠非均匀流

**【本章导读】**

在明渠均匀流的研究基础上，本章研究明渠水流中更为普遍的现象——明渠非均匀流动。在明渠非均匀流中，若流线是近似平行的直线，或流线间夹角很小，流线的曲率半径很大，这种水流称为明渠非均匀渐变流，反之称为明渠非均匀急变流。本章主要讨论渐变流动，也涉及一些急变流动，如水跃、水跌等水力现象。明渠非均匀流理论具有重要的实用意义，它是河道淹没范围、堤防高度以及防洪计算的重要依据。

本章首先介绍与明渠非均匀流相关的若干概念，包括断面单位能量、临界水深、临界底坡等，然后介绍明渠的流态（急流、缓流、临界流）的判别方法，在此基础上介绍水跃理论以及明渠恒定非均匀渐变流水面线的定性分析和定量计算方法。

本章学习要求：在深入了解明渠非均匀流基本特征的基础上掌握断面比能、临界水深、临界坡度的计算方法。掌握明渠水流三种流态（急流、缓流、临界流）的判别方法。熟悉有关水跃的基本知识及共轭水深的计算方法。掌握明渠恒定非均匀渐变流水面曲线的定性分析过程，并能进行工程中常见的各种水面曲线的连接。掌握明渠非均匀流水面曲线计算的分段求和法。

## 第一节　概　　述

### 一、明渠非均匀流的产生

根据前一章的讨论，明渠均匀流既是等速流，也是等深流。它只能发生在断面形状、尺寸、底坡和粗糙系数均沿程不变的长直渠道中，而且要求渠道中没有修建任何水工建筑物。然而，对于铁路、道路和给排水等工程，常需在河渠上架桥（图 7-1-1）、设涵（图 7-1-2）、筑坝（图 7-1-3）、建闸（图 7-1-4）、设立跌水（图 7-1-2）等建筑物。这些水工建筑物的兴建，破坏了河渠均匀流发生的条件，造成了流速、水深的沿程变化，从而产生了非均匀流动。

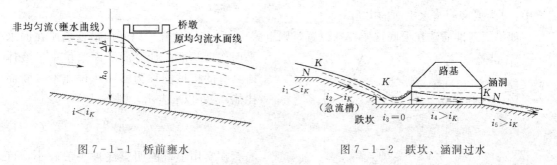

图 7-1-1　桥前壅水　　　　　　　　图 7-1-2　跌坎、涵洞过水

除了上述人为因素的影响外，河渠由于受大自然的作用，过水断面的大小及河床底坡也

经常变化，这也是明渠水流产生非均匀流动的原因之一。

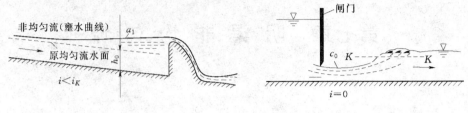

图 7-1-3　坝前壅水　　　　　　图 7-1-4　闸孔出流

### 二、明渠非均匀流的特征

明渠均匀流的水流特征是流速、水深沿程不变，且水面线为平行于渠坡的直线。故水力坡度、水面坡度与渠道底坡彼此相等。而在明渠非均匀流中，水流重力沿流动方向的分力与阻力不平衡，流速和水深沿程都发生变化，水面线一般为曲线（称为水面曲线）。这时其水力坡度、水面坡度与渠道底坡互不相等，如图 7-1-5 所示。

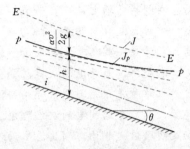

### 三、主要研究的问题

图 7-1-5　明渠非均匀流几何特征

在明渠非均匀流的水力计算中，需要对各断面水深或水面曲线进行计算。例如，在桥渡勘测设计时，为了预估计建桥后墩台对河流的影响，便需要算出桥址附近的水位标高；在河道上筑坝取水，为了确定由于水位抬高所造成的水库淹没范围，也要进行水面曲线的计算。所以，本章将着重介绍明渠非均匀流中水面曲线变化的规律及其计算方法。

在深入了解非均匀流规律之前，先介绍几个有关概念。

# 第二节　断面单位能量和临界水深

### 一、断面单位能量

图 7-2-1 所示为一渐变流，若以 0—0 为基准面，则过水断面上单位重量液体所具有的总机械能为

$$E = z + \frac{\alpha v^2}{2g} = z_0 + h\cos\theta + \frac{\alpha v^2}{2g}$$

式中：$\theta$ 为渠底面与水平面的夹角。

如果把基准面选在渠底这一特殊位置，则上式中 $z_0 = 0$。这样，以断面最低点所在的水平面作为基准面计算的断面单位重量液体所具有的机械能称为断面单位能量（断面比能），并以 $e$ 表示，则

$$e = h\cos\theta + \frac{\alpha v^2}{2g} \qquad (7-1)$$

在实用上，因明渠底坡一般较小，可认为 $\cos\theta \approx 1$，故常采用

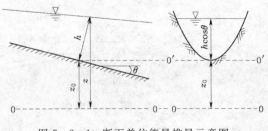

图 7-2-1　断面单位能量推导示意图

$$e=h+\frac{\alpha v^2}{2g} \qquad (7-2)$$

断面单位能量 $e$ 和水流机械能 $E$ 的概念是不同的。从第三章知，水流机械能在沿水流方向上总是减少的，即 $\frac{\mathrm{d}E}{\mathrm{d}s}<0$。但是，断面单位能量却不一样，由于它的基准面不固定，且一般明渠水流速度与水深沿程变化，所以 $e$ 沿水流方向可能增大，即 $\frac{\mathrm{d}e}{\mathrm{d}s}>0$；也可能减小，即 $\frac{\mathrm{d}e}{\mathrm{d}s}<0$；甚至还可能沿程不变，即 $\frac{\mathrm{d}e}{\mathrm{d}s}=0$（均匀流）。

对于棱柱形渠道，流量一定时，式（7-2）为

$$e=h+\frac{\alpha v^2}{2g}=h+\frac{\alpha Q^2}{2g\omega^2}=f(h) \qquad (7-3)$$

可见，当明渠断面形状、尺寸和流量一定时，断面单位能量 $e$ 便为水深 $h$ 的函数。$e$ 随 $h$ 的变化规律可用图形表示，称为比能曲线。

从式（7-3）看出，在断面形状、尺寸以及流量一定时，当 $h \to 0$ 时，$\omega \to 0$，则 $\frac{\alpha Q^2}{2g\omega^2} \to \infty$，即 $e \to \infty$；当 $h \to \infty$ 时，$\omega \to \infty$，则 $\frac{\alpha Q^2}{2g\omega^2} \to 0$，此时 $e \to \infty$。若以 $h$ 为纵坐标，以 $e$ 为横坐标，根据上述讨论，绘出的比能曲线是一条二次抛物线，如图7-2-2所示，曲线的下端以水平线为渐近线，上端以与坐标轴成 $45°$ 夹角并通过原点的直线为渐近线。

函数 $e=f(h)$ 一般是连续的，在它的连续区间两端均为无穷大量，故对应于某 $h$ 值，这个函数

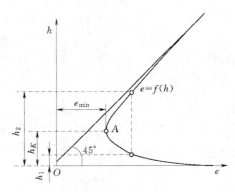

图 7-2-2 比能曲线

必有一极小值（$A$ 点对应的 $e$ 为极小值）。从图中可以看出，$A$ 点将曲线分为上、下两支。在下支，断面单位能量 $e$ 随水深 $h$ 的增加而减小，即 $\mathrm{d}e/\mathrm{d}h<0$；在上支则相反，$h$ 增加，$e$ 也随之增加，则 $\mathrm{d}e/\mathrm{d}h>0$。从图中还可以看出，相应于任一可能的 $e$ 值，可以有两个水深 $h_1$ 和 $h_2$，但当 $e=e_{\min}$ 时，$h_1=h_2=h_K$，$h_K$ 称为临界水深。

**二、临界水深**

1. 临界水深的意义及其普遍计算式

当流量、断面形状、尺寸一定时，断面单位能量最小值对应的水深称为临界水深。亦即 $e=e_{\min}$ 时，$h=h_K$，如图7-2-2所示。

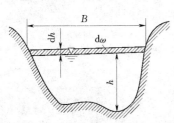

图 7-2-3 任意形式的明渠
过流断面

临界水深 $h_K$ 的计算公式可根据上述定义得出。为此求出 $e=f(h)$ 的极小值，所相应的水深便是临界水深 $h_K$。现就式（7-2）求 $e$ 对 $h$ 的导数

$$\frac{\mathrm{d}e}{\mathrm{d}h}=\frac{\mathrm{d}}{\mathrm{d}h}\left(h+\frac{\alpha v^2}{2g}\right)=1+\frac{\mathrm{d}}{\mathrm{d}h}\left(\frac{\alpha Q^2}{2g\omega^2}\right)=1-\frac{\alpha Q^2}{g\omega^3}\frac{\mathrm{d}\omega}{\mathrm{d}h} \qquad (7-4)$$

式中：$\mathrm{d}\omega/\mathrm{d}h$ 为过水断面 $\omega$ 由于水深 $h$ 的变化所引起的变化率，它恰等于水面宽度 $B$，如图7-2-3所示。

$$B = \frac{\mathrm{d}\omega}{\mathrm{d}h} \tag{7-5}$$

将式（7-5）代入式（7-4），得

$$\frac{\mathrm{d}e}{\mathrm{d}h} = 1 - \frac{\alpha Q^2 B}{g \omega^3} \tag{7-6}$$

令 $\frac{\mathrm{d}e}{\mathrm{d}h} = 0$，以求 $e = e_{\min}$ 时之水深 $h_K$，于是得

$$\frac{\alpha Q^2}{g} = \frac{\omega_K^3}{B_K} \tag{7-7}$$

式（7-7）便是求临界水深的普遍公式。式中等号左边是已知值，右边 $B_K$ 及 $\omega_K$ 为相应于临界水深的水力要素，均是 $h_K$ 的函数，所以利用式（7-7）可以确定 $h_K$。由于 $\omega^3/B$ 一般是水深 $h$ 的隐函数形式，故常采用试算—图解的方法来求解。

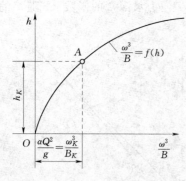

图 7-2-4　临界水深的计算

对于给定的断面，设各种 $h$ 值，依次算出相应的 $\omega$、$B$ 和 $\omega^3/B$ 值。以 $\omega^3/B$ 为横坐标，以 $h$ 为纵坐标作图，如图 7-2-4 所示

从式（7-7）可知，图中对应于 $\omega^3/B = \alpha Q^2/g$ 的水深 $h$ 便是临界水深 $h_K$。

2. 矩形断面临界水深的计算

对于矩形断面的明渠水流，其临界水深 $h_K$ 可用以下关系式求得。矩形断面的水面宽度 $B$ 等于底宽 $b$，代入普遍式（7-7）便有

$$\frac{\alpha Q^2}{g} = \frac{(bh_K)^3}{b}$$

整理得

$$h_K = \sqrt[3]{\frac{\alpha Q^2}{g b^2}} = \sqrt[3]{\frac{\alpha q^2}{g}} \tag{7-8}$$

式中：$q = Q/b$，称为单宽流量。

3. 梯形断面临界水深计算

梯形断面临界水深的计算公式可将 $\omega_K = (b + mh_K) h_K$ 及 $B_K = b + 2mh_K$ 代入式（7-7）得到，即

$$\frac{[h_K(b + mh_K)]^3}{b + 2mh_K} = \frac{\alpha Q^2}{g}$$

上式为求解 $h_K$ 的高次隐式方程，直接求解比较困难，可写成迭代解的形式

$$h_{K(j+1)} = \left[ \frac{\alpha Q^2 (b + 2mh_{Kj})}{g(b + mh_{Kj})^3} \right]^{\frac{1}{3}} \quad (j = 0, 1, 2, \cdots) \tag{7-9}$$

上式在收敛域 $(0, \infty)$ 内收敛速度都很快。

4. 圆形断面临界水深计算

将 $\omega = \frac{d^2}{8}(\theta - \sin\theta)$ 和 $B = d\sin(\theta/2)$ 代入式（7-7），可导出以圆心角 $\theta$ 为迭代值的求解圆形断面临界水深的迭代公式

$$\theta_{j+1} = \left[ 8 \left( \frac{\alpha Q^2}{g d^5} \sin \frac{\theta_j}{2} \right)^{1/3} + \sin \theta_j \right]^{0.7} \theta_j^{0.3} \quad (j = 0, 1, 2, \cdots) \tag{7-10}$$

又有

$$h_K = d \sin^2 (\theta / 4)$$

式（7-10）中取迭代过程加快收敛的加权指数为 0.7，收敛较快。

除了上述方法之外，也可根据式（7-7）由试算—图解法求出临界水深。在实际工作中，对于梯形断面或不满流圆形断面的临界水深，可在有关的水力计算图表中查得，从而使试算工作大大简化。

### 三、临界坡度

在棱柱形渠道中，断面形状、尺寸和流量一定时，若水流的正常水深 $h_0$ 恰等于临界水深 $h_K$，则其渠底坡度称为临界坡度 $i_K$。简言之，临界坡度是指正常水深恰好等于临界水深时的渠底坡度。

根据上述定义，临界坡度 $i_K$ 可从均匀流基本关系式 $Q = \omega_K C_K \sqrt{R_K i_K}$ 和临界水深的普通公式 $\frac{\alpha Q^2}{g} = \frac{\omega_K^3}{B_K}$ 联立求得

$$i_K = \frac{Q^2}{\omega_K^2 C_K^2 R_K} = \frac{g \chi_K}{\alpha C_K^2 B_K} \tag{7-11}$$

式中带有角标"$K$"的各符号均表示水深为临界水深 $h_K$ 时的各水力要素。

由式（7-9）不难看出，明渠的临界坡度 $i_K$ 与断面形状尺寸、流量及渠道的粗糙系数有关，而与渠道的实际底坡无关，它是为了计算或分析的方便而引入的一个假设坡度。

如果明渠的实际底坡小于某一流量下的临界坡度，即 $i < i_K$（则 $h_0 > h_K$），此时渠底坡度称为缓坡；如果 $i > i_K$（则 $h_0 < h_K$），此时渠底坡度称为急坡或陡坡，如果 $i = i_K$（则 $h_0 = h_K$），此时渠底坡度称为临界坡。必须指出，上述关于渠底坡度的缓、急之称，是对应于一定流量来讲的。对于某一渠道，底坡一定，但当流量增加或减小时，所相应的 $h_K$（或 $i_K$）也变化，从而对该渠道的缓坡或陡坡之称也可能随之改变。

# 第三节 缓流、急流、临界流及其判别准则

明渠水流在临界水深时的流速称为临界流速，以 $v_K$ 表示，这样的明渠水流状态称为临界流。当明渠水流流速小于临界流速时，称为缓流，大于临界流速时，称为急流。缓流、急流的判别常采用临界水深判别法和弗劳德数判别法。

### 一、临界水深判别法

（1）缓流状态：当 $v < v_K$，则 $h > h_K$，此时水流处在比能曲线的上支，如图 7-2-2 所示，即 $\frac{de}{dh} > 0$，说明断面单位能量 $e$ 对水深 $h$ 的导数为正值，$e$ 是增函数。

（2）急流状态：当 $v > v_K$，则 $h < h_K$。此时水流处在比能曲线的下支，即 $\frac{de}{dh} < 0$，说明断面单位能量 $e$ 对水深 $h$ 的导数为负值，$e$ 是减函数。

（3）临界流：当 $v = v_K$，则 $h = h_K$，此时，断面单位能量取得最小值，即 $\frac{de}{dh} = 0$。

**二、弗劳德数判别法**

在式（7-6）中，若令 $Fr = \dfrac{\alpha Q^2 B}{g\omega^3}$

则
$$\frac{\mathrm{d}e}{\mathrm{d}h} = 1 - \frac{\alpha Q^2 B}{g\omega^3} = 1 - Fr \tag{7-12}$$

式中，$Fr$ 是一个无量纲的组合数，在水力学上称它为弗劳德数。

如令 $\dfrac{\omega}{B} = \bar{h}$ 表示过水断面上的平均水深，则弗劳德数为

$$Fr = \frac{\alpha Q^2 B}{g\omega^3} = \frac{\alpha Q^2}{g\omega^2 \bar{h}} = \frac{\alpha v^2}{g\bar{h}} = 2\frac{\dfrac{\alpha v^2}{2g}}{\bar{h}} \tag{7-13}$$

这就是说，弗劳德数 $Fr$ 代表能量的比值，它表示过水断面单位重量液体的平均动能与平均势能比值的两倍。若水流中的动能越大，$Fr$ 越大，则流态越急。如 $Fr>1$，从式（7-12）得，$\dfrac{\mathrm{d}e}{\mathrm{d}h}<0$，则水流为急流。由此可得

$$\left.\begin{array}{l} Fr>1 \text{ 时，水流为急流} \\ Fr=1 \text{ 时，水流为临界流} \\ Fr<1 \text{ 时，水流为缓流} \end{array}\right\} \tag{7-14}$$

根据上述分析，对于明渠水流流态的判别准则可归纳在表7-1中。

表7-1 流态判别指标及判别方法

| 判别指标 | 流态 | 缓流 | 临界流 | 急流 |
|---|---|---|---|---|
| 均匀流或非均匀流 | 水深 $h$ | $h>h_K$ | $h=h_K$ | $h<h_K$ |
| | 弗劳德数 $Fr$ | $Fr<1$ | $Fr=1$ | $Fr>1$ |
| | 平均流速 $v$ | $v<v_K$ | $v=v_K$ | $v>v_K$ |
| | 断面比能 $\dfrac{\mathrm{d}e}{\mathrm{d}h}$ | $\dfrac{\mathrm{d}e}{\mathrm{d}h}>0$ | $\dfrac{\mathrm{d}e}{\mathrm{d}h}=0$ | $\dfrac{\mathrm{d}e}{\mathrm{d}h}<0$ |
| 均匀流 | 底坡 $i$ | $i<i_K$ | $i=i_K$ | $i>i_K$ |
| | 正常水深 $h_0$ | $h_0>h_K$ | $h_0=h_K$ | $h_0<h_K$ |

从表中可以看出，对于明渠均匀流，除与非均匀流相同的判别准则外，还可利用临界底坡来判别流态，即在缓坡上水流为缓流，在陡坡上水流为急流，在临界坡上水流为临界流。但这种判别只能适用于均匀流。

**【例7-1】** 一条长直的矩形断面渠道（$n=0.02$），宽度 $b=5\mathrm{m}$，正常水深 $h_0=2\mathrm{m}$ 时通过的流量 $Q=40\mathrm{m}^3/\mathrm{s}$。试分别用 $h_K$、$i_K$、$Fr$ 及 $v_K$ 来判别该明渠水流的流态。

**解：**（1）临界水深：对于矩形断面明渠，有

$$h_K = \sqrt[3]{\frac{\alpha Q^2}{gb^2}} = \sqrt[3]{\frac{1\times 40^2}{9.8\times 5^2}} = 1.87(\mathrm{m})$$

可见 $h_0>h_K$，此均匀流为缓流。

（2）临界坡度：由式（7-9）得

$$i_K = \frac{g\chi_K}{\alpha C_K^2 B_K} \text{ 而 } C_K = \frac{1}{n}R_K^{\frac{1}{6}}$$

其中
$$\chi_K = b + 2h_K = 5 + 2 \times 1.87 = 8.74(\text{m})$$
$$B_K = b = 5(\text{m})$$
$$\omega_K = bh_K = 5 \times 1.87 = 9.35(\text{m}^2)$$
$$R_K = \frac{\omega_K}{\chi_K} = \frac{9.35}{8.74} = 1.07(\text{m})$$
$$C_K = \frac{1}{n}R_K^{1/6} = \frac{1}{0.02} \times 1.07^{1/6} = 50.567(\text{m}^{1/2}/\text{s})$$
$$i_K = \frac{9.8 \times 8.74}{1 \times 50.567^2 \times 5} = 0.0067$$

另外
$$i = \frac{Q^2}{K^2}, \quad \text{而 } K = \omega C\sqrt{R}$$

其中
$$\omega = bh_0 = 5 \times 2 = 10(\text{m}^2)$$
$$\chi = b + 2h_0 = 5 + 2 \times 2 = 9(\text{m})$$
$$R = \frac{\omega}{\chi} = \frac{10}{9} = 1.11(\text{m})$$
$$K = \omega C\sqrt{R} = \frac{\omega}{n}R^{2/3} = \frac{10}{0.02} \times 1.11^{2/3} = 536.0(\text{m}^3/\text{s})$$

得
$$i = \frac{Q^2}{K^2} = \frac{40^2}{536^2} = 0.0056$$

可见 $i = 0.0056 < i_K = 0.0067$，此均匀流为缓流。

（3）弗劳德数
$$Fr = \frac{\alpha v^2}{g\bar{h}} \quad (\text{矩形断面}\bar{h} = h)$$

其中
$$h = h_0 = 2\text{m} \quad v = \frac{Q}{\omega} = \frac{Q}{bh_0} = \frac{40}{5 \times 2} = 4(\text{m/s})$$

得
$$Fr = \frac{\alpha v^2}{g h} = \frac{1 \times 4^2}{9.2 \times 2} = 0.816$$

可见 $Fr < 1$，此时均匀流水流为缓流。

（4）临界流速
$$v_K = \frac{Q}{\omega_K} = \frac{Q}{bh_K} = \frac{40}{5 \times 1.87} = 4.28(\text{m/s})$$
$$v = \frac{Q}{\omega} = \frac{Q}{bh_0} = 4(\text{m/s})$$

可见 $v < v_K$，水流为缓流。

# 第四节　水　　跃

　　水跃是明渠水流从急流状态过渡到缓流状态时水面骤然跃起的局部水力现象，如图 7-4-1 所示。它可以在溢洪道下、跌水下形成，如图 7-1-2 所示，也可以在闸下出流时形成，如图 7-1-4 所示。

　　在水跃发生的流段内，流速大小及其分布不断变化。水跃区域的上部为饱掺空气的表面旋滚似的水涡，称为旋滚区；下部为在铅直平面内急剧扩张前进的水流，称为主流区，如图

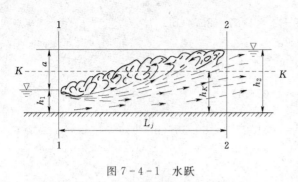

图 7-4-1 水跃

7-4-1 所示。

表面旋滚始端的过水断面 1—1（或水面开始上升处的过水断面）称为跃前断面，该断面处的水深 $h_1$ 叫跃前水深。表面旋滚末端的过水断面 2—2 称为跃后断面，该断面处的水深 $h_2$ 称跃后水深。跃后水深与跃前水深之差，即 $h_2-h_1=a$，称为跃高。跃前断面至跃后断面的水平距离称为水跃段长度，用 $L_j$ 表示。

水跃是明渠非均匀急变流的重要现象，它的发生不仅增加了上、下游水流衔接的复杂性，还引起大量的能量损失，成为有效的消能方式。

**一、水跃的基本方程**

这里仅讨论平坡（$i=0$）渠道中的完整水跃。所谓完整水跃是指发生在棱柱形渠道的、其跃前水深 $h_1$ 和跃后水深 $h_2$ 相差显著的水跃。

在推导水跃基本方程时，由于水跃区内部水流极为紊乱复杂，其阻力分布规律尚未弄清，因无法计算其能量损失 $h_w$，应用能量方程还有困难，而需采用恒定总流的动量方程。

如图 7-4-2 所示，对跃前断面 1—1 和跃后断面 2—2 之间的水跃段沿水流方向写动量方程得

$$\frac{\gamma Q}{g}(\beta_2 v_2-\beta_1 v_1)=F_1-F_2-F_f \qquad (7-15)$$

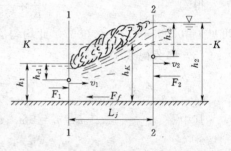

图 7-4-2 平坡渠道中的完整水跃

式中：$Q$ 为流量；$\gamma$ 为水的重度；$v_1$、$v_2$ 为跃前、跃后断面的平均流速；$\beta_1$、$\beta_2$ 为两断面的动量修正系数；$F_1$、$F_2$ 为跃前、跃后断面的动水总压力；$F_f$ 为水跃段水流与渠壁接触面上的摩阻力。

为了使式（7-15）便于应用，参照水跃实际情况作出如下三项假定。

（1）设水跃前、后断面处的水流为渐变流，作用于断面上的动水压强符合静压分布规律，于是

$$F_1=\gamma\omega_1 h_{c1}$$
$$F_2=\gamma\omega_2 h_{c2}$$

式中：$\omega_1$、$\omega_2$ 分别为水跃前、后断面的面积；$h_{c1}$、$h_{c2}$ 分别为水跃前、后断面形心距水面的距离。

（2）设 $F_f=0$，由于水跃段长度较小，故 $F_f$ 与 $F_1$、$F_2$ 比较一般甚小，可以忽略不计。

（3）设 $\beta_1=\beta_2=1.0$，又由连续性方程 $v_1=\frac{Q}{\omega_1}$ 和 $v_2=\frac{Q}{\omega_2}$，将 $F_1$、$F_2$、$v_1$、$v_2$ 代入式（7-15）整理得

$$\frac{Q^2}{g\omega_1}+\omega_1 h_{c1}=\frac{Q^2}{g\omega_2}+\omega_2 h_{c2} \qquad (7-16)$$

这就是棱柱形平坡渠道中完整水跃的基本方程。

令

$$\theta(h)=\frac{Q^2}{g\omega}+\omega h_c \qquad\qquad (7-17)$$

式中：$h_c$ 为断面形心的水深；$\theta(h)$ 称为水跃函数。

当流量和断面尺寸一定时，水跃函数便是水深 $h$ 的函数，因此，完整水跃的基本方程式 (7-16) 可写作

$$\theta(h_1)=\theta(h_2)$$

上式表明，在棱柱形水平明渠中，跃前水深 $h_1$ 与跃后水深 $h_2$ 具有相同的水跃函数值，这一对水深称为共轭水深。

应当指出，以上推导的水跃方程，在棱柱形渠道底坡不大的情况下，也可以近似应用。

**二、水跃函数的图形**

水跃函数 $\theta(h)$ 是水深 $h$ 的连续函数，可用图形表示。从式（7-17）看出，在流量 $Q$ 和断面尺寸不变的条件下，当

$h\to0$ 时，$\omega\to0$，则水跃函数 $\theta(h)\to\infty$；

$h\to\infty$时，$\omega\to\infty$，则 $\theta(h)\to\infty$。

若以 $h$ 为纵坐标，以 $\theta(h)$ 为横坐标，绘出水跃函数的图形如图 7-4-3 所示。从图中可以看出，水跃函数曲线具有如下特性。

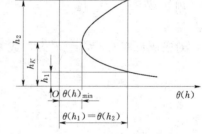

图 7-4-3　水跃函数图形

（1）水跃函数 $\theta(h)$ 有一极小值 $\theta(h)_{\min}$，与 $\theta(h)_{\min}$ 相应的水深为临界水深 $h_K$。根据 $\frac{\mathrm{d}\theta(h)}{\mathrm{d}h}=0$，即可求得临界水深的表达式 $\frac{\alpha Q^2}{g}=\frac{\omega^3}{B}$（推导过程从略）。

（2）当 $h>h_K$ 时（对应曲线的上支），水流为缓流。此时，$\theta(h)$ 随 $h$ 的增加而增加。

（3）当 $h<h_K$ 时（对应曲线的下支），水流为急流。此时，$\theta(h)$ 随 $h$ 的增加而减小。

（4）一个水跃函数值对应两个水深，这两个水深互为共轭水深。

（5）跃前水深越大，对应的跃后水深越小；而跃前水深越小，对应的跃后水深越大。

**三、共轭水深的计算**

共轭水深的计算问题通常是已知跃前水深，求相应的跃后水深；或已知跃后水深，求跃前水深。对于任意形状断面的渠道，由于 $h_c$ 和 $\omega$ 均是水深 $h$ 的复合函数，直接求解困难，可采用试算-图解法求共轭水深。

1. 任意形状断面明渠共轭水深的计算

当已知跃前水深 $h_1$，求跃后水深 $h_2$ 时，可假设一系列 $h$ 值（$h>h_K$），并计算相应的 $\theta(h)$，以 $h$ 为纵坐标，$\theta(h)$ 为横坐标，可绘出水跃函数上支有关部分，如图 7-4-4（a）所示，曲线绘出后，通过横坐标轴上 $\theta(h_1)=\theta(h_2)$ 的已知点 $A$ 作铅垂线与曲线相交于 $B$ 点，$B$ 点的纵坐标值即是欲求的 $h_2$。

当已知 $h_2$ 求 $h_1$ 时，则只需绘出曲线的下支有关部分，其图解示意图如图 7-4-4（b）所示。

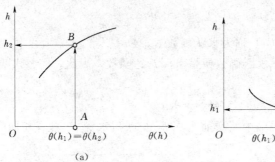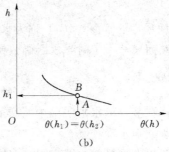

图 7-4-4　共轭水深的计算

**2. 矩形断面明渠共轭水深的计算**

矩形断面明渠的共轭水深可由水跃方程直接求解。设矩形断面明渠的宽度为 $b$，则 $\omega = bh$，$h_C = \dfrac{h}{2}$，式（7-4-2）可写为

$$\frac{h_1}{2}bh_1 + \frac{Q^2}{gbh_1} = \frac{h_2}{2}bh_2 + \frac{Q^2}{gbh_2}$$

则

$$\frac{h_1^2}{2} + \frac{q^2}{gh_1} = \frac{h_2^2}{2} + \frac{q^2}{gh_2}$$

对于矩形断面，$h_K = \sqrt[3]{\dfrac{\alpha q^2}{g}}$，或 $h_K^3 = \dfrac{\alpha q^2}{g}$ 代入上式，并整理得

$$h_1^2 h_2 + h_1 h_2^2 - 2h_K^3 = 0 \qquad (7-18)$$

解得
$$h_1 = \frac{h_2}{2}\left[\sqrt{1 + 8\left(\frac{h_K}{h_2}\right)^3} - 1\right] = \frac{h_2}{2}\left[\sqrt{1 + 8\frac{q^2}{gh_2^3}} - 1\right]$$

$$\left.\right\} \qquad (7-19)$$

或
$$h_2 = \frac{h_1}{2}\left[\sqrt{1 + 8\left(\frac{h_K}{h_1}\right)^3} - 1\right] = \frac{h_1}{2}\left[\sqrt{1 + 8\frac{q^2}{gh_1^3}} - 1\right]$$

式中：$\left(\dfrac{h_K}{h_2}\right)^3 = \dfrac{\alpha v_2^2}{gh_2} = Fr_2$；$\left(\dfrac{h_K}{h_1}\right)^3 = \dfrac{\alpha v_1^2}{gh_1} = Fr_1$。

于是式（7-18）又可写成如下形式

$$h_1 = \frac{h_2}{2}(\sqrt{1 + 8Fr_2} - 1)$$
$$\left.\right\} \qquad (7-20)$$
$$h_2 = \frac{h_1}{2}(\sqrt{1 + 8Fr_1} - 1)$$

利用式（7-19）或式（7-20）可直接求解共轭水深。

尚需指出，在推导水跃方程时，曾经做了几个假定，而这些假定被实验验证是符合实际的。当 $Fr = 2.5 \sim 25$ 范围内，式（7-15）的计算值与实验值相当吻合。

以上讨论是对平坡渠道而言。对于底坡 $i$ 较大的明渠，必须考虑隔离水体的重力在水流方向的分力，对于非棱柱形明渠，还需要考虑侧壁反力沿流向的分力。

**四、水跃的能量损失与长度**

**1. 水跃的能量损失**

水跃现象不仅改变了水流的外形，也引起了水流内部结构的剧烈变化，如图 7-4-5 所示。可以想象，随着这种变化而来的是水跃所引起的大量的能量损失，有时可达跃前断面急流能量的 70%。水跃消能包括水跃段消能和跃后段消能两部分。如图 7-4-5 所示，$L_j$ 表示水跃段长度，$L_{jj}$ 表示跃后段长度。在水跃段，上部旋滚区掺有气泡的水质点作无规则旋转并伴随着剧烈紊动和碰撞。下部主流区中的水流急剧扩散。在旋滚区和主流区的交界面附近，流速梯度很大，且两部分的水质点相互交换混掺，紊动强烈，由此产生很大的黏滞切应力和紊流附加切应力。由于上述原因在水跃段产生的能量损失用 $E_j$ 表示，它在水跃消能中起主要作用。

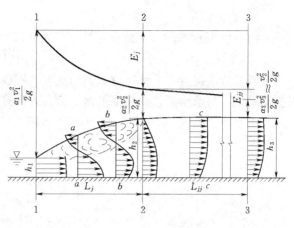

图 7-4-5 水跃的内部结构

在跃后断面 2—2 处，断面上的流速分布仍很不正常，水流质点的紊动强度仍较大。水流经过从 2—2 断面至 3—3 断面流段的调整，断面流速分布和水流紊动强度才趋于正常。在这个过程中产生的能量损失为跃后段能量损失，用 $E_{jj}$ 表示。

对图 7-4-5 中 1—1 断面和 2—2 断面列能量方程，可得水跃段水头损失为

$$E_j = \left(h_1 + \frac{\alpha_1 v_1^2}{2g}\right) - \left(h_2 + \frac{\alpha_2 v_2^2}{2g}\right) \tag{7-21}$$

式中：取 $\alpha_1 = 1$，而 $\alpha_2$ 远大于 1。

再对 2—2 断面和 3—3 断面列能量方程，可得跃后段能量损失为

$$E_{jj} = \left(h_2 + \frac{\alpha_2 v_2^2}{2g}\right) - \left(h_3 + \frac{\alpha_3 v_3^2}{2g}\right) \tag{7-22}$$

2—2 断面与 3—3 断面的水深近似相等，即 $h_2 \approx h_3$，因此 $v_2 = v_3$，取 $\alpha_3 = 1$，则

$$E_{jj} = (\alpha_2 - 1)\frac{v_2^2}{2g} \tag{7-23}$$

将式 (7-21) 和式 (7-23) 相加，可得水跃的水头损失为

$$E = E_j + E_{jj} = \left(h_1 + \frac{v_1^2}{2g}\right) - \left(h_2 + \frac{v_2^2}{2g}\right) \tag{7-24}$$

对于棱柱形矩形明渠

$$\frac{v_1^2}{2g} = \frac{q^2}{2gh_1^2} = \frac{h_K^3}{2h_1^2} = \frac{2h_K^3}{4h_1^2}$$

将式 (7-17) 代入上式，得

$$\frac{v_1^2}{2g} = \frac{h_1^2 h_2 + h_1 h_2^2}{4h_1^2} = \frac{h_2}{4h_1}(h_1 + h_2)$$

同理

$$\frac{v_2^2}{2g} = \frac{h_1}{4h_2}(h_1 + h_2)$$

将以上两式代入式 (7-24)，得到矩形断面明渠水跃的能量损失为

$$E = \frac{(h_2 - h_1)^3}{4h_1 h_2} \tag{7-25}$$

可见，在给定流量下，跃高越大，能量损失也越大。

**2. 水跃长度**

水跃长度 $L$ 应理解为水跃段长度 $L_j$ 和跃后段长度 $L_{jj}$（图 7-4-5 所示）之和。

$$L = L_j + L_{jj} \tag{7-26}$$

水跃长度决定着有关河段应加固的长度，所以跃长的确定具有重要的实际意义。由于水跃运动复杂，目前水跃长度仅是根据经验公式计算。

关于水跃段长度 $L_j$，对于 $i$ 较小的矩形断面渠道可采用下面公式计算

$$L_j = 4.5 h_2 \tag{7-27}$$

或

$$L_j = \frac{1}{2}(4.5 h_2 + 5a) \tag{7-28}$$

$$L_j = 6.9(h_2 - h_1) \tag{7-29}$$

式中：$h_2$ 为跃后水深；$a$ 为跃高（即 $a = h_2 - h_1$）。

关于跃后段长度 $L_{jj}$ 可用下式计算

$$L_{jj} = (2.5 \sim 3.0) L_j \tag{7-30}$$

上述经验公式，仅适用于底坡较小的矩形渠道，可在工程上作为初步估算之用，若要获取准确值，尚需通过水工模型试验来确定。

**【例 7-2】** 某矩形断面渠道修建水闸，闸后有水跃发生，已知渠中流量 $Q = 30\text{m}^3/\text{s}$，底宽 $b = 5\text{m}$，跃前水深 $h_1 = 0.5\text{m}$，试求：（1）跃后水深 $h_2$；（2）水跃段长度 $L_j$；（3）水跃能量损失。

**解：**（1）单宽流量 $\qquad q = \dfrac{Q}{b} = \dfrac{30}{5} = 6[\text{m}^3/(\text{s} \cdot \text{m})]$

若取 $\alpha = 1$，则临界水深

$$h_K = \sqrt[3]{\frac{q^2}{g}} = \sqrt[3]{\frac{6^2}{9.8}} = 1.54(\text{m})$$

则 $\qquad h_2 = \dfrac{h_1}{2}\left[\sqrt{1 + 8\left(\dfrac{h_K}{h_1}\right)^3} - 1\right] = \dfrac{0.5}{2} \times \left[\sqrt{1 + 8 \times \left(\dfrac{1.54}{0.5}\right)^3} - 1\right] = 3.58(\text{m})$

（2）水跃段长度用式（7-27）计算

$$L_j = 4.5 h_2 = 4.5 \times 3.58 = 16.1(\text{m})$$

（3）水跃的能量损失用式（7-25）计算

$$E = \frac{(h_2 - h_1)^3}{4 h_1 h_2} = \frac{(3.58 - 0.5)^3}{4 \times 0.5 \times 3.58} = 4.08(\text{m})$$

## 第五节　明渠恒定非均匀渐变流的基本微分方程

明渠非均匀渐变流的运动要素是沿流程变化的，为了确定这些运动要素，首先需建立渐变流的微分方程式。

如图 7-5-1 所示，对底坡为 $i$ 的明渠取微分渠段 $\text{d}s$，设 1—1 断面的水深为 $h$，平均流速为 $v$，渠底高程为 $z_0$。由于水流为渐变流，可认为各水力要素沿流程连续变化，故可设 2—2 断面各相应的水力要素为 $h + \text{d}h$，$v + \text{d}v$，$z_0 + \text{d}z_0$，两断面间的水头损失用的 $\text{d}h_w$ 表示，则能量方程为

$$z_0 + h\cos\theta + \frac{\alpha_1 v^2}{2g} = (z_0 + \mathrm{d}z_0) + (h + \mathrm{d}h)\cos\theta + \frac{\alpha_2 (v + \mathrm{d}v)^2}{2g} + \mathrm{d}h_w \qquad (7-31)$$

取 $\alpha_1 = \alpha_2 = \alpha$，则上式中

$$\frac{\alpha(v + \mathrm{d}v)^2}{2g} = \frac{\alpha}{2g}[v^2 + 2v\mathrm{d}v + (\mathrm{d}v)^2]$$

略去高阶微量，可写为

$$\frac{\alpha(v + \mathrm{d}v)^2}{2g} = \frac{\alpha v^2}{2g} + \mathrm{d}\left(\frac{\alpha v^2}{2g}\right)$$

将上式代入式（7-31）整理得

$$\mathrm{d}z_0 + \mathrm{d}h\cos\theta + \mathrm{d}\left(\frac{\alpha v^2}{2g}\right) + \mathrm{d}h_w = 0 \qquad (7-32)$$

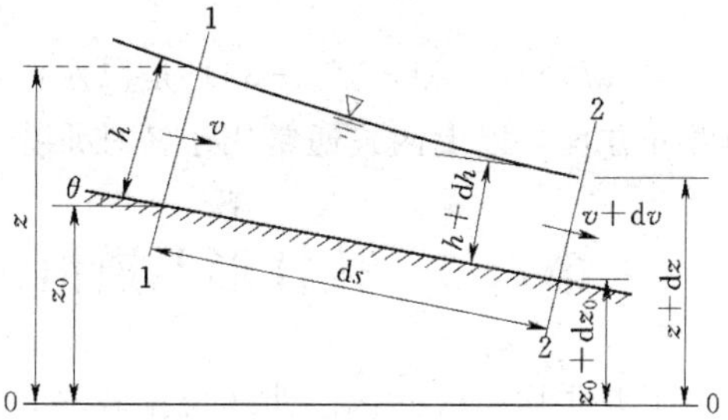

图 7-5-1 明渠微段的恒定非均匀渐变流

由图 7-5-1 看出，当底坡 $i$ 以顺流下降为正时，则

$$\mathrm{d}z_0 = -i\mathrm{d}s$$

当底坡 $i$ 较小时（$i < 0.1$），一般可以近似取 $\cos\theta = 1$，用铅直水深代替垂直于渠底的水深，即

$$\mathrm{d}h\cos\theta \approx \mathrm{d}h$$

将上式代入式（7-32）可得

$$-i\mathrm{d}s + \mathrm{d}h + \mathrm{d}\left(\frac{\alpha v^2}{2g}\right) + \mathrm{d}h_w = 0$$

即

$$-i\mathrm{d}s + \mathrm{d}\left(h + \frac{\alpha v^2}{2g}\right) + \mathrm{d}h_w = 0 \qquad (7-33)$$

因为 $\mathrm{d}\left(h + \frac{\alpha v^2}{2g}\right) = \mathrm{d}e$，对于非均匀渐变流，局部水头损失较小，可以略去不计，则 $\mathrm{d}h_w = \mathrm{d}h_f = J\mathrm{d}s$，把它们代入式（7-33）并简化得

$$\frac{\mathrm{d}e}{\mathrm{d}s} = i - J \qquad (7-34)$$

式（7-34）是以断面单位能量沿程变化所表示的微分方程式，主要用于棱柱形和非棱柱形渠道水面曲线的计算。

断面单位能量 $e = h + \frac{\alpha Q^2}{2g\omega^2}$，对于棱柱形渠道，当流量 $Q$ 一定时，$e$ 仅为水深 $h$ 的函数。

$$\frac{\mathrm{d}e}{\mathrm{d}s} = \frac{\mathrm{d}e}{\mathrm{d}h}\frac{\mathrm{d}h}{\mathrm{d}s}$$

由式（7-6）可知，$\frac{\mathrm{d}e}{\mathrm{d}h} = 1 - \frac{\alpha Q^2 B}{g\omega^3} = 1 - Fr$

则式（7-34）可写为

$$\frac{\mathrm{d}h}{\mathrm{d}s} = \frac{i - J}{1 - Fr} \qquad (7-35)$$

对于明渠非均匀流沿程水头损失 $\mathrm{d}h_f$，目前尚无合适的计算公式，一般仍借助于均匀流的计算公式。即假设在非均匀流微小流段 $\mathrm{d}s$ 内，其沿程水头损失采用均匀流的公式来计算，即 $J = \frac{Q^2}{K^2}$，$\mathrm{d}h_f = J\mathrm{d}s = \frac{Q^2}{K^2}\mathrm{d}s$。式中 $K$ 相当于非均匀流水深 $h$ 的流量模数，一般来说，它随水深 $h$ 的增加而增加，所以式（7-35）可写为

$$\frac{\mathrm{d}h}{\mathrm{d}s} = \frac{i - \dfrac{Q^2}{K^2}}{1 - Fr} \qquad\qquad (7-36)$$

式（7-35）和式（7-36）是以水深沿程变化的形式所表示的棱柱形渠道非均匀渐变流的微分方程。以上两式通常用于棱柱形渠道水面曲线形状的分析。

## 第六节  棱柱形渠道恒定非均匀渐变流水面曲线的分析

明渠非均匀流的水面曲线类型较多，各类水面曲线的变化情况也比较复杂。因此，在进行水面曲线的计算之前，有必要对其形状及其变化特点进行一些定性分析。本节主要是运用式（7-36）对棱柱形渠道的水面曲线进行分析。

### 一、水面曲线的类型

1. 底坡的划分

明渠按底坡可分为三种情况，即正坡（顺坡）、平坡和负坡（逆坡），而对于正坡渠道，根据临界坡度又可以划分为缓坡、陡坡和临界坡。因此，明渠底坡可以分为以下几种类型：

$$\text{正坡（顺坡）} \quad (i>0) \begin{cases} \text{缓坡} & (i<i_K) \\ \text{临界坡} & (i=i_K) \\ \text{陡坡} & (i>i_K) \end{cases}$$

$$\text{平坡} \qquad (i=0)$$
$$\text{负坡（逆坡）} \quad (i<0)$$

2. 流区的划分

对于棱柱形渠道，当流量 $Q$ 一定时，正坡渠道中有正常水深（均匀流水深）$h_0$ 和临界水深 $h_K$，并且沿程不变。平坡和负坡渠道中只有临界水深 $h_K$。正常水深线和临界水深线分别平行于渠道的底坡线，如图 7-6-1 所示。正常水深线以符号 $N-N$ 表示，临界水深线以符号 $K-K$ 表示。在 $N-N$ 线和 $K-K$ 线以上的流区称为 $a$ 区，在两线以下的流区称为 $c$ 区，而在 $N-N$ 线和 $K-K$ 线之间的流区称为 $b$ 区。

对于正坡渠道，根据均匀流公式 $Q=\omega C\sqrt{Ri}$，当流量、断面形状尺寸一定时，正常水深 $h_0$ 随底坡 $i$ 变化而变化。在缓坡渠道上，$i<i_K$，$h_0>h_K$，即 $N-N$ 线在 $K-K$ 线之上；在陡坡渠道上，$h_0<h_K$，即 $N-N$ 线在 $K-K$ 线之下。这两种底坡上均有 $a$、$b$、$c$ 三个流区。在临界坡渠道上，$h_0=h_K$，即 $N-N$ 线和 $K-K$ 线重合，故临界坡上只有 $a$、$c$ 两个流区。

对于平坡和负坡渠道，由于不可能产生均匀流，所以不存在 $N-N$ 线，但存在临界水深 $K-K$ 线。又根据均匀流公式中 $i$ 和 $h_0$ 的关系，$i$ 越小，$h_0$ 越大。当 $i\to0$ 时，则 $h_0\to\infty$。因此，可以假想平坡和负坡上的均匀流水深 $h_0$ 为无穷大，即 $N-N$ 线在 $K-K$ 线上方的无穷远处，因此，平坡和负坡上均只有 $b$ 和 $c$ 两个流区。

各种底坡渠道上的 $N-N$ 线和 $K-K$ 线的相对位置及流区划分如图 7-6-1 所示。

3. 水面曲线的类型

为便于分类，分别用下角标 1、2、3、0 和上角标"'"表示缓坡、陡坡、临界坡、平坡和负坡渠道的各流区，而每一流区仅可能出现一种类型的水面曲线。于是可将水面曲线归纳

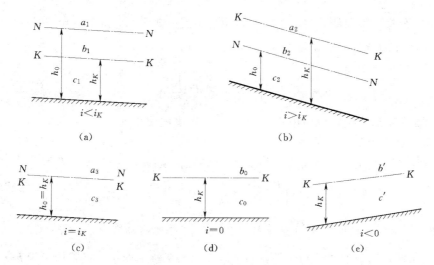

图 7-6-1　不同底坡的流区
(a) 缓坡；(b) 陡坡；(c) 临界坡；(d) 平坡；(e) 逆坡

为如下几种类型：

缓坡：$a_1$、$b_1$、$c_1$ 3 种类型的水面曲线；

陡坡：$a_2$、$b_2$、$c_2$ 3 种类型的水面曲线；

临界坡：$a_3$、$c_3$ 两种类型的水面曲线；

平坡：$b_0$、$c_0$ 两种类型的水面曲线；

负坡：$b'$、$c'$ 两种类型的水面曲线。

因此，棱柱形渠道中共有 12 种渐变流水面曲线。

## 二、水面曲线形状的定性分析

分析水面曲线的形状，主要就是分析水深的沿程变化规律。若 $\frac{dh}{ds}=0$，说明水深沿程不变，水流属于均匀流；$\frac{dh}{ds}>0$，水深沿程增加，称作壅水曲线；$\frac{dh}{ds}<0$，水深沿程减小，称为降水曲线；当 $\frac{dh}{ds}\to 0$，水流趋向于均匀流；当 $\frac{dh}{ds}\to i$ 时，由几何关系可知，水面线趋于水平线，如图 7-6-2 (a) 所示；当 $\frac{dh}{ds}\to\infty$ 时，即曲线切线的斜率趋于无穷大，如图 7-6-2 (b) 所示，水面趋于垂直，水深发生突变，水流呈急变流状态，在此附近的水流已不属于渐变流微分方程所研究的范围。

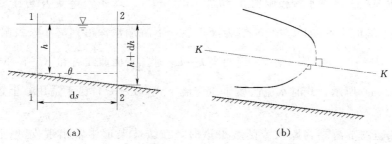

图 7-6-2　水平水面线和垂直水面线

为了便于分析水面曲线，将渠中的流量用均匀流公式表示，即 $Q=K_0\sqrt{i}$，其中 $K_0$ 为对应于正常水深 $h_0$ 的流量模数，将 $Q=K_0\sqrt{i}$ 代入式（7-36）可得

$$\frac{dh}{ds}=i\frac{1-\left(\dfrac{K_0}{K}\right)^2}{1-Fr} \tag{7-37}$$

下面以缓坡渠道为例，说明用式（7-37）分析水面曲线的方法。

1. $a_1$ 型水面曲线

$a_1$ 型水面曲线发生在缓坡渠道上的 $a_1$ 区，在该区实际水深 $h>h_0>h_K$。

由于 $h>h_0$，则 $K>K_0$，$1-\left(\dfrac{K_0}{K}\right)^2>0$；又因为 $h>h_K$，则 $Fr<1$，$1-Fr>0$，由式（7-37）得到 $\dfrac{dh}{ds}>0$，说明水深沿程增大，故称为 $a_1$ 型壅水曲线。

$a_1$ 型壅水曲线两端的变化趋势是：向上游端，水深逐渐变小，极限情况为 $h\to h_0$，则 $K\to K_0$，即式（7-37）的分子趋于零，故 $\dfrac{dh}{ds}\to 0$，说明水面线以 $N-N$ 线为渐近线；向下游端，水深逐渐增加，极限情况为 $h\to\infty$，则 $K\to\infty$，而 $Fr\to 0$，由式（7-37）得 $\dfrac{dh}{ds}\to i$，即水面曲线下游端以水平线为渐近线，如图 7-6-3（a）所示。

在缓坡渠道上修建闸、坝后，上游常出现 $a_1$ 型壅水曲线，如图 7-6-3（b）所示。

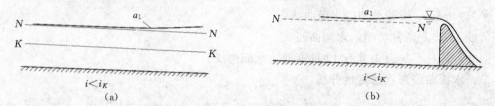

图 7-6-3　$a_1$ 型壅水曲线及坝前壅水

2. $b_1$ 型水面曲线

在缓坡渠道中，当 $h_K<h<h_0$ 时，水面曲线发生在 $b_1$ 区。

由于 $h<h_0$，则 $K<K_0$，$1-\left(\dfrac{K_0}{K}\right)^2<0$，而 $h>h_K$，故 $Fr<1$，即 $1-Fr>0$，由式（7-37）得 $\dfrac{dh}{ds}<0$，说明水深沿程减小，故称为 $b_1$ 型降水曲线。

$b_1$ 型降水曲线上游端水深极限值 $h\to h_0$，则 $K\to K_0$，式（7-37）中分子趋于零，即 $\dfrac{dh}{ds}\to 0$，说明上游端的水面线以 $N-N$ 线为渐近线，下游端水深沿程减小，极限情况 $h\to h_K$，则 $Fr\to 1$，$1-Fr\to 0$，所以 $\dfrac{dh}{ds}\to\infty$，说明当 $h\to h_K$ 时，水面曲线有和 $K-K$ 线垂直的趋势，如图 7-6-4（a）所示，此时水流已属于急变流，式（7-37）已不适用，上述分析只说明大致趋势。

当缓坡渠道的下游端为跌坎或陡坡渠道时，在缓坡渠道中常出现 $b_1$ 型水面曲线，如图 7-6-4（b）所示。

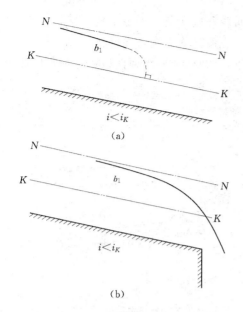

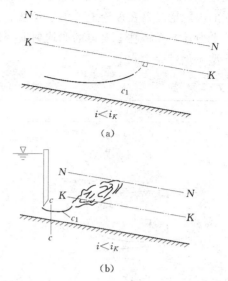

图 7-6-4　$b_1$ 型降水曲线及跌坎跌水　　　图 7-6-5　$c_1$ 型水面曲线及闸下出流

**3. $c_1$ 型水面曲线**

$c_1$ 型水面曲线发生在缓坡渠道上的 $c_1$ 区，在该区实际水深 $h < h_K < h_0$。

因为 $h < h_0$，故 $K < K_0$，$1 - \left(\dfrac{K_0}{K}\right)^2 < 0$，又因为 $h < h_K$，故 $Fr > 1$，$1 - Fr < 0$，因此，

$\dfrac{\mathrm{d}h}{\mathrm{d}s} > 0$，说明水深沿程增大，故称为 $c_1$ 型壅水曲线。

$c_1$ 型壅水曲线向下游端水深沿程增加，极限值为 $h \to h_K$，则 $\dfrac{\mathrm{d}h}{\mathrm{d}s} \to \infty$。表明水面曲线的下游端有和 $K$—$K$ 线成正交的趋势，如图 7-6-5（a）所示。此时水流已属于急变流。向上游端水深逆流减小，其水深应按水流实际的边界条件确定。

缓坡渠道上的闸下出流以及溢流坝坝址下游，均会出现 $c_1$ 型水面曲线，如图 7-6-5（b）所示。

对于其他底坡上的水面曲线不再——做具体分析，简单说明如下：

$a_2$ 型水面曲线发生在陡坡渠道上的 $a_2$ 区，为壅水曲线，上游端的极限情况在理论上是与 $K$—$K$ 线正交，下游端的水面线以水平线为渐近线；$b_2$ 型水面曲线发生在陡坡渠道上的 $b_2$ 区，为降水曲线，上游端在理论上与 $K$—$K$ 线垂直，下游端以 $N$—$N$ 线为渐近线；$c_2$ 型水面曲线发生在陡坡渠道上的 $c_2$ 区，为壅水曲线，下游端以 $N$—$N$ 线为渐近线，上游端受来流条件的控制。

$a_3$ 和 $c_3$ 型水面曲线发生在临界坡渠道上的 $a_3$ 区和 $c_3$ 区，均为壅水曲线，而且其形状近似为水平线。

$b_0$ 型水面曲线发生在平坡渠道上的 $b_0$ 区，为降水曲线，上游端趋于水平线，下游端的极限情况是在理论上与 $K$—$K$ 线正交；$c_0$ 型水面曲线发生在平坡渠道上的 $c_0$ 区，为壅水曲线，下游端的极限情况是在理论上与 $K$—$K$ 线正交，上游端受来流条件的控制。

$b'$ 型水面曲线发生在负坡渠道上的 $b'$ 区，为降水曲线，上游端趋于水平线，下游端的极

限情况是在理论上与 $K—K$ 线垂直；$c'$ 型水面曲线发生在负坡渠道上的 $c'$ 区，为壅水曲线，下游端的极限情况是在理论上与 $K—K$ 线正交，上游端受来流条件控制。

综上所述，在棱柱形渠道的非均匀渐变流中，共有 12 种水面曲线，各种水面曲线的形状及典型实例见表 7-2。

表 7-2　　　　　　　　　　各类水面曲线类型及实例

| 水面曲线类型 | 实　　例 |
|---|---|

根据以上对水面曲线的定性分析，并结合实际情况，其规律可归纳如下：

（1）对于每一个流区只能出现一种类型的水面曲线。在 $a$、$c$ 两流区的各类型水面曲线为壅水曲线；而在 $b$ 流区内的各类型水面曲线为降水曲线。

（2）水深在向上、下游无限加深时趋近于水平线。

（3）当 $h \rightarrow h_0$ 时，水面曲线以 $N$—$N$ 线为渐近线。

（4）当 $h \rightarrow h_K$ 时，从理论上讲，水面曲线与 $K$—$K$ 线正交，对于实际水流，当水流由缓流过渡到急流通过临界水深时，其水面曲线是以平滑的连续曲线相连接，并在变坡或跌坎处通过临界水深，称为跌水现象；而当水流由急流过渡到缓流通过临界水深时，水面曲线发生不连续的突变，即以水跃形式实现过渡。

（5）在临界底坡上，$N$—$N$ 线与 $K$—$K$ 线重合，此时，当水面曲线接近 $N$—$N$ 线（$K$—$K$ 线）时都近似水平。

（6）在分析和计算水面曲线时，应从位置及其水深已知的断面（控制断面）出发，确定水面曲线的类型，并参照其增深、减深的性质和边界情形，进行描绘。

### 三、水面曲线分析举例

分析棱柱形渠道的水面曲线，一般按如下步骤进行：

（1）首先确定正常水深 $h_0$ 和临界水深 $h_K$ 的关系，并绘出相应的 $N$—$N$ 线和 $K$—$K$ 线，在平坡和逆坡渠道中只存 $K$—$K$ 线。在正坡渠道中，$h_0$ 与 $i$ 有关，$i$ 越大，即 $N$—$N$ 线越低，而 $h_K$ 与 $i$ 无关，故变坡上下游渠道中的 $h_K$ 应相等。棱柱形渠道中的 $N$—$N$ 线和 $K$—$K$ 线均与渠底平行。

（2）根据实际水流情况，分析实际水深与 $h_0$、$h_K$ 的关系，确定水面曲线发生的流区，并分析其衔接形式。

（3）因在渠道中修建水工建筑物或者因底坡 $i$ 发生变化，在同一渠道的不同渠段中，会出现不同类型的水面曲线，需按照合理连接的原则确定各渠段中唯一的一条水面曲线。

【例 7-3】　如图 7-6-6 所示的变底坡长棱柱形渠道，其断面形式、尺寸及粗糙系数均相同，已知 $i_1 < i_K$，$i_2 > i_K$，试分析其水面曲线的形状。

解：根据已知条件，先作出 $N$—$N$ 线和 $K$—$K$ 线，上游渠道 $h_{01} > h_K$（$i_1 < i_K$），$N$—$N$ 线在 $K$—$K$ 线之上；下游渠道 $h_{02} < h_K$，$N$—$N$ 线在 $K$—$K$ 线之下，上下游渠段中 $h_K$ 相等，$K$—$K$ 线分别与各自渠底平行，在变坡处相交。

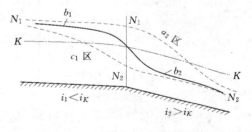

图 7-6-6　［例 7-3］水面线分析

由于渠道为长直棱柱形渠道，在上、下游充分远处，水面曲线趋近于 $N$—$N$ 线，实际水深 $h$ 分别趋近于正常水深 $h_{01}$ 和 $h_{02}$。

渠中水流由上游较大的水深 $h_{01}$ 降落到下游较小的水深 $h_{02}$，中间应该产生降水曲线，且经过临界水深 $h_K$。其水面曲线的降落方式只可能有如下三种情况：①全部在上游缓坡渠道中降落；②全部在下游陡坡渠道中降落；③在上下游渠道中均有降落。

若按第一种方式降落，会在上游渠道的 $c_1$ 区中出现降水曲线；按第二种方式降落会在下游渠道的 $a_2$ 区中出现降水曲线，显然，这两种连接方式均不合理（图 7-6-6 中虚线）。因此，水面曲线只能按第三种方式降落，即上游由接近 $N$—$N$ 线开始以 $b_1$ 型水面曲线降落，在变坡处通过 $K$—$K$ 线，在下游渠道由 $K$—$K$ 线开始以 $b_2$ 型水面曲线降落，至下游充分远处趋近于 $N$—$N$ 线。

从本例可以看出，水流由缓流过渡到急流即产生跌水现象。

**【例 7-4】** 如图 7-6-7 所示的变坡长棱柱形渠道，已知 $i_1 < i_K$，$i_2 < i_K$，且 $i_1 > i_2$，试分析水面曲线的形状。

**解：** 对于缓坡渠道，$i < i_K$，即 $h_0 > h_K$，又因为 $i_1 > i_2$，故 $h_{01} < h_{02}$，所以两段渠道的 $N$—$N$ 线均在 $K$—$K$ 线上方，且第二段渠道中的 $N$—$N$ 线在第一段渠道 $N$—$N$ 线的上方。

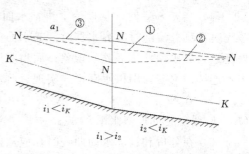

图 7-6-7 ［例 7-4］水面线分析

在远离变坡的上、下游，水面曲线以 $N$—$N$ 线为渐近线，从较小水深 $h_{01}$ 过渡到较大水深 $h_{02}$，中间应该产生壅水曲线，其连接方式只可能是图 7-6-7 所示的三种连接方式中的一种，对于①、②两种情况都在 $b$ 区出现了壅水曲线，显然不合理。因此，只能是第③种连接方式，即在上游渠道中出现 $a_1$ 型壅水曲线，下游渠道中为均匀流。

**【例 7-5】** 如图 7-6-8 所示，闸下出流后接平坡和陡坡棱柱形渠道，下游陡坡段渠道充分长，闸下 $c$—$c$ 断面（收缩断面）处的水深 $h_c < h_K$，试分析上游平坡段较长或较短时两渠段中水面曲线的形式。

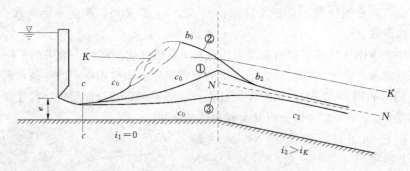

图 7-6-8 ［例 7-5］水面线分析

**解：** 绘出渠道的 $K$—$K$ 线和下游渠段中的 $N$—$N$ 线。在下游陡坡渠道中 $N$—$N$ 线在 $K$—$K$ 线之下，平坡渠道没有 $N$—$N$ 线，两渠道 $K$—$K$ 线在渠底变化处相交。

上游平坡段中，闸下出流为急流，其收缩断面处的水深即为控制断面的水深；下游陡坡渠道充分长，因此在充分远处，水面线应趋近于 $N$—$N$ 线。

当平坡段长度变化时可能出现下面几种连接形式：

（1）当平坡段较短时，$c_0$ 型水面曲线上升至变底坡处，其水深仍小于临界水深 $h_K$，但大于下游陡坡渠道中的正常水深，则在下游渠道中产生 $b_2$ 型降水曲线，如图 7-6-8 中①线，在下游充分远处，水面线趋近于 $N$—$N$ 线。如果平坡段稍长一些，可以出现 $c_0$ 型曲线恰在平坡段末端达到临界水深 $h_K$，然后在陡坡段以 $b_2$ 型曲线下降，至远处趋近于 $N$—$N$ 线。

（2）当平坡段足够长时，$c_0$ 型壅水曲线将穿过 $K$—$K$ 线进入 $b_0$ 区，水流从急流过渡到缓流，在平坡渠道上将产生水跃，而下游渠道为急流，所以在上游平坡段水跃以后的水面线为 $b_0$ 型降水曲线，至变坡处穿过 $K$—$K$ 线，在陡坡渠道中形成 $b_2$ 型降水曲线，从而出现跌水现象，如图 7-6-8 中②线所示，在下游充分远处趋近于 $N$—$N$ 线。

（3）还有一种情况是平坡段很短，$c_0$ 型曲线上升至变坡处尚在陡坡段的 $N—N$ 线以下，这时在陡坡渠段中将产生 $c_2$ 型壅水曲线与上游渠段 $c_0$ 型曲线相连接。$c_2$ 型壅水曲线在下游较远处趋近于 $N—N$ 线，如图 $7-6-8$ 中③线所示。

**【例 $7-6$】**　如图 $7-6-9$ 所示，上游为陡坡渠道（$i_1 > i_K$），下游为缓坡渠道（$i_2 < i_K$），试分析渠道中水面曲线的连接形式。

**解：** 上游为陡坡渠道，$N—N$ 线在 $K—K$ 线的下方；下游为缓坡渠道，$N—N$ 线在 $K—K$ 线的上方。在远离变坡的上下游渠道中，认为水面线均以 $N—N$ 线为渐近线，这样水深从上游渠道中的 $h_{01}$ 过渡至下游渠道中的 $h_{02}$，中间要通过临界水深 $h_K$，水流从急流过渡至缓流要通过水跃形式衔接，关于水跃发生的位置，做如下具体分析。

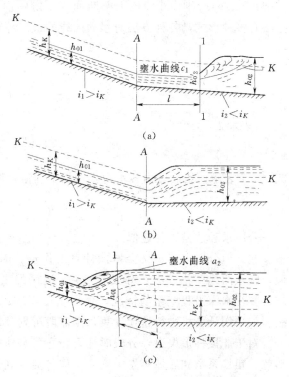

图 $7-6-9$　［例 $7-6$］水面线分析

首先求出 $h_{01}$ 的共轭水深 $h''_{01}$，并与 $h_{02}$ 比较，有以下三种可能：

（1）$h_{02} < h''_{01}$ ——远驱式水跃衔接，如图 $7-6-9$（a）所示。说明与下游水深 $h_{02}$ 共轭的跃前水深 $h'_{02} > h_{01}$，此时，首先下游渠道中将发生 $c_1$ 型壅水曲线，其水深的变化从 $h_{01}$ 至 $h'_{02}$，然后再发生水跃，跃前水深为 $h'_{02}$，跃后水深为 $h_{02}$。这种衔接方式说明下游渠中水深较小，挡不住上游段的急流，急流一直冲向下游，故称为远驱式水跃。

（2）$h_{02} = h''_{01}$ ——临界式水跃衔接，如图 $7-6-9$（b）所示。这时 $h_{01}$ 和 $h_{02}$ 恰好满足水跃方程，是一对共轭水深。因此，水跃发生在交界面 $A—A$ 处。

（3）$h_{02} > h''_{01}$ ——淹没式水跃衔接，如图 $7-6-9$（c）所示。这种衔接方式说明下游渠道中水深较大，将水跃推向上游段，借用"淹没"二字，意思是指水跃把交界面 $A—A$ 淹没了。

由于临界式水跃属于特殊情况，因此，在进行水面曲线定性分析时，一般按发生远驱式水跃或淹没式水跃绘出水面曲线，只绘出一种情况即可。

# 第七节　明渠水面曲线的计算

上一节对棱柱形渠道的水面曲线进行了定性分析，下面讨论它的定量计算问题。在微分方程式（7-34）或式（7-35）中，$J$、$Fr$ 和 $e$ 等都是非均匀流水深 $h$ 的复合函数，所以很难通过直接积分求出方程的解析解，目前大多采用近似计算方法求解。下面介绍使用较普遍的分段求和法。

**一、计算公式**

分段求和法是将整个明渠分成若干段有限长的小流段，在每个小流段 $\Delta s$ 内，认为水力坡降为某一常数，通常取小流段内水力坡降的平均值 $\bar{J}$，则式（7-34）可近似用 $\Delta s$ 流段内

的差分方程来代替。其形式为

$$\Delta s = \frac{\Delta e}{i - \overline{J}} = \frac{e_d - e_u}{i - \overline{J}} \tag{7-38}$$

式中：$e_u$、$e_d$ 分别为小流段上游断面和下游断面的断面比能，$\overline{J}$ 为平均水力坡度，$\overline{J}$ 的计算方法有多种形式，各种方法对水面曲线的最终计算结果影响不大，常用的有以下形式

$$\overline{J} = \frac{1}{2}(J_u + J_d) \tag{7-39}$$

$$J_u = \frac{v_u^2}{C_u^2 R_u}, J_d = \frac{v_d^2}{C_d^2 R_d}$$

$\overline{J}$ 也可表示为

$$\overline{J} = \frac{Q^2}{\overline{K}^2} = \frac{\overline{v}^2}{\overline{C}^2 \overline{R}} \tag{7-40}$$

$\overline{v}$、$\overline{C}$、$\overline{R}$ 表示所给流段内各水力要素的平均值，即

$$\overline{v} = \frac{v_u + v_d}{2}, \overline{C} = \frac{C_u + C_d}{2}, \overline{R} = \frac{R_u + R_d}{2}$$

分段求和法是一种近似计算方法，计算结果有一定误差，要减小误差，就应将流段分得多一些。但分段太多，又会增加计算工作量。因此，合理的分段是一个重要问题。一般来说，降水曲线变化较大，分段宜短；$a$ 流区的壅水曲线水面变化较小，分段可长一些。总之，要视水深沿程变化的情况，根据精度要求以及其他一些特殊要求，确定流段的划分方法。如采用计算机进行迭代计算，则流段可划分短些。

对于非棱柱形渠道，分段时还要注意尽量使同一流段内的断面形状变化不太大。如断面形状、粗糙系数和底坡等发生突变，应将突变处作为分段的断面之一。

**二、分段求和法的计算步骤**

由微分方程（7-34）得到的差分方程（7-38），对棱柱形渠道和非棱柱形渠道均适用。

1. 棱柱形渠道

由式（7-38）可知，当流量 $Q$ 一定时，断面的水力要素仅是各断面水深 $h$ 的函数。其计算过程比较简单，具体步骤如下：

（1）计算 $h_0$ 和 $h_K$，并对水面曲线进行定性分析，确定水面曲线的类型。

（2）确定控制断面。控制断面是指位置、水深均已知的断面，通常在溢流坝前、水闸后、变坡、跌坎处。

（3）以控制断面的水深作为第一计算流段的已知水深 $h_1$，设流段另一端水深为 $h_2 = h_1 \pm \Delta h$，$\Delta h$ 的大小应根据水面曲线的类型和精度要求确定。

（4）根据水深 $h_1$ 和 $h_2$，求出式（7-38）右端所包含的其他水力要素，进而求得流段长 $\Delta s_1$。

（5）以 $h_2$ 作为第二流段的已知水深，按上面相同的方法假设该流段另一断面的水深 $h_3$，再计算该流段长 $\Delta s_2$。然后依次类推，即可求得各流段的长度及相应断面的水深。

（6）根据计算出的各断面水深及流段长度，按比例绘出水面曲线。

2. 非棱柱形渠道

非棱柱形渠道的横断面沿程是变化的，因此断面上各项水力要素是水深 $h$ 和断面位置的函数。此外，非棱柱形渠道中不存在均匀流。由于渠道断面沿程变化，临界水深也沿程变

化，因此水深变化趋势很难确定，水面曲线的形状也难以定性分析。因此，只有通过定量计算才能确定水面形状及其变化趋势，其步骤如下：

（1）确定控制断面及其水深。

（2）根据前述原则将渠道分段，确定各流段的长度。

（3）从控制断面水深 $h_1$ 开始，向上游或下游假设第一流段另一端的水深 $h_2$，计算 $h_1$、$h_2$ 相应的各水力要素。

（4）将上述计算数值代入式（7-38），计算第一流段的长度 $\Delta s_1$，若计算值与预先确定的流段长度相等，则所设 $h_2$ 即为所求，如不等，则重新假设 $h_2$，直至相等为止。

（5）依次按上述相同方法逐段进行，即可求得整个渠道的水面曲线。

由于非棱柱形渠道的每一流段均需反复试算，计算过程比较繁琐，工作量大。

【例 7-7】　一长直棱柱形明渠，如图
7-7-1 所示，其横断面为梯形，底宽 $b$
$=10$m，边坡系数 $m=1.5$，粗糙系数 $n=$
$0.025$，底坡 $i=0.0002$，通过的流量 $Q=$
$50$m³/s，渠道末端水深 $h_n=5.4$m，试计
算并绘制水面曲线。

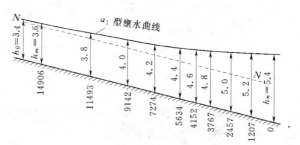

图 7-7-1　[例 7-7]水面线结果

**解：**（1）判别水面曲线的类型：根据
均匀流公式和临界水深计算式，计算均匀
流正常水深 $h_0=3.4$m，临界水深 $h_K=3.14$m。因此 $h_0>h_K$，渠道为缓坡渠道。

因为渠末水深 $h_n>h_0>h_K$，水面位于 $a_1$ 区，故水面曲线为 $a_1$ 型壅水曲线，如图 7-7-1 所示。计算时，以渠末已知水深 $h_n$ 作为控制水深，向上游推求。

曲线上游以 $N-N$ 线为渐近线，实际计算时可取上游最后一个断面的水深略大于 $h_0$，一般取 $h_m=h_0+0.05\,h_0=1.05\,h_0=1.05\times3.4=3.6$（m）。

（2）计算和绘制水面曲线：根据水面曲线的类型，对每一流段，取上、下游断面的水深差约为 $\Delta h=0.2$m。采用下面公式计算

$$\Delta s=\frac{e_d-e_u}{i-\overline{J}}$$

对于第一流段，下游断面控制水深 $h_1=h_n=5.4$m，设流段上游断面水深为 $h_2=5.4-0.2=5.2$m，则下游断面（角标 1）和上游断面（角标 2）的水力要素为：

$$\omega_1=(b+mh_1)h_1=(10+1.5\times5.4)\times5.4=97.74（\text{m}^2）$$

$$\omega_2=(b+mh_2)h_2=(10+1.5\times5.2)\times5.2=92.56（\text{m}^2）$$

$$\chi_1=b+2h_1\sqrt{1+m^2}=10+2\times5.4\times\sqrt{1+1.5^2}=29.47（\text{m}）$$

$$\chi_2=b+2h_2\sqrt{1+m^2}=10+2\times5.2\times\sqrt{1+1.5^2}=28.75（\text{m}）$$

$$R_1=\frac{\omega_1}{\chi_1}=\frac{97.74}{29.47}=3.32（\text{m}）$$

$$R_2=\frac{\omega_2}{\chi_2}=\frac{92.56}{28.75}=3.22（\text{m}）$$

$$v_1=\frac{50}{97.74}=0.51（\text{m/s}）\quad v_2=\frac{50}{92.56}=0.54（\text{m/s}）$$

$$\frac{\alpha_1 v_1^2}{2g}=\frac{1\times0.51^2}{2\times9.8}=0.0133(\text{m})\qquad \frac{\alpha_2 v_2^2}{2g}=\frac{1\times0.54^2}{2\times9.8}=0.0149(\text{m})$$

$$J_1=\frac{n^2 v_1^2}{R_1^{4/3}}=\frac{0.025^2\times0.51^2}{3.32^{4/3}}=0.328\times10^{-4}$$

$$J_2=\frac{n^2 v_2^2}{R_2^{4/3}}=\frac{0.025^2\times0.54^2}{3.22^{4/3}}=0.383\times10^{-4}$$

$$\overline{J}=\frac{1}{2}(J_1+J_2)=\frac{1}{2}(0.328+0.383)\times10^{-4}=0.356\times10^{-4}$$

$$e_1=h_1+\frac{\alpha_1 v_1^2}{2g}=5.4+0.0133=5.4133(\text{m})$$

$$e_2=h_2+\frac{\alpha_2 v_2^2}{2g}=5.2+0.0149=5.2149(\text{m})$$

$$\Delta e=e_1-e_2=5.4133-5.2149=0.1984(\text{m})$$

$$\Delta s_1=\frac{\Delta e}{i-\overline{J}}=\frac{0.1984}{0.0002-0.356\times10^{-4}}=1207(\text{m})$$

其余各流段的计算方法完全相同,将计算结果列于表7-3中。根据计算数据,绘制水面曲线,如图7-7-1所示。

【例7-8】 现要设计一土渠,某段因所经地形较陡,需修建跌坎,如图7-7-2所示。因此,渠道产生非均匀流,其中包括跌水现象。试问在跌坎前的土渠会不会受冲刷?若发生冲刷,问渠道的防冲铺砌长度 $\Delta l$ 需要多长?水力计算依据:渠道输水量 $Q=3.5\text{m}^3/\text{s}$,沿程过水断面均为梯形,边坡系数 $m=1.5$,渠道粗糙系数 $n=0.025$,底宽 $b=1.2\text{m}$,允许流速:$v_{\max}=1.2\text{m/s}$,明渠底坡 $i$ 按允许流速确定。

解:因设跌坎,渠道中产生了非均匀流动,故首先要分析水面曲线的变化,然后再校核流速是否超过了允许流速,最后确定防冲长度。

表7-3 　　　　　　　　　 [例7-7]水面曲线要素计算表

| $h$ (m) | $\omega$ (m²) | $\chi$ (m) | $R$ (m) | $v$ (m/s) | $J=\frac{n^2 v^2}{R^{4/3}}$ ($\times10^{-4}$) | $\overline{J}$ ($\times10^{-4}$) | $i-\overline{J}$ ($\times10^{-4}$) | $\frac{\alpha v^2}{2g}$ (m) | $e$ (m) | $\Delta e$ (m) | $\Delta s$ (m) | $\sum\Delta s$ (m) |
|---|---|---|---|---|---|---|---|---|---|---|---|---|
| 5.4 | 97.74 | 29.47 | 3.32 | 0.51 | 0.3280 | | | 0.0133 | 5.4183 | | | |
| | | | | | | 0.3560 | 1.6440 | | | 0.1984 | 1207 | |
| 5.2 | 92.56 | 28.75 | 3.22 | 0.54 | 0.3830 | | | 0.0149 | 5.2149 | | | 1207 |
| | | | | | | 0.4142 | 1.5858 | | | 0.1982 | 1250 | |
| 5.0 | 87.50 | 28.03 | 3.12 | 0.57 | 0.4454 | | | 0.0167 | 5.0169 | | | 2457 |
| | | | | | | 0.4891 | 1.5109 | | | 0.1980 | 1310 | |
| 4.8 | 82.56 | 27.31 | 3.02 | 0.61 | 0.5328 | | | 0.0187 | 4.8187 | | | 3767 |
| | | | | | | 0.5731 | 1.4269 | | | 0.1976 | 1385 | |
| 4.6 | 77.74 | 26.59 | 2.92 | 0.64 | 0.6134 | | | 0.0211 | 4.6211 | | | 4152 |
| | | | | | | 0.6694 | 1.3306 | | | 0.1972 | 1482 | |
| 4.4 | 73.04 | 25.86 | 2.82 | 0.73 | 0.7254 | | | 0.0239 | 4.4239 | | | 5634 |
| | | | | | | 0.8013 | 1.1987 | | | 0.1967 | 1640 | |
| 4.2 | 68.46 | 25.14 | 2.72 | 0.73 | 0.8772 | | | 0.0272 | 4.2272 | | | 7274 |
| | | | | | | 0.9650 | 1.0350 | | | 0.1961 | 1868 | |
| 4.0 | 64.00 | 24.42 | 2.62 | 0.78 | 1.0528 | | | 0.0311 | 4.0311 | | | 9142 |
| | | | | | | 1.1694 | 0.8306 | | | 0.1953 | 2351 | |
| 3.8 | 59.66 | 23.70 | 2.52 | 0.84 | 1.2860 | | | 0.0358 | 3.8358 | | | 11493 |
| | | | | | | 1.4307 | 0.5693 | | | 0.1943 | 3413 | |
| 3.6 | 55.44 | 22.98 | 2.42 | 0.90 | 1.5755 | | | 0.0415 | 3.6415 | | | 14906 |

（1）计算正常水深 $h_0$（标出 $N—N$ 线），并确定渠道底坡 $i$。

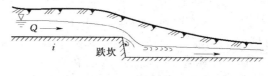

图 7-7-2　［例 7-8］图

从允许流速出发，有

$$\omega = Q/v_{max} = 3.5/1.2 = 2.92 \ (\text{m}^2)$$

即

$$\omega = (b + mh_0)h_0 = (1.2 + 1.5h_0)h_0 = 2.92 (\text{m}^2)$$

$$1.5h_0^2 + 1.2h_0 - 2.92 = 0$$

解得：

$$h_0 = 1.05 (\text{m})$$

又

$$i = \frac{v^2}{C^2 R} = \frac{v^2}{\left(\dfrac{1}{n}R^{1/6}\right)^2 R} = \frac{n^2 (v_{max})^2}{R^{4/3}}$$

而

$$R = \frac{\omega}{\chi} = \frac{\omega}{b + 2h_0\sqrt{1+m^2}} = \frac{2.92}{1.2 + 2 \times 1.05\sqrt{1+1.5^2}} = 0.585 (\text{m})$$

得

$$i = \frac{(0.025 \times 1.2)^2}{(0.585)^{4/3}} = 0.00184$$

（2）计算临界水深 $h_K$（标出 $K—K$ 线）。根据计算 $h_K$ 的普遍式

$$\frac{\alpha Q^2}{g} = \frac{\omega_K^2}{B_K}$$

而

$$\frac{\alpha Q^2}{g} = 1.25 \text{m}^5$$

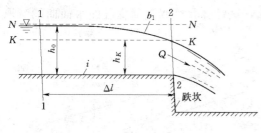

图 7-7-3　［例 7-8］水面线

表 7-4　　例题 $\omega_K^3/B_K$ 值计算表

| $h_K$ (m) | 1.0 | 0.70 | 0.75 | 0.71 |
|---|---|---|---|---|
| $\dfrac{\omega_K^3}{B_K}$ (m$^5$) | 4.66 | 1.19 | 1.54 | 1.25 |

采用试算法，假设一系列 $h_K$，计算 $\dfrac{\omega_K^3}{B_K}$ 的数值，列入表 7-4 中。可见，当 $\dfrac{\omega_K^3}{B_K} = \dfrac{\alpha Q^2}{g} = 1.25 (\text{m}^5)$ 时，$h_K = 0.71\text{m}$ 由此可得：$h_0 = 1.05\text{m} > h_K = 0.71\text{m}$，故 $i < i_K$（缓坡渠道），绘出 $N—N$ 线与 $K—K$ 线如图 7-7-3 所示。再考虑此段非均匀流的边界条件，在远离跌坎处，水面线以 $N—N$ 线为渐近线，经过跌坎水面降落，跌坎处水深为 $h_K$。因此，水面线为 $b_1$ 型降水曲线。

（3）校核渠中流速。由上述分析，渠中非均匀流的最大流速 $v_K$ 发生在跌坎处，此时

$$v_K = \frac{Q}{\omega_K} = \frac{3.5}{(1.2+1.5\times 0.71)\times 0.71} = 2.18\text{m/s} > v_{max} = 1.2(\text{m/s})$$

可见，$v_K$ 超过了允许流速，水流对渠底将引起冲刷。

（4）计算防冲铺砌长度 $\Delta l$。在 $v \geqslant 1.5\text{m/s}$ 的一段渠道上铺砌防冲层，可根据分段求和法计算公式确定长度 $\Delta l$

$$\Delta l = \frac{e_d - e_u}{i - \overline{J}}$$

现 $h_d = h_K = 0.71\text{m}$，$v_d = v_K = 2.18\text{m/s}$；$h_u$ 未知，可根据 $v_u = 1.5\text{m/s}$ 计算

$$\omega_u = \frac{Q}{v_u} = \frac{3.5}{1.5} = 2.33 \ (\text{m}^2)$$

$$\omega_u = (b+mh_u)h_u = (1.2+1.5\times h_u)h_u$$

解得防冲起始断面水深 $h_u = 0.91\text{m}$。

$$\overline{J} = \frac{\overline{v}^2}{\overline{C}^2\overline{R}} = \frac{\overline{v}^2}{\left(\frac{1}{n}\overline{R}^{1/6}\right)^2\overline{R}} = \frac{n^2\ \overline{v}^2}{\overline{R}^{4/3}}$$

而 $\overline{v} = (v_u + v_d)/2 = 1.84(\text{m/s})$，$n = 0.025$，有

$$\overline{R} = \frac{\overline{\omega}}{\overline{\chi}} = \frac{(b+m\overline{h})\overline{h}}{b+2\overline{h}\sqrt{1+m^2}} = 0.475(\text{m})$$

则

$$\overline{J} = \frac{(0.025\times 1.84)^2}{(0.475)^{4/3}} = \frac{0.00212}{0.371} = 0.00572$$

将上述数据代入分段求和法公式后，得

$$\Delta l = \frac{e_d - e_u}{i - \overline{J}} = \frac{(0.71+2.18^2\times 0.051)-(0.91+1.5^2\times 0.051)}{0.00184-0.00572} = 18.8(\text{m})$$

应注意，若取防冲段上游断面的流速小于 $1.5\text{m/s}$，则防冲段长度将加长。

**【例 7 - 9】** 某水库溢洪道的一段渐变流如图 7 - 7 - 4 所示，长度为 40m，断面为矩形，断面的底宽从 35m 以直线缩变至 25m，底坡 $i = 0.15$，粗糙系数 $n = 0.014$。当泄洪流量 $Q = 825\text{m}^3/\text{s}$ 时，起始断面的水深 $h = 2.7\text{m}$，试计算并绘制该渐变段的水面曲线（取 $\alpha = 1.1$）。

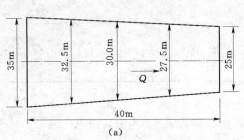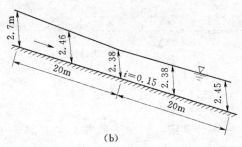

图 7 - 7 - 4 ［例 7 - 9］图
(a) 溢洪道平面图；(b) 溢洪道水面线

**解：** 该渐变段为非棱柱形明渠，需采用试算法计算水面曲线。

将渐变段分成四段，每段长 $\Delta s = 10\text{m}$，以上游起始断面为控制断面，其水深 $h = 2.7\text{m}$。

第一流段计算如下：

根据图 7 - 7 - 4 (a) 所示，按直线比例的方法计算，第一流段下游断面的底宽为

$$b_2 = 25 + 2 \times \frac{30 \times 5}{40} = 32.5(\text{m})$$

假定下游断面的水深 $h_2 = 2.4\text{m}$，已知 $h_1 = 2.7\text{m}$，计算上、下游断面有关水力要素如下

$$\omega_1 = b_1 h_1 = 35 \times 2.7 = 94.5(\text{m}^2)$$

$$\chi_1 = b_1 + 2h_1 = 35 + 2 \times 2.7 = 40.4(\text{m})$$

$$R_1 = \frac{\omega_1}{\chi_1} = \frac{94.5}{40.4} = 2.34(\text{m})$$

$$C_1 = \frac{1}{n} R_1^{1/6} = \frac{1}{0.014} \times 2.34^{1/6} = 82.5(\text{m}^{1/2}/\text{s})$$

$$v_1 = \frac{Q}{\omega_1} = \frac{825}{94.5} = 8.75(\text{m/s})$$

$$\frac{\alpha_1 v_1^2}{2g} = \frac{1.1 \times 8.75^2}{2 \times 9.8} = 4.3(\text{m})$$

$$e_1 = h_1 + \frac{\alpha_1 v_1^2}{2g} = 2.7 + 4.3 = 7.0(\text{m})$$

$$\omega_2 = 2.4 \times 32.5 = 78(\text{m}^2)$$

$$\chi_2 = 32.5 + 2 \times 2.4 = 37.3(\text{m})$$

$$R_2 = \frac{78}{37.3} = 2.09(\text{m})$$

$$C_2 = \frac{1}{n} R_2^{1/6} = \frac{1}{0.014} \times 2.09^{1/6} = 80.77(\text{m}^{1/2}/\text{s})$$

$$v_2 = \frac{Q}{\omega_2} = \frac{825}{78} = 10.58(\text{m/s})$$

$$\frac{\alpha_2 v_2^2}{2g} = \frac{1.1 \times 10.58^2}{2 \times 9.8} = 6.27(\text{m})$$

$$e_2 = 2.4 + 6.27 = 8.67(\text{m})$$

$$\bar{v} = \frac{1}{2}(v_1 + v_2) = \frac{1}{2}(8.75 + 10.58) = 9.67(\text{m/s})$$

$$\bar{R} = \frac{1}{2}(R_1 + R_2) = \frac{1}{2} \times (2.34 + 2.09) = 2.22(\text{m})$$

$$\bar{C} = \frac{1}{2}(C_1 + C_2) = \frac{1}{2} \times (82.5 + 80.77) = 81.64(\text{m}^{1/2}/\text{s})$$

$$\bar{J} = \frac{\bar{v}^2}{\bar{C}^2 \bar{R}} = \frac{9.67^2}{81.64^2 \times 2.22} = 0.00632$$

$$\Delta s_1 = \frac{e_2 - e_1}{i - \bar{J}} = \frac{8.67 - 7.0}{0.15 - 0.00632} = 11.61(\text{m})$$

计算所得 $\Delta s_1$ 与分段长 $\Delta s_1 = 10\text{m}$ 相差较大，应重新假设 $h_2$，再进行以上的计算。

设 $h_2 = 2.46\text{m}$，计算得相应的水力要素分别为

$$\omega_2 = 79.95\text{m}^2 \quad \chi_2 = 37.42\text{m} \quad R_2 = 2.14\text{m}$$

$$C_2 = 81.06\text{m}^{1/2}/\text{s} \quad v_2 = 10.32\text{m/s} \quad \frac{\alpha_2 v_2^2}{2g} = 5.97\text{m}$$

$$e_2 = 8.43\text{m} \quad \bar{v} = 9.535\text{m/s} \quad \bar{R} = 2.24\text{m}$$

$$\overline{C}=81.87 \text{m}^{1/2}/\text{s} \quad \overline{J}=0.00607$$

$$\Delta s_1 = \frac{8.43-7.0}{0.15-0.00607}=9.94 \text{(m)}$$

计算值与分段长十分接近，其相对误差小于 1‰，可以认为所设的 $h_2=2.46\text{m}$ 即为所求。其余各段计算方法相同，本例计算结果见表 7-5。水面曲线如图 7-7-4（b）所示。

表 7-5　　　　　　　　　　　　　　　　例题水面曲线计算表

| 流段号 | $b$ (m) | $\Delta s$ (m) | $h$ (m) | $\omega$ (m²) | $v$ (m/s) | $\dfrac{\alpha v^2}{2g}$ (m) | $\chi$ (m) | $R$ (m) | $C$ (m^0.5/s) | $\overline{R}$ (m) | $\overline{v}$ (m/s) | $\overline{C}$ (m^0.5/s) | $\overline{J}$ | $i-\overline{J}$ | $e$ (m) | $\Delta e$ (m) | $\Delta s$ (m) |
|---|---|---|---|---|---|---|---|---|---|---|---|---|---|---|---|---|---|
| 1 | 35 | | 2.7 | 94.50 | 8.75 | 4.30 | 40.40 | 2.34 | 82.50 | | | | | | 7.00 | | |
| | | 10.0 | | | | | | | | 2.24 | 9.54 | 81.78 | 0.00607 | 0.14393 | | 1.43 | 9.94 |
| 2 | 32.5 | | 2.46 | 79.95 | 10.32 | 5.97 | 37.42 | 2.14 | 81.06 | | | | | | 8.43 | | |
| | | 10.0 | | | | | | | | 2.10 | 10.95 | 80.78 | 0.00875 | 0.14125 | | 1.45 | 10.27 |
| 3 | 30 | | 2.38 | 71.40 | 11.58 | 7.50 | 34.76 | 2.06 | 80.50 | | | | | | 9.88 | | |
| | | 10.0 | | | | | | | | 1.88 | 12.09 | 78.00 | 0.01270 | 0.13730 | | 1.38 | 10.03 |
| 4 | 27.5 | | 2.38 | 65.45 | 12.60 | 8.88 | 32.26 | 1.71 | 75.50 | | | | | | 11.26 | | |
| | 25 | 10.0 | 2.45 | 61.25 | 13.47 | 10.17 | 29.90 | 2.05 | 80.50 | 1.88 | 13.04 | 78.00 | 0.01500 | 0.13500 | 12.63 | 1.39 | 10.29 |

# 思　考　题

**7-1**　（1）试找出如思考题图 7-1 所示渠道的非均匀流段。

（2）非均匀流有哪些特点？产生非均匀流的原因是什么？

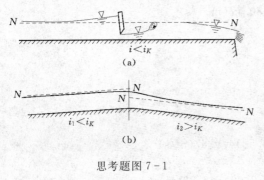

思考题图 7-1

（2）$\dfrac{\mathrm{d}e}{\mathrm{d}h}>0$，$\dfrac{\mathrm{d}e}{\mathrm{d}h}=0$，$\dfrac{\mathrm{d}e}{\mathrm{d}h}<0$ 各相应于什么流动形态？

**7-2**　判别缓流和急流有哪些方法？

**7-3**　（1）断面比能 $e$ 与单位重量液体的总能量 $E$ 有何区别？为什么要引入这一概念？

（2）明渠均匀流 $e$ 和 $E$ 沿程是怎样变化的？

（3）明渠非均匀流 $e$ 和 $E$ 沿程怎样变化？

**7-4**　（1）弗劳德数 $Fr$ 有什么物理意义？怎样应用它判别水流的流态（缓流或急流）？

**7-5**　试分析：

（1）在粗糙系数 $n$ 沿程不变的棱柱形宽矩形断面渠道中，当底坡 $i$ 一定时，临界底坡 $i_K$ 随流量怎样变化？

（2）如果原来为缓流均匀流，当流量增加或减小时，能否变成急流均匀流？

（3）如果原来为急流均匀流，当流量增加或减小时，能否变成缓流均匀流？

**7-6**　如思考题图 7-6 所示实验槽中水流现象，流量保持不变。如果提高或降低尾门，试分析水跃位置是否移动，并向哪边移动？为什么？

**7-7**　下列各种情况中，哪些可能发生，哪些不可能发生？

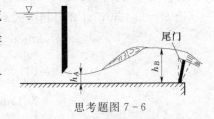

思考题图 7-6

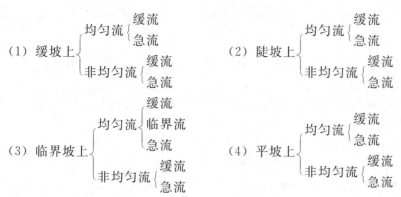

7-8 如思考题图 7-8 所示为两段缓坡相连接的长渠道，底坡各为 $i_1$ 和 $i_2$，且 $i_1 < i_2$，两渠段的断面形状、尺寸及粗糙系数 $n$ 均相同，通过的流量为 $Q$，试判别：图中所画的水面曲线哪种情况是正确的？哪种情况是错误的？为什么？

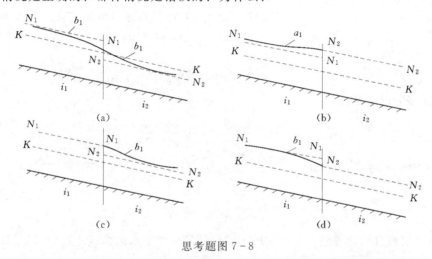

思考题图 7-8

7-9 （1）在分析非均匀流水面曲线时，怎样分区？怎样判别变化趋势？

（2）$a$、$b$、$c$ 区的水面曲线各有什么特点？

7-10 平坡和逆坡渠道的断面单位能量，有无可能沿程增加（可从 $e = E - z$ 入手进行分析）？

# 计 算 题

7-1 一顺坡明渠渐变流段，长 $l = 1\text{km}$，全流段平均水力坡度 $\overline{J} = 0.001$。若把基准面取在末端过水断面底部以下 0.5m，则水流在起始断面的总能 $E_1 = 3\text{m}$。求末端断面水流所具有的断面单位能量 $e_2$。

7-2 简述矩形断面的明渠均匀流在临界流状态下，水深与流速水头（即单位重量液体的动能）的关系。

7-3 一矩形渠道，断面宽度 $b = 5\text{m}$，通过流量 $Q = 17.25\text{m}^3/\text{s}$，求此渠道水流的临界水深 $h_K$（$\alpha = 1.0$）。

7-4 某山区河流，在一跌坎处形成瀑布（跌水），过水断面近似矩形，今测得跌坎顶

上的水深 $h=1.2\text{m}$（认为 $h_K=1.25h$ 计），断面宽度 $b=11.0\text{m}$，要求估算此时所通过的流量（$\alpha=1.0$ 计）。

7-5 有一梯形土渠，底宽 $b=12\text{m}$，断面边坡系数 $m=1.5$，粗糙系数 $n=0.025$，通过流量 $Q=18\text{m}^3/\text{s}$，求临界水深及临界坡度（$\alpha=1.1$ 计）。

7-6 有一段顺直小河，断面近似矩形，已知 $b=10\text{m}$，$n=0.040$，$i=0.03$，$\alpha=1.0$，$Q=10\text{m}^3/\text{s}$，试判别在均匀流情况下的水流状态（急流还是缓流）。

7-7 有一条运河，过水断面为梯形，已知 $b=45\text{m}$，$m=2.0$，$n=0.025$，$i=0.333/1000$，$\alpha=1.0$，$Q=500\text{m}^3/\text{s}$，试判断在均匀流情况下的水流状态（急流还是缓流）。

7-8 在一矩形断面平坡明渠中，有一水跃发生，当跃前断面的 $Fr=3$ 时，问跃后水深 $h_2$ 为跃前水深 $h_1$ 的几倍。

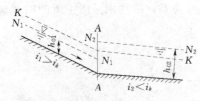

计算题图 7-9

水面曲线连接的可能形式。

7-9 有两条底宽 $b$ 均为 2m 的矩形断面渠道相接，水流在上、下游的条件如计算题图 7-9 所示，当通过流量 $Q=8.2\text{m}^3/\text{s}$ 时，上游渠道的正常水深 $h_{01}=1\text{m}$，下游渠道 $h_{02}=2\text{m}$，试判明水跃发生在哪段渠道（$\alpha=1$ 计）。

7-10 试分析计算题图 7-10 所示的棱柱形渠道中水面曲线连接的可能形式。

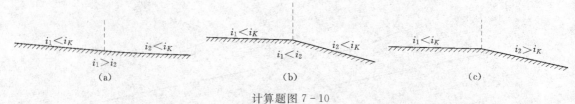

计算题图 7-10

7-11 定性分析计算题图 7-11 所示的棱柱形渠道中水面曲线连接的可能形式。

计算题图 7-11 计算题图 7-12

7-12 有一梯形断面小河，其底宽 $b=10\text{m}$，边坡系数 $m=1.5$，底坡 $i=0.003$，粗糙系数 $n=0.020$，流量 $Q=31.2\text{m}^3/\text{s}$，现下游筑一溢水低坝（计算题图 7-12），坝高 $H_1=2.73\text{m}$，坝上水头 $H=1.27\text{m}$，要求用分段求和法（分成四段以上）计算筑坝后水位抬高的影响范围 $l$（即淹没范围）。注：水位抬高不超过原来水位的 1% 即可认为已无影响。

7-13 一土质梯形明渠，底宽 $b=12\text{m}$，底坡 $i=0.0002$，边坡系数 $m=1.5$，粗糙系数 $n=0.025$，渠长 $l=8\text{km}$，流量 $Q=47.7\text{m}^3/\text{s}$，渠末水深 $h_2=4\text{m}$。要求用分段求和法（分成五段以上）计算并绘出该水面曲线；并要求根据上述计算给出渠首水深 $h_1$。

7-14 平底矩形渠道紧接一段矩形断面的收缩变宽陡槽。进口宽度（与上游渠道宽度相等）$b_0=8\text{m}$，出口宽度 $b_2=4\text{m}$。陡槽底坡 $i=0.06$，粗糙系数 $n=0.016$，槽长 $l=100\text{m}$，流量 $Q=40\text{m}^3/\text{s}$。试绘制陡槽中的水面曲线。

# 第八章　堰流及闸孔出流

**【本章导读】**

　　堰和闸是水利工程中常见的用来引水、泄洪、调节流量或水位的水工建筑物。研究堰流及闸孔出流的目的是确定基本特征量（堰高、堰过流宽度、上下游水深、闸孔开度等）与流量的关系，为堰、闸的工程设计或过流能力计算提供科学依据。

　　本章主要讨论堰流的水力现象及其应用，包括薄壁堰、实用堰、宽顶堰的水力计算，基于无坎宽顶堰流理论的小桥孔径设计。此外本章还简单介绍闸孔出流的水力计算。

　　本章学习要求：掌握堰流的基本特征、堰流计算公式以及薄壁堰、实用堰、宽顶堰的分类依据。掌握宽顶堰的淹没判别条件以及宽顶堰理论在工程中的应用。掌握小桥孔径的水力计算及工程应用。了解工程中的闸孔出流现象。

## 第一节　堰流的特点及其分类

　　水流受到从河底（渠底）建起的建筑物（堰体）的阻挡，或者受两侧墙体的约束影响，在堰体上游产生壅水，水流经堰体下泄，下泄水流的自由表面为连续的曲面，这种水流现象称为堰流，这种建筑物称为堰。

　　如图 8-1-1 所示，表征堰流的特征量有：堰宽 $b$，即水流漫过堰顶的宽度；堰壁厚度 $\delta$ 和它的剖面形状；堰上、下游坎高 $P_1$ 及 $P_2$；堰前水头 $H$，即堰上游水位在堰顶上的最大超高；行近流速 $v_0$，即堰前断面的流速，堰前断面一般距上游面 $(3\sim4)$ $H$；下游水深 $h$ 及下游水位高出堰顶的高度 $\Delta$。

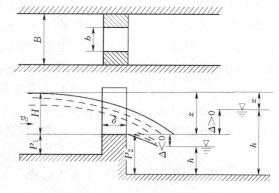

图 8-1-1　堰流的特征量

　　根据堰壁厚度 $\delta$ 与水头 $H$ 的相对大小，堰可以分为：

　　1. 薄壁堰

　　当 $\delta/H < 0.67$ 时，称为薄壁堰，如图 8-1-2（a）所示。薄壁堰的水流特征是越过堰顶的水舌形状不受堰坎厚度的影响。水舌下缘与堰顶只有线的接触，水面呈单一的降落曲线。

　　2. 实用堰

　　当 $0.67 < \delta/H < 2.5$，由于堰坎加厚，水舌下缘与堰顶呈面的接触，水舌受到堰顶的约束和顶托，但这种影响还不大，越过堰顶的水流主要还是重力作用下的自由跌落。工程中常见的剖面有折线形或曲线形，前者称为折线性实用堰，如图 8-1-2（b）所示，后者称为

曲线形实用堰，如图 8-1-2（c）所示。

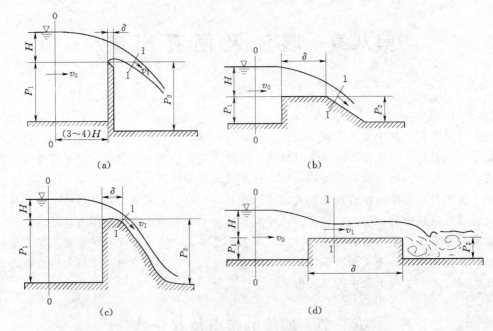

图 8-1-2　各种形式的堰

3. 宽顶堰

在 $2.5 < \delta/H < 10$ 的条件下，堰坎厚度对水流的顶托作用已经非常明显，进入堰顶的水流受到堰顶垂直方向的约束，过水断面减小，流速加大，由于动能增加，势能必然减小；再加上水流进入堰顶时产生局部能量损失，所以进口处形成水面跌落。此后，由于堰顶对水流的顶托作用，有一段水面与堰顶几乎平行。当下游水位较低时，出堰水流又产生第二次水面跌落，如图 8-1-2（d）所示。实验表明，宽顶堰流的水头损失仍然主要是局部水头损失，沿程水头损失可以略去不计。

当 $\delta/H > 10$ 时，沿程水头损失逐渐起主要作用，水流也逐渐具有明渠流性质。

除 $\delta/H$ 影响堰流性质外，下游水位对堰流影响也很大。当下游水深足够小，不影响堰流的过水能力时称为自由式堰流；当下游水深足够大，下游水位影响堰流性质时，称为淹没式堰流。

此外，当上游渠道宽度 $B$ 大于堰宽 $b$ 时，称为有侧收缩堰；当 $B=b$ 时，称为无侧收缩堰流。

如果堰与渠道水流方向正交，称为正堰；与水流方向不正交的称为斜堰；与水流方向平行的称为侧堰。

# 第二节　堰流的基本公式

堰流的基本公式是指薄壁堰、实用堰和宽顶堰均适用的普通流量公式。下面以图 8-1-2（a）所示的自由出流无侧收缩矩形薄壁堰为例来推导堰流的基本公式。

对堰前 0—0 断面及堰顶 1—1 断面建立能量方程，取通过堰顶的水平面作为基准面，

1—1 断面的中心点恰位于基准面上，可得

$$H+\frac{\alpha_0 v_0^2}{2g}=\frac{p_1}{\gamma}+(\alpha+\zeta)\frac{v^2}{2g}$$

式中：$v_0$ 为 0—0 的断面平均流速，即行近流速；设 $H+\frac{\alpha_0 v_0^2}{2g}=H_0$，称为堰流作用水头；$\frac{p_1}{\gamma}$ 为 1—1 断面测压管水头平均值，水舌上、下表面一般与大气接触，故 $p_1\approx 0$；$v$ 为 1—1 断面的平均流速；$\zeta$ 为堰流的局部阻力系数。

整理得

$$H_0=(\alpha+\zeta)\frac{v^2}{2g}$$

所以

$$v=\frac{1}{\sqrt{\alpha+\zeta}}\sqrt{2gH_0}=\varphi\sqrt{2gH_0}$$

式中：$\varphi$ 为流速系数，$\varphi=\frac{1}{\sqrt{\alpha+\zeta}}$。

因为堰顶过水断面形状一般为矩形，设其断面宽度为 $b$，1—1 断面的水舌厚度用 $kH_0$ 表示，$k$ 为反映堰顶水流垂直收缩的系数。则 1—1 断面的过水面积 $\omega=kH_0b$，则通过的流量为

$$Q=v\omega=kH_0b\frac{1}{\sqrt{\alpha+\zeta}}\sqrt{2gH_0}=\frac{k}{\sqrt{\alpha+\zeta}}b\sqrt{2g}H_0^{1.5}$$

令 $m=\frac{k}{\sqrt{\alpha+\zeta}}$，则堰顶通过的流量

$$Q=mb\sqrt{2g}H_0^{1.5} \tag{8-1}$$

式中：$m$ 为堰的流量系数。

如果将行近流速水头的影响纳入流量系数中去考虑，则式（8-1）成为

$$Q=m_0b\sqrt{2g}H^{1.5} \tag{8-2}$$

其中，$m_0$ 为计入行近流速水头影响的流量系数，$m_0=m\left(1+\frac{\alpha_0 v_0^2}{2gH}\right)^{1.5}$。

式（8-1）和式（8-2）就是自由式无侧收缩堰流的基本公式，对堰顶过水断面为矩形的薄壁堰、实用堰和宽顶堰都适用。

从上述推导可以看出：影响流量系数的主要因素是 $\varphi$ 和 $k$。其中 $\varphi$ 主要是反映局部水头损失的影响，$k$ 是反映堰顶水流垂直收缩的影响，这些因素除与堰顶水头有关外，还与堰的边界条件有关。所以，不同类型、不同高度的堰，其流量系数各不相同。

式（8-1）和式（8-2）是在无侧收缩、自由式堰流的情况下推导出来的。若堰下游水位较高，影响了堰顶水流的特性，则堰顶过流能力有所减小，所以通过式（8-1）乘以小于 1 的淹没系数计入下游水位的影响；若为有侧收缩堰，过流的有效宽度减小，小于 $b$，且局部阻力增加，过流能力也减小，这可以通过式（8-1）乘以一个小于 1 的侧收缩系数计入侧收缩影响。因此，考虑到淹没和侧收缩的影响，式（8-1）可写为

$$Q=\sigma\varepsilon mb\sqrt{2g}H_0^{1.5} \tag{8-3}$$

式中：$\sigma$ 是反映下游水位对堰的过水能力影响的系数，称为淹没系数；$\varepsilon$ 反映平面上侧向收缩对堰过流能力的影响，称为侧收缩系数。

# 第三节 薄 壁 堰

薄壁堰常用于实验室和小型渠道量测流量。由于堰壁较薄，此种堰难以承受过大的水压力，故上游水头过大时不宜使用。

按堰口形状的不同，薄壁堰可分为矩形堰、三角形堰、梯形堰等，如图 8-3-1 所示。三角形堰通常用于量测较小流量，矩形堰和梯形堰用于量测较大流量。

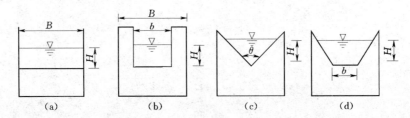

图 8-3-1 各种形式的薄壁堰
(a) 无侧收缩矩形堰；(b) 有侧收缩矩形堰；(c) 三角形堰；(d) 梯形堰

## 一、矩形堰

### 1. 自由式无侧收缩堰

自由式无侧收缩矩形堰［图 8-3-1 (a)］的流量和水头关系比较稳定，测量的流量精度比较高。无侧收缩、自由式、水舌下通风的矩形薄壁正堰，又称为完全堰。其流量计算式一般采用式 (8-2) 计算，即

$$Q = m_0 b \sqrt{2g} H^{1.5}$$

上式中的流量系数 $m_0$ 是通过实验确定的，下面介绍两个计算流量系数 $m_0$ 的经验公式。

法国工程师巴赞（Bazin）提出的经验公式：

$$m_0 = \left(0.405 + \frac{0.0027}{H}\right)\left[1 + 0.55\left(\frac{H}{H+P_1}\right)^2\right] \qquad (8-4)$$

式中：$H$ 为堰前水头，m；$P_1$ 为上游堰高，m。

公式的适用条件为：$0.2\text{m} < b < 2\text{m}$，$0.2\text{m} < P_1 < 1.13\text{m}$，$0.01\text{m} < H < 1.24\text{m}$，其中 $b$ 为堰宽。

雷布克（T. Rehbock）公式：

$$m_0 = 0.403 + 0.053\frac{H}{P_1} + \frac{0.0007}{H} \qquad (8-5)$$

式 (8-5) 的适用条件为：$0.10\text{m} < P_1 < 1.0\text{m}$，$0.024\text{m} < H < 0.60\text{m}$，且 $H/P_1 < 1$。

### 2. 自由式有侧收缩堰

当 $b < B$ 时，即堰宽小于引水渠道宽度，堰流发生侧向收缩［图 8-3-1 (b)］。这样，在相同 $b$、$P_1$、$H$ 的条件下，其流量比无侧收缩堰要小些。侧收缩堰的计算公式可利用式 (8-2) 乘以侧收缩系数得到

$$Q = \varepsilon m_0 b \sqrt{2g} H^{1.5}$$

令 $m_c = \varepsilon m_0$，$m_c$ 称为侧收缩堰的流量系数，则

$$Q = m_c b \sqrt{2g} H^{1.5}$$

其中：$m_c$ 可由下式计算

$$m_c=\left(0.405+\frac{0.0027}{H}-0.03\frac{B-b}{B}\right)\left[1+0.55\left(\frac{b}{B}\right)^2\left(\frac{H}{H+P_1}\right)^2\right] \qquad (8-6)$$

式中：$H$、$P_1$、$b$、$B$ 均以 m 计。

3. 淹没式堰

当堰下游水位高到一定程度后，会影响到堰流的
工作情况，如具备下列两个条件时，便形成淹没式堰
流，如图 8-3-2 所示。

必要条件：堰下游水位要高于堰顶标高。

充分条件：堰顶下游发生淹没式水跃。

满足了充分必要条件，就使下游高于堰顶的水位
直趋堰顶，形成淹没式堰流。

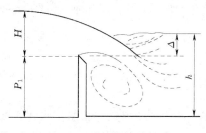

图 8-3-2　薄壁堰的淹没出流

淹没式堰可采用下式计算

$$Q=\sigma m_0 b\sqrt{2g}H^{1.5}$$

其中，$\sigma$ 为薄壁堰的淹没系数

$$\sigma=1.05\left(1+0.2\frac{\Delta}{P_2}\right)\sqrt[3]{\frac{z}{H}} \qquad (8-7)$$

式中：$\Delta$ 为下游水位高出堰顶的高度；$z$ 为上、下游水位差；$P_2$ 为下游堰高。

## 二、三角形薄壁堰

三角形薄壁堰就是堰顶过流断面为三角形的薄壁堰，如图 8-3-1（c）所示。若量测的
流量较小（例如 $Q<0.1\text{m}^3/\text{s}$ 时），采用矩形薄壁堰，则水头过小，测量水头的相对误差增
大，这时可以考虑采用三角形薄壁堰。三角形薄壁堰堰口的夹角 $\theta$ 一般作成 90°。

根据实验结果得到的堰口为直角三角形薄壁堰流量公式为

$$Q=1.4H^{2.5} \qquad (8-8)$$

式中：$H$ 以 m 计；$Q$ 以 $\text{m}^3/\text{s}$ 计，适用范围为 $P_1\geqslant 2H$，$B\geqslant(3-4)H$，$0.05\text{m}<H$
$<0.25\text{m}$。

另一个较精确的经验公式为

$$Q=0.0154H^{2.47} \qquad (8-9)$$

式中：$H$ 以 cm 计，得到的 $Q$ 单位为 L/s。

当堰口夹角 $\theta$ 为任意角度时，据近似的理论分析，其流量计算公式为

$$Q=CH^{2.5} \qquad (8-10)$$

式中系数 $C$ 可由下式计算：

$$C=2.361\tan\frac{\theta}{2}\left[0.553+0.0195\tan\frac{\theta}{2}+\cot\frac{\theta}{2}\left(0.005+\frac{0.001055}{H}\right)\right] \qquad (8-11)$$

式中：$H$ 以 m 计，$Q$ 以 $\text{m}^3/\text{s}$ 计。为保证三角形薄壁堰为自由出流，应使下游水位在三角堰
堰口最低点以下。

## 三、梯形堰

当流量大于三角堰量程（约 50L/s 以下）而又不能使用无侧收缩矩形堰时，可以采用
梯形堰，如图 8-3-1（d）所示。

梯形堰的流量是中间矩形堰的流量和两侧合成的三角形堰的流量之和,可采用下式计算:

$$Q = m_0 b \sqrt{2g} H^{1.5} + CH^{2.5} = \left(m_0 + \frac{C}{\sqrt{2g}} \frac{H}{b}\right) b \sqrt{2g} H^{1.5} = m_t b \sqrt{2g} H^{1.5}$$

式中:$m_t$ 为梯形堰的流量系数;$b$ 及 $H$ 以 m 计,$Q$ 以 $m^3/s$ 计。

实验表明,当梯形两腰与铅垂线夹角为 $14°$ 时,流量系数 $m_t$ 不随 $b$ 和 $H$ 变化,且 $m_t \approx 0.42$。

# 第四节 实 用 堰

实用堰主要用作蓄水挡水建筑物——坝,或净水建筑物的溢流设备。根据堰的专门用途和结构本身稳定性要求,其剖面可设计成曲线形或折线形。

曲线形实用堰又可分成非真空堰和真空堰两大类,如果堰的剖面曲线基本上与薄壁堰的水舌下缘外形相符,水流作用在堰面上的压强仍近似为大气压强,称为非真空堰,如图 8-4-1(a)所示。

若堰剖面曲线低于薄壁堰的水舌下缘,溢流水舌脱离堰面,脱离处的空气被水流带走而形成真空区,这种堰称为真空堰,如图 8-4-1(b)所示。

真空堰由于堰面上真空区的存在,增加了堰的过水能力,即增大了流量系数。但是,由于真空区的存在,水流不稳定面引起建筑物的振动,且在堰面发生空穴现象,使坝过早地破损。

当建筑材料(堆石、木材等)不便加工成曲线时,常采用折线多边形,如图 8-4-2 所示。

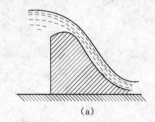 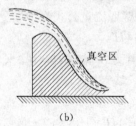

图 8-4-1 曲线形实用堰
(a)非真空堰;(b)真空堰

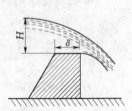

图 8-4-2 折线形实用堰

实用堰的流量公式仍采用式(8-2),即

$$Q = \sigma \varepsilon m b \sqrt{2g} H_0^{1.5}$$

当无侧收缩、无淹没时,取 $\sigma = 1.0$,$\varepsilon = 1.0$。

由于实用堰堰面对水舌有影响,所以堰壁的形状及尺寸对流量系数有影响,其精确数值应由模型实验决定。在初步估算时,可取真空堰 $m \approx 0.5$,非真空堰 $m \approx 0.45$,折线多边形堰 $m = 0.35 \sim 0.42$。

侧收缩系数 $\varepsilon$ 可用下式计算

$$\varepsilon = 1 - a \frac{H_0}{b + H_0} \tag{8-12}$$

式中：$a$ 为考虑坝墩形状影响的系数，矩形坝墩 $a=0.2$，半圆形或尖形坝墩 $a=0.11$，曲线形尖墩 $a=0.06$。

实用堰的淹没标准与薄壁堰相同，即下游水位高于堰顶，并且堰下游发生淹没式水跃。

非真空堰淹没系数 $\sigma$ 可由表 8-1 确定。

表 8-1　　　　　　　　　　　　非真空堰淹没系数 $\sigma$

| $\dfrac{\Delta}{H}$ | 0.05 | 0.20 | 0.30 | 0.40 | 0.50 | 0.60 | 0.70 | 0.80 | 0.90 | 0.95 | 0.975 | 1.00 |
|---|---|---|---|---|---|---|---|---|---|---|---|---|
| $\sigma$ | 0.997 | 0.985 | 0.972 | 0.957 | 0.935 | 0.906 | 0.856 | 0.776 | 0.621 | 0.470 | 0.319 | 0 |

# 第五节　宽　顶　堰

宽顶堰流是实际工程中一种极为常见的水流现象。由于存在底坎引起水流在垂直方向产生收缩而形成进水口水面跌落的水流现象称为有坎宽顶堰流 [图 8-5-1 (a)]；当水流流经桥墩之间、隧洞或涵洞进口 [图 8-5-1 (b)、(c)] 以及流经由施工围堰束窄了的河床时，水流由于侧向收缩的影响，也会形成进口水面跌落，产生宽顶堰的水流状态，这种现象称作无坎宽顶堰流。

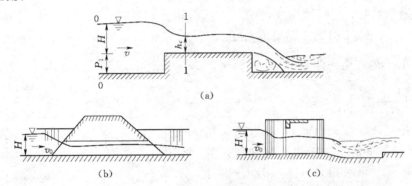

图 8-5-1　宽顶堰流

根据下游水位的高低，宽顶堰流有自由式和淹没式出流两种。自由式堰流，进口前为缓流，在进口处由于断面收缩形成水面跌落，堰顶水深略小于临界水深，堰顶水流为急流，当下游水位较低时，过堰后的水流会出现第二次水面跌落，如图 8-5-1 (a) 所示。淹没式出流，进口处存在水面跌落，受下游水位影响，堰顶水流为缓流，水深略大于临界水深。

宽顶堰流的计算公式仍采用堰流基本公式 (8-3)，即

$$Q=\sigma\varepsilon mb\sqrt{2g}H_0^{1.5}$$

**一、流量系数**

宽顶堰的流量系数 $m$ 取决于堰顶的进口形式和上游堰高与堰前水头的比值 $P_1/H$，可采用下列经验公式计算。

当 $0\leqslant P_1/H\leqslant 3$ 时，对于堰顶为直角进口的宽顶堰 [图 8-5-1 (a)] 有

$$m=0.32+0.01\times\dfrac{3-\dfrac{P_1}{H}}{0.46+0.75\dfrac{P_1}{H}} \tag{8-13}$$

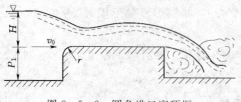

图 8-5-2 圆角进口宽顶堰

对于堰顶进口为圆角的宽顶堰（图 8-5-2）有

$$m=0.36+0.01\times\frac{3-\dfrac{P_1}{H}}{1.2+1.5\dfrac{P_1}{H}} \qquad (8-14)$$

当 $P_1/H>3$ 时，$m$ 可视为常数，直角进口时，$m=0.32$，圆角进口时，$m=0.36$。

若假定堰顶 1—1 断面（图 8-5-1）的水深为临界水深 $h_K$，压强按静水压强分布，并略去堰前 0—0 断面至 1—1 断面向的水头损失，即可证明宽顶堰流量系数的最大值 $m_{max}=0.385$（证明从略），堰顶水深等于 $\dfrac{2}{3}H_0$。

**二、侧收缩系数**

侧收缩系数 $\varepsilon$ 可以用下面的经验公式计算：

$$\varepsilon=1-\frac{a_0}{\sqrt[3]{0.2+\dfrac{P_1}{H}}}\sqrt[4]{\frac{b}{B}}\left(1-\frac{b}{B}\right) \qquad (8-15)$$

式中：$a_0$ 为墩形系数。当闸墩（或边墩）头部为矩形边缘时，$a_0=0.19$，圆弧形边缘时，$a_0=0.10$；$b$ 为堰净宽；$B$ 为上游渠道宽度。

式（8-15）的应用条件为：$\dfrac{b}{B}\geqslant 0.2$，$\dfrac{P_1}{H}\leqslant 3$。当 $\dfrac{b}{B}<0.2$ 时，应采用 $\dfrac{b}{B}=0.2$；当 $\dfrac{P_1}{H}>3$ 时，应采用 $\dfrac{P_1}{H}=3$。

对于单孔宽顶堰（无闸墩），可直接采用式（8-15）计算 $\varepsilon$ 值。对于多孔宽顶堰，如图 8-5-3 所示，可采用式（8-15）分别计算中孔及边孔的 $\varepsilon$ 值，最后再取加权平均值，即

$$\varepsilon=\frac{\varepsilon_{边}+(n-1)\varepsilon_{中}}{n} \qquad (8-16)$$

式中：$n$ 为孔数；$\varepsilon_{边}$ 为边孔侧收缩系数；$\varepsilon_{中}$ 为中孔侧收缩系数。

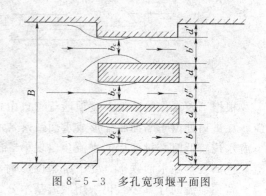

图 8-5-3 多孔宽顶堰平面图

$$\varepsilon_{边}=1-\frac{a_0}{\sqrt[3]{0.2+\dfrac{P_1}{H}}}\sqrt[4]{\frac{b'}{b'+2d'}}\left(1-\frac{b'}{b'+2d'}\right) \qquad (8-17)$$

$$\varepsilon_{中}=1-\frac{a_0}{\sqrt[3]{0.2+\dfrac{P_1}{H}}}\sqrt[4]{\frac{b''}{b''+2d}}\left(1-\frac{b''}{b''+d}\right) \qquad (8-18)$$

式中：$b'$ 为边孔净宽；$d'$ 为边墩宽度；$b''$ 为中孔净宽；$d$ 为中墩宽度。

### 三、宽顶堰的淹没条件及淹没系数

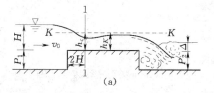

实验证明：当下游水位较低，宽顶堰为自由出流时，进入堰顶的水流，因受到堰坎垂直方向的约束，产生进口水面跌落，并在进口后约 $2H$ 处形成收缩断面，收缩断面 1—1 的水深 $h_c < h_K$。此后，堰顶水流保持急流状态，并在出口后产生第二次水面跌落。所以，在自由出流的条件下，水流由堰前的缓流状态，因进口水面跌落而变为堰顶上的急流状态，如图 8-5-4（a）所示。

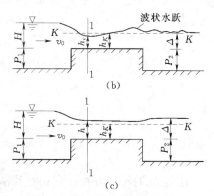

下面分析堰顶水头 $H$ 及进口形式一定，下游水位逐渐升高时，宽顶堰的淹没过程。

当宽顶堰下游水位低于堰顶临界水深线 $K$—$K$ 时，如图 8-5-4（a）所示，无论下游水位是否高于堰顶，宽顶堰都是自由出流。因为在此情况下，堰顶收缩断面下游继续保持急流状态，堰下游水位变化不会影响堰顶收缩断面水深 $h_c$ 的大小。

图 8-5-4　宽顶堰流的淹没过程

当下游水位继续上升至高于 $K$—$K$ 线时，堰顶将产生水跃，如图 8-5-4（b）所示。水跃位置随下游水深的增加而向上游移动。

实验证明，当下游水位高出堰顶的高度 $\Delta \geqslant (0.75 \sim 0.85) H_0$ 时，水跃移动到收缩断面 1—1 断面的上游，收缩断面水深增大为 $h(h > h_K)$；此时，堰顶的整个水流变成缓流状态，成为淹没出流，如图 8-5-4（c）所示。所以，宽顶堰的淹没条件（取平均值）为

$$\Delta \geqslant 0.8 H_0 \qquad\qquad (8-19)$$

宽顶堰形成淹没出流后，堰顶中间段水面大致平行于堰顶，而由堰顶流向下游时，水流的部分动能转换为位能，故下游水位略高于堰顶水面，如图 8-5-4（c）所示。

宽顶堰的淹没系数 $\sigma$ 随相对淹没度 $\Delta / H_0$ 的增大而减小，可查表 8-2。

表 8-2　　　　　　　　　　　宽顶堰的淹没系数

| $\dfrac{\Delta}{H_0}$ | 0.80 | 0.81 | 0.82 | 0.83 | 0.84 | 0.85 | 0.86 | 0.87 | 0.88 | 0.89 | 0.90 | 0.91 | 0.92 | 0.93 | 0.94 | 0.95 | 0.96 | 0.97 | 0.98 |
|---|---|---|---|---|---|---|---|---|---|---|---|---|---|---|---|---|---|---|---|
| $\sigma$ | 1.00 | 0.995 | 0.99 | 0.98 | 0.97 | 0.96 | 0.95 | 0.93 | 0.90 | 0.87 | 0.84 | 0.82 | 0.78 | 0.74 | 0.70 | 0.65 | 0.59 | 0.50 | 0.40 |

【**例 8-1**】　在某矩形断面渠道中修筑宽顶堰。已知，渠道宽度 $B = 4\text{m}$，堰宽 $b = 3\text{m}$，坎高 $P_1 = P_2 = 1.5\text{m}$，堰前水头 $H = 2\text{m}$，堰顶为直角进口矩形墩头，下游水深 $h = 2.5\text{m}$，试求过堰流量 $Q$。

**解：**（1）首先判别堰的出流形式。

$$\Delta = h - P_1 = 2.5 - 1.5 = 1.0 (\text{m})$$
$$0.8 H_0 > 0.8 H = 0.8 \times 2 = 1.6 (\text{m})$$

$\Delta < 0.8 H_0$，为自由式宽顶堰。因为 $b < B$，故为有侧收缩堰。

（2）计算流量系数 $m$，即

$$\frac{P_1}{H} = \frac{1.5}{2} = 0.75 < 3$$

$$m=0.32+0.01\times\frac{3-\dfrac{P_1}{H}}{0.46+0.75\dfrac{P_1}{H}}=0.342$$

（3）计算侧收缩系数 $\varepsilon$，即

矩形墩头 $\varepsilon=1-\dfrac{a_0}{\sqrt[3]{0.2+\dfrac{P_1}{H}}}\sqrt[4]{\dfrac{b}{B}}\left(1-\dfrac{b}{B}\right)=1-\dfrac{0.19}{\sqrt[3]{0.2+\dfrac{1.5}{2}}}\times\sqrt[4]{\dfrac{3}{4}}\times\left(1-\dfrac{3}{4}\right)=0.955$

（4）计算流量。自由式有侧收缩宽顶堰的流量公式

$$Q=\varepsilon mb\sqrt{2g}H_0^{1.5}$$

$$v_0=\frac{Q}{(H+P_1)B}$$

$$H_0=H+\frac{a_0v_0^2}{2g}$$

这是 $Q$ 的隐式方程，常用迭代法求解。

迭代法的思路是：先给一个 $H_0$ 的初值，可令 $H_0=H$，用第一个式子求出 $Q_{(1)}$，用第二个式子求出 $v_{0(1)}$，用第三个式子求出 $H_{0(1)}$；接着，将 $H_{0(1)}$ 代入用第一个式子求出 $Q_{(2)}$，用第二个式子求出 $v_{0(2)}$，用第三个式子求出 $H_{0(2)}$……一直迭代下去，直到所求出的 $Q_{(n)}$ 和前一个 $Q_{(n-1)}$ 比较满足误差要求为止。

通过计算，解得 $Q=Q_{(3)}=12.65$ （$\mathrm{m^3/s}$）。

# 第六节　小桥孔径的水力计算

河道中建有小桥时，水流由于受到桥台和桥墩的侧向约束，在桥上游壅水，进入桥孔时，过水断面减小，流速增大，水面下降，因此，小桥桥孔过水属于宽顶堰流。一般情况下，坎高 $P_1=P_2=0$，属于无坎宽顶堰流。下面讨论小桥孔过流的水力计算。

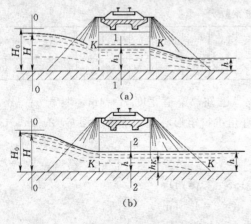

图 8-6-1　小桥过水
（a）自由式；（b）淹没式

## 一、小桥孔径的水力计算公式

小桥过水也分自由式和淹没式两种情况。实验发现，当桥下游水深 $h<1.3h_K$（$h_K$ 是桥孔水流的临界水深）时，为自由式小桥过水，如图 8-6-1（a）所示；当 $h\geqslant1.3h_K$ 时，为淹没式小桥过水，如图 8-6-1（b）所示，这就是小桥过水的淹没标准。

1. 自由式小桥过水

自由式小桥过水，上游壅水较高（壅水水深用 $H$ 表示），桥孔中水流流速明显增大，为急流，水深 $h_1<h_K$，水流过桥后发生第二次水面跌落，在桥下游水深逐渐稳定为建桥前水深 $h$。

令 $h_1=\varphi h_K(\varphi<1)$，$\varphi$ 称为垂向收缩系数，$\varphi$ 值的大小由小桥进口形状确定，在 0.75～

0.85 之间。设桥孔过水断面位矩形，断面宽度为 $b$（即小桥孔径），由于进入桥孔的水流发生侧向收缩，故有效过水宽度为 $\varepsilon b$。

如图 8-6-1（a）所示，建立桥前 0—0 断面和桥孔 1—1 断面的能量方程，则

$$H+\frac{\alpha_0 v_0^2}{2g}=h_1+\frac{\alpha_1 v_1^2}{2g}+\zeta\frac{v_1^2}{2g}$$

令

$$H_0=H+\frac{\alpha_0 v_0^2}{2g}$$

则有

$$H_0-h_1=(\alpha_1+\zeta)\frac{v_1^2}{2g}$$

令

$$\varphi=\frac{1}{\sqrt{\alpha_1+\zeta}}$$

则

$$H_0=h_1+\frac{v_1^2}{2g\varphi^2} \tag{8-20}$$

并得到

$$v_1=\frac{1}{\sqrt{\alpha_1+\zeta}}\sqrt{2g(H_0-h_1)}=\varphi\sqrt{2g(H_0-h_1)}$$

$$Q=v_1\varepsilon bh_1=\varepsilon b\psi h_K\varphi\sqrt{2g(H_0-\psi h_K)} \tag{8-21}$$

式中：$\varepsilon$、$\varphi$ 分别为小桥过流的收缩系数和流速系数。

式（8-21）即为小桥桥孔自由出流的计算公式。

2. 淹没式小桥过水

由前述的宽顶堰淹没条件可知，对于淹没式小桥过水，桥孔水流一般为缓流，桥孔水深 $h_2>h_K$。若忽略小桥出口的动能恢复，一般近似认为桥孔水深和桥下游水深相等，即 $h_2=h$。

与自由式小桥过水一样，建立桥前 0—0 断面和桥孔 2—2 断面的能量方程，可以得到小桥淹没出流时的计算公式

$$H_0=h+\frac{v_2^2}{2g\varphi^2} \tag{8-22}$$

$$v_2=\varphi\sqrt{2g(H_0-h)}$$

$$Q=v_2\varepsilon bh=\varepsilon bh\varphi\sqrt{2g(H_0-h)} \tag{8-23}$$

**二、小桥孔径水力计算原则和步骤**

要在河道中修建小桥，需进行小桥的水力计算。

已知条件：河道宽度 $B_h$；河道设计流量 $Q$，这是由河道水文资料确定的；设计水位，也即建桥前水深（建桥后桥下游水深），由设计流量确定；河道断面，可近似为矩形。

小桥水力计算系数已知，如 $\varepsilon$、$\psi$、$\varphi$ 等，可根据经验取定。$\varepsilon$、$\varphi$ 值见表 8-3，$\psi$ 值的选取，一般情况下，对非平滑进口，$\psi=0.75\sim0.80$，对于平滑进口，$\psi=0.08\sim0.85$，有的设计方法认为 $\psi=1$。桥孔允许流速 $v'$；桥前允许壅水水深 $H'$。

一般要求设计小桥孔径 $b$ 和计算桥孔流速以及桥前壅水水深 $H$。

表 8 - 3    小桥的收缩系数和流速系数

| 桥 台 形 状 | 收 缩 系 数 $\varepsilon$ | 流 速 系 数 $\varphi$ |
|---|---|---|
| 单孔、有锥体填土（锥体护坡） | 0.90 | 0.90 |
| 单孔、有八字翼墙 | 0.85 | 0.90 |
| 多孔、或无锥体填土<br>多孔、或桥台伸出锥体之外 | 0.80 | 0.85 |
| 拱脚浸水的拱桥 | 0.75 | 0.80 |

设计原则有两个：

（1）按桥孔流速等于允许流速设计，即 $v = v'$。设计的孔径在设计流量 $Q$ 通过时应该保证桥前壅水水位（用壅水水深 $H$ 表示）不大于规范允许值（用允许壅水水深 $H'$ 表示），$H'$ 值由路肩标高及桥梁底标高决定。

（2）按桥前壅水水深等于允许最大壅水水深设计，即 $H = H'$。设计的孔径在设计流量 $Q$ 通过时应该保证桥下不发生冲刷，即桥孔流速 $v$ 不超过桥下铺砌材料或天然土壤的不冲刷允许流速 $v'$。

经常采用第一个原则进行小桥孔径设计，以判断小桥过水的类型。

（1）首先计算桥孔的临界水深 $h_K$，以判断小桥过水的类型。

因为受到侧向收缩的影响，桥孔有效过流宽度为 $\varepsilon b$，则临界水深：

$$h_K = \sqrt[3]{\frac{\alpha Q^2}{g(\varepsilon b)^2}} \tag{8-24}$$

由连续性方程，并考虑 $h_1 = \psi h_K$，则为

$$Q = \varepsilon b h_1 v' = \varepsilon b \psi h_k v' \tag{8-25}$$

将式（8-25）代入式（8-24）整理后可以得

$$h_K = \frac{\alpha \psi^2 v'^2}{g} \tag{8-26}$$

（2）比较 $h$ 和 $1.3 h_K$ 的大小，判断是自由式还是淹没式小桥过水。

如果 $h < 1.3 h_K$，为自由式，按下面的第（3）步进行计算；如果 $h \geq 1.3 h_K$，为淹没式，按下面的第（4）步进行计算。

（3）当为自由式小桥过水时，根据 $Q = \varepsilon b h_1 v' = \varepsilon b \psi h_k v'$，求小桥孔径。即

$$b = \frac{Q}{\varepsilon \psi h_K v'} \tag{8-27}$$

取标准孔径 $B > b$。标准孔径有 4m、5m、6m、8m、10m、12m、16m、20m 等。因为 $B > b$，原来自由式小桥过水可能转化为淹没式小桥过水，需要重新按 $B$ 判断。此时，求出与 $B$ 对应的临界水深 $h'_K$：

$$h'_K = \sqrt[3]{\frac{\alpha Q^2}{g(\varepsilon B)^2}}$$

重新比较 $h$ 和 $1.3 h'_K$ 的大小关系，如果依然满足 $h < 1.3 h'_K$，则设计的 $B$ 为所求；如果此时 $h \geq 1.3 h'_K$，则变为淹没式，按下面的第（4）步进行计算。

（4）当为淹没式小桥过水时，根据 $Q = v' \varepsilon b h$，求小桥孔径

$$b = \frac{Q}{\varepsilon h v'} \tag{8-28}$$

同样取标准孔径 $B>b$。由于原来为淹没式，增大孔径后，淹没更为严重，所以 $B$ 为所求。

（5）计算桥孔流速 $v$ 和桥前壅水水深 $H$，看是否小于允许值。如为自由式小桥过水，桥孔流速为

$$v=\frac{Q}{\varepsilon B\psi h'_K} \tag{8-29}$$

由式（8-20）得

$$H_0=\frac{v^2}{2g\varphi^2}+\psi h'_K \tag{8-30}$$

如为淹没式小桥过水，桥孔流速为

$$v=\frac{Q}{\varepsilon Bh} \tag{8-31}$$

由式（8-22）得

$$H_0=\frac{v^2}{2g\varphi^2}+h \tag{8-32}$$

因为

$$H_0=H+\frac{\alpha_0 v_0^2}{2g}$$

行近流速

$$v_0=\frac{Q}{B_h H}$$

所以有

$$H_0=H+\frac{\alpha_0}{2g}\left(\frac{Q}{B_h H}\right)^2 \tag{8-33}$$

这是 $H$ 的高次方程，可以采用试算法求解出 $H$，$H$ 应满足 $H<H'$。

【例 8-2】　设计一小桥孔径 $B$。设计流量根据水文计算得 $Q=30\text{m}^3/\text{s}$，允许壅水水深 $H'=2.0\text{m}$，根据小桥下游河段流量——水位关系曲线得到下游水深 $h=1.0\text{m}$，桥下铺砌允许流速 $v'=3.5\text{m/s}$，选定小桥进口形式后知：$\varepsilon=0.85$，$\varphi=0.90$，$\psi=0.80$。

**解：**（1）采用 $v'$ 作为设计的出发点求 $h_K$，并判断小桥过水类型，则由式（8-26）得

$$h_K=\frac{\alpha\psi^2 v'^2}{g}=\frac{1.0\times0.8^2\times3.5^2}{9.8}=0.80\text{（m）}$$

由于 $1.3h_K=1.3\times0.8=1.04\text{m}>h=1.0\text{（m）}$，故此小桥过水为自由式。

（2）求小桥孔径。由 $Q=\omega v=\varepsilon b\psi h_K v'$ 得

$$b=\frac{Q}{\varepsilon\psi h_K v'}=\frac{30}{0.85\times0.8\times0.8\times3.5}=15.8\text{（m）}$$

取标准孔径 $B=16\text{m}>15.8\text{m}$。由于 $B>b$，原自由式可能转变成淹没式。计算孔径为 $B$ 时临界水深 $h'_K$：

$$h'_K=\sqrt[3]{\frac{\alpha Q^2}{(\varepsilon B)^2 g}}=\sqrt[3]{\frac{1\times30^2}{(0.85\times16)^2\times9.8}}=0.792\text{（m）}$$

$1.3h'_K=1.03\text{m}>h=1.00\text{m}$，仍为自由式，$B$ 为所求。

（3）再核算孔径为 $B$ 时的桥孔流速 $v$ 和桥前壅水水深 $H$

$$v=\frac{Q}{\varepsilon B\psi h'_K}=\frac{30}{0.85\times16\times0.80\times0.792}=3.48\text{m/s}<3.5\text{（m/s）}$$

$$H\approx H_0=\frac{v^2}{2g\varphi^2}+\varphi h'_K=\frac{3.48^2}{2\times9.8\times0.9^2}+0.8\times0.792$$

$$=0.763+0.634=1.397\text{m}<H'=2.0\text{（m）}$$

计算结果表明，采用标准孔径 $B = 16\text{m}$ 时，桥孔流速和壅水水深皆满足要求。

# 第七节 闸 孔 出 流

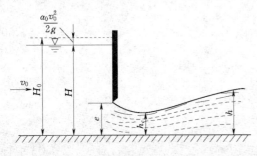

为控制和调节河流及水库的流量。一般要在堰上设置闸门，闸门有平板闸门和弧形闸门。闸底坎一般为宽顶堰或曲线型实用堰。从闸门底缘到堰顶的垂直距离称为闸门的开启度，用 $e$ 表示。当闸门部分开启时，水流在闸门的控制下出流，称为闸孔出流。由于闸门的阻隔，水面线是间断的，图 8-7-1 所示为无坎宽顶堰上平板闸门的闸孔出流。如果闸门开启至下缘与液流无接触，则为堰流，水面线连续。也就是说，是闸孔出流还是堰流是由闸门开启度决定。

图 8-7-1 无坎宽顶堰平板闸门闸孔出流

上游水位至堰顶的垂直距离为闸孔水头，用 $H$ 表示。根据实验，宽顶堰和实用堰上形成堰流或闸孔出流的界限是：

对于宽顶堰，当 $e/H > 0.65$ 时为堰流，当 $e/H \leq 0.65$ 时为闸孔出流；

对于曲线型实用堰，当 $e/H > 0.75$ 时为堰流，当 $e/H \leq 0.75$ 时为闸孔出流。

## 一、闸孔出流的水力特征

### 1. 宽顶堰上的闸孔出流

闸前水流在水头 $H$ 的作用下，经闸孔流出后，由于液流的惯性作用，流线继续收缩，在闸孔下游不远处形成水深最小的收缩断面 $c$—$c$，以后由于阻力作用，动能减小，水深逐渐增大。收缩断面的水深 $h_c < e$，用 $h_c = \varepsilon' e$ 表示，$\varepsilon'$ 称为垂直收缩系数。收缩断面的水深 $h_c$ 一般小于下游渠道中的临界水深 $h_K$，而下游渠道水深通常为 $h > h_K$，则闸孔出流必然以水跃的形式与下游水位衔接。当下游水深 $h$ 大于 $h_c$ 的共轭水深 $h_c''$ 时，将在收缩断面上游发生水跃，此水跃受闸门的限制，称为淹没水跃，此时闸孔出流为淹没式，如图 8-7-2 所示。否则形成自由式闸下出流，如图 8-7-1 所示。

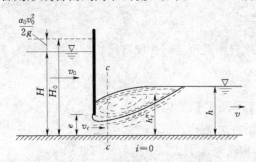

图 8-7-2 无坎宽顶堰淹没式闸孔出流

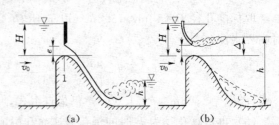

图 8-7-3 实用堰上的闸孔出流
（a）平板闸门；（b）弧形闸门

### 2. 曲线形实用堰上的闸孔出流

曲线形实用堰上的闸门一般安装在堰顶之上，如图 8-7-3。当闸孔泄流时，由于闸前水流在整个堰前水深范围向闸孔汇集，因此，出闸水流的收缩比平底上的闸孔出流更充分更完善。过闸后水流在重力作用下紧贴堰面下泄，厚度逐渐变薄，不像平底上的闸孔出流一样出现明显的收缩断面。实际工程中，曲线形实用堰上的闸孔出流多为自由出流。

### 二、闸孔出流的基本计算公式

以平底闸孔自由出流为例，见图 8-7-1，应用能量方程和连续性方程推导闸孔出流的基本公式。对闸前渐变流断面及收缩断面 $c—c$ 建立能量方程：

$$H+\frac{\alpha_0 v_0^2}{2g}=h_c+\frac{\alpha_c v_c^2}{2g}+\zeta\frac{v_c^2}{2g}$$

令 $H_0=H+\frac{\alpha_0 v_0^2}{2g}$，$\varphi=\frac{1}{\sqrt{\alpha_c+\zeta}}$，$H_0$ 为闸前全水头，$\varphi$ 为流速系数，则有

$$v_c=\varphi\sqrt{2g(H_0-h_c)}$$

可得矩形闸孔的流量公式：

$$Q=\varphi b h_c\sqrt{2g(H_0-h_c)}=\varphi b\varepsilon' e\sqrt{2g(H_0-\varepsilon' e)} \tag{8-34}$$

为了便于应用，式（8-34）可以简化为

$$Q=\varphi b\varepsilon' e\sqrt{1-\frac{\varepsilon' e}{H_0}}\sqrt{2gH_0}=\mu b e\sqrt{2gH_0} \tag{8-35}$$

式中：$\mu$ 为闸孔自由出流的流量系数，$\mu=\varphi\varepsilon'\sqrt{1-\frac{\varepsilon' e}{H_0}}$。

式（8-34）和式（8-35）为闸孔出流的基本公式，其中，式（8-34）只适用于宽顶堰上的闸孔自由出流情况，式（8-35）适用于宽顶堰和曲线形实用堰上闸孔自由出流情况。

如为淹没出流，可以将式（8-35）乘以一个小于 1 的淹没系数 $\sigma$，即

$$Q=\sigma\mu b e\sqrt{2gH_0}=\mu_s b e\sqrt{2gH_0} \tag{8-36}$$

式中：$\mu_s$ 为含有淹没系数的流量系数。

### 三、闸孔出流流量系数 $\mu$ 的计算公式

流量系数 $\mu$ 值一般根据经验公式计算。对于宽顶堰上平板闸门的闸孔出流：

$$\mu=0.6-0.176\frac{e}{H} \tag{8-37}$$

对于宽顶堰上弧形闸门的闸孔出流为

$$\mu=\left(0.97-0.81\frac{\alpha}{180°}\right)-\left(0.56-0.81\frac{\alpha}{180°}\right)\frac{e}{H} \tag{8-38}$$

式中：$\alpha$ 为弧形闸门底缘切线与水平线夹角，适用于 $25°<\alpha\leqslant90°$，$0<e/H\leqslant0.65$。

对于曲线形实用堰上的平板闸门：

$$\mu=0.745-0.274\frac{e}{H} \tag{8-39}$$

对于曲线形实用堰上的弧形闸门：

$$\mu=0.685-0.19\frac{e}{H} \tag{8-40}$$

式（8-40）适用于 $0.1<e/H\leqslant0.75$。

### 四、含有淹没系数的流量系数 $\mu_s$ 的计算公式

因为曲线形实用堰淹没出流很少，这里只介绍宽顶堰上的闸孔淹没出流 $\mu_s$ 的计算公式。

$$\mu_s = 0.95 \sqrt{\frac{\ln(H/h)}{\ln(H/h_c'')}} \qquad (8-41)$$

式中：$h$ 为下游水深；$h_c''$ 为 $h_c$ 的完整水跃的共轭水深。

# 思 考 题

8-1 堰流和闸孔出流有何区别？如何判别？

8-2 薄壁堰、实用堰、宽顶堰的淹没条件是什么？

8-3 如何判别闸孔淹没出流？

8-4 各种堰型的流量系数、侧收缩系数、淹没系数如何确定？

# 计 算 题

8-1 设待测最大流量 $Q=0.30\text{m}^3/\text{s}$，水头 $H$ 限制在 $0.20\text{m}$ 以下，堰高 $p=0.50\text{m}$，试设计完全堰的堰宽 $b$。

8-2 已知完全堰的堰宽 $b=1.50\text{m}$，堰高 $p=0.70\text{m}$，流量 $Q=0.50\text{m}^3/\text{s}$。求水头 $H$。（提示，先设 $m_0=0.42$）

8-3 在一矩形断面的水槽末端设置一矩形薄壁堰，水槽宽 $B=2.00\text{m}$，堰宽 $b=1.20\text{m}$，堰高 $p=p'=0.50\text{m}$，求水头 $H=0.25\text{m}$ 时自由式堰的流量 $Q$。

8-4 一直角进口无侧收缩宽顶堰，堰宽 $b=4.00\text{m}$，堰高 $p=p'=0.60\text{m}$，水头 $H=1.20\text{m}$，堰下游水深 $h=0.80\text{m}$，求通过的流量 $Q$。

8-5 设上题的下游水深 $h=1.70\text{m}$，求流量 $Q$。

8-6 一圆进口无侧收缩宽顶堰，堰高 $p=p'=3.4\text{m}$，堰顶水头 $H$ 限制为 $0.86\text{m}$，通过流量 $Q=22\text{m}^3/\text{s}$，求堰宽 $b$ 及不使堰流淹没的下游最大水深。

8-7 选用定型设计小桥孔径 $B$。已知设计流量 $Q=15\text{m}^3/\text{s}$，取碎石单层铺砌加固河床，其允许流速 $v'=3.5\text{m/s}$，桥下游水深 $h=1.3\text{m}$，取 $\varepsilon=0.90$，$\varphi=0.90$，$\psi=1$（在一些设计部门，小型建筑物的 $\psi$ 值取 1），允许壅水高度 $H'=2.00\text{m}$。

8-8 在上题中，若下游水深 $h=1.6\text{m}$，再选定型设计小桥孔径 $B$。

8-9 现有一已建成的喇叭进口小桥，其孔径 $B=8\text{m}$，已知 $\varepsilon=0.90$，$\varphi=0.90$，$\psi=0.80$，试核算在可能最大流量 $Q=40\text{m}^3/\text{s}$（该桥下游水深 $h=1.5\text{m}$）时桥下流速 $v$ 及桥前壅水水深 $H$。

8-10 在矩形断面河道上有一平板门泄水闸，已知闸门上游水深 $H=4\text{m}$，闸门开度 $e=1\text{m}$，闸孔宽度 $b=5\text{m}$，行近流速 $v_0=1.2\text{m/s}$，试求：下游为自由出流的流量 $Q$。

# 第九章　渗　　流

## 【本章导读】

　　流体在多孔介质中的流动称为渗流。在土建工程中渗流主要是指水在岩层或土壤孔隙中的流动，所以也称地下水运动。达西线性渗流定律是渗流理论的基本方程，由此导出的应用于渐变渗流的裘皮幼公式以及渐变渗流微分方程，是进行渐变渗流分析的科学依据。本章主要讨论重力水在均质各向同性岩土中的渗流运动，内容包括渗流的基本定律，地下水的均匀流和非均匀流，集水廊道和井的渗流计算。

　　本章学习要求：掌握达西定律及其应用条件。掌握地下明渠水流的特性、计算方法以及集水廊道和井的渗流计算。了解井群的计算。

## 第一节　概　　述

### 一、渗流理论的实用意义

　　地下水和地表水一样，是人类的一项重要水利资源。在水利、地质、石油、采矿、化工和土建等许多行业中，都涉及有关渗流的问题。在土建方面的应用可列举以下几种：

　　（1）在给水方面，有水井（图 9-1-1）和集水廊道等集水建筑物的设计计算问题。

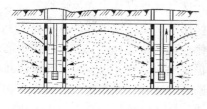

图 9-1-1　水井取水

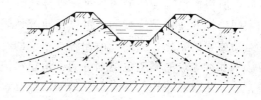

图 9-1-2　渠道渗漏

　　（2）在排灌工程方面，有地下水位的变动、渠道的渗漏损失（图 9-1-2）以及堰、闸和渠道边坡的稳定等方面的问题。

　　（3）在水工建筑物，特别是高坝的修建方面，有坝身的稳定、坝身及坝下的渗漏损失等方面的问题。

　　（4）在建筑施工方面，需确定围堰或基坑的排水量和水位降落等方面的问题。

　　本章重点讨论渗流的运动规律以及井和集水廊道的水力计算。

### 二、地下水的状态

　　岩土孔隙中的地下水可处于各种不同的状态，分为气态水、附着水、薄膜水、毛细水和重力水。气态水以水蒸气的状态混合在空气中而存在于岩土孔隙内，数量很少，一般都不考虑。附着水以分子层吸附在固体颗粒周围，呈现出固态水的性质。薄膜水以厚度不超过分子作用半径的膜层包围着颗粒，其性质和液态水近似。附着水和薄膜水都是在固体颗粒与水分子相互作用下形成的，其数量很少，很难移动，在渗流中一般也不考虑。毛细水由于毛细管作用而保持在岩土毛管孔隙中，除特殊情况外，往往也可忽略。当岩土含水量很大时，除少量液体吸附于固体颗粒四周及毛细区外，大部分液体将在重力作用下运动，称为重力水。本章研究的对象是重力水的运动规律。

### 三、渗透性质与岩土分类

均质岩土：渗透性质与各点的位置无关，分成：①各向同性岩土，其渗透性质与渗流的方向无关，例如沙土；②各向异性岩土，渗透性质与渗流方向有关，例如黄土、沉积岩等。

非均质岩土：渗透性质与各点的位置有关。

以下主要着眼于一种极简单的渗流——在均质各向同性岩土中的重力水的恒定流。

# 第二节　渗流基本定律

### 一、渗流模型

渗流是水沿着岩土的孔隙运动，由于岩土孔隙的大小、形状和分布十分复杂，无论用什么方法都难以确定渗流在每个孔隙内的流动情况。从工程应用的角度来说，也不需要确切地知道渗流在每个孔隙中的运动情况，一般只需要从宏观上知道渗流的平均效果。因此，在研究渗流时，可采用一种假想的较简单的渗流，来代替实际情况较复杂的渗流。这种假想的渗流就称为渗流模型。渗流模型是对实际渗流区的简化，简化内容主要为：①不考虑渗流的实际路径，只考虑它的主要流向；②不考虑土壤颗粒，认为孔隙和土壤颗粒所占的空间之总和均为渗流所充满。

由于渗流模型中不计渗流区域内的全部土颗粒骨架，认为渗流区域是全部被水充满的连续区间，所以渗流模型中的渗流是一种连续介质运动，这样就可以认为渗流运动的各水力要素随空间坐标的变化是连续的，可以像研究地表水一样用数学中连续函数的基本性质来研究渗流运动要素的变化。因此，前面各章所讲的有关水流运动的概念和研究方法同样也适用于渗流。例如，渗流的类型也可划分为：恒定渗流和非恒定渗流；三元渗流、二元渗流和一元渗流；均匀渗流和非均匀渗流，非均匀渗流又可分为渐变渗流和急变渗流；有压渗流和无压渗流等。另外，过水断面、流线、流束、断面平均流速、测压管水头和水力坡度等概念也可以引入到渗流中来。

为了使假设的渗流模型符合实际的渗流运动，要求渗流模型必须满足以下几点：

（1）渗流模型与实际渗流的边界条件完全相同；

（2）通过渗流模型过水断面的渗流量必须等于实际渗流通过相应过水断面的渗流量；

（3）渗流模型和实际渗流对应点处的阻力应相等，即对应流段内水头损失保持相等；

（4）对任一作用面，渗流模型得出的动水压力和实际渗流的动水压力相等。

满足了以上要求的渗流模型，所得到的主要运动要素是与实际渗流相符合的。但要注意的是，渗流模型中某点处的流速和实际渗流相应点的流速不相等。

设渗流模型过水断面面积为 $\Delta\omega$，通过流量为 $\Delta Q$，则渗流模型的平均流速为

$$v=\frac{\Delta Q}{\Delta\omega} \tag{9-1}$$

由于实际渗流区域内，一部分面积被土颗粒占据，所以，实际渗流的过水断面面积 $\Delta\omega'$

$<\Delta\omega$。如果土为均质土，孔隙率为 $n$（一定土体中孔隙的体积与该土体的总体积的比值称为孔隙率），则 $\Delta\omega'=n\Delta\omega$，实际渗流的流速（土壤孔隙中平均流速）为

$$v'=\frac{\Delta Q}{\Delta\omega'}=\frac{\Delta Q}{n\Delta\omega} \qquad (9-2)$$

$$v'=\frac{v}{n} \qquad (9-3)$$

因为 $n<1$，故实际渗流流速 $v'>v$。

### 二、达西渗流定律

1. 达西定律

为了研究渗流的基本规律，达西（Darcy）做了大量的试验，总结出了渗流流速和渗流能量损失之间的基本关系式，被称之为达西定律。

达西试验装置如图 9-2-1 所示。在上端开口的圆筒内装有均质沙土，在圆筒侧壁相距为 $L$ 的两过水断面 1—1 断面和 2—2 断面处装有两根测压管。圆筒上部装有充水管，并设有溢流管 $B$，以保证圆筒内具有恒定水头，从而形成恒定渗流。圆筒上部的水透过沙体，通过安装在圆筒下部 $C$ 处的滤板，经短管流入容器 $V$ 中，测出经过 $\Delta t$ 时间流入容器中的水体体积（或重量），即得渗流量。

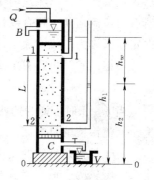

图 9-2-1　达西试验装置

对 1—1 断面和 2—2 断面列能量方程。考虑到渗流的流速很小，可忽略流速水头（在以后的分析计算中，均不计流速水头），用测压管水头代替总水头，即 $H=h=z+\frac{p}{\gamma}$。因此，两断面间的水头损失为

$$h_w=h_1-h_2$$

水力坡度为

$$J=\frac{h_\omega}{L}=\frac{h_1-h_2}{L}$$

采用不同尺寸，不同类型的均质土反复实验表明：通过圆筒土体的渗流量 $Q$ 与圆筒的过水断面面积 $\omega$ 及水力坡度 $J$ 成正比，并与土壤的透水性能有关，即

$$Q\propto\omega J$$

$$Q=k\omega J \qquad (9-4)$$

上式两端除以过水断面面积 $\omega$（包括土体）可得

$$v=\frac{Q}{\omega}=kJ \qquad (9-5)$$

式中：$v$ 为渗流模型的断面平均流速；$k$ 为比例系数，它是反映土壤透水性能的综合性系数，称为渗透系数，m/s，或 cm/s。

式（9-4）和式（9-5）称为渗流的达西定律。

式（9-5）是以断面平均流速 $v$ 来表达的达西定律，为了今后分析的需要，将它推广至用某点的渗流流速 $u$ 来表示。如图 9-2-2 所示，它表示位于两层不透水层中的有压渗流，$ab$ 表示任一元流，在 $M$ 点的测压管坡度为

$$J=-\frac{\mathrm{d}H}{\mathrm{d}s}$$

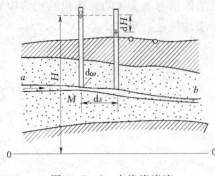

图 9-2-2 点渗流流速

元流的渗流流速为 $u$，则与式（9-5）相应有

$$u=kJ=-k\frac{dH}{ds} \qquad (9-6)$$

达西定律表明，在某一均质介质的孔隙中，渗流的水力坡度与渗流流速的一次方成正比，因此也称为渗流线性定律。

2. 达西定律的适用范围

达西定律所表达的渗流运动，其水头损失与流速的一次方成正比，该定律仅在一定的范围内适用。很多学者的试验研究表明，当渗流流速达到一定值后，水头损失将与流速的 1～2 次方成比例，即呈非线性关系。所以，达西定律并不适用于所有的渗流运动。符合线性关系的渗流属于层流渗流（与一般水流运动的层流相似），故达西定律又称为层流渗流定律。

根据试验结果，对于不满足达西定律的非线性渗流问题，其渗流运动规律可用下式表达

$$v=kJ^{\frac{1}{m}} \qquad (9-7)$$

当 $m=1$ 时，即为达西定律；$m=2$ 时，为完全紊流渗流；$1<m<2$ 时，为层流渗流到完全紊流渗流的过渡区。

对于如何判别达西定律的适用范围，有不同的试验成果，但多数学者认为，以雷诺数判定其界限较为合适。渗流的实际雷诺数通常用下式表达

$$Re=\frac{1}{0.75n+0.23}\frac{vd}{\nu} \qquad (9-8)$$

式中：$n$ 为土的孔隙率；$d$ 为土的有效粒径（通常用 $d_{10}$ 来计算，$d_{10}$ 是表示占 10% 质量的土可以通过的筛孔直径）；$v$ 为渗流流速；$\nu$ 为液体运动黏滞系数。

根据试验得到渗流运动的临界雷诺数 $Re_c=7\sim9$，当 $Re<Re_c$ 时，渗流符合达西定律。

必须指出，以上所讨论的层流渗流或非层流渗流，均是对土体结构未发生渗透变形的情况而言。如果发生了渗透变形，即渗透作用已使土体颗粒发生运动或土壤结构已失去稳定，此时的情况已不在讨论之列。

本章所讨论的是符合达西定律的层流渗流运动。

3. 渗透系数

渗透系数 $k$ 的数值大小对渗流计算的结果影响很大。以下简述其测算方法及常见土壤的概值。

（1）经验公式法：这一方法是根据土壤颗粒大小、形状、结构、孔隙率和影响水运动黏性的温度等参数所组成的经验公式来估算渗透系数 $k$。这类公式很多，可用以作粗略估计，本书不作介绍。

（2）实验室方法：这一方法是在实验室利用类似图 9-2-1 所示的渗流测定装置，并通过式（9-4）来计算 $k$。此法施测简易，但不易取得未经扰动的土样。

（3）现场方法：在现场利用钻井或原有井作抽水或灌水试验，根据井的公式（见本章第四节）计算 $k$ 值。

作近似计算时，可采用表 9-1 中的 $k$ 值。

| 表 9-1 | 水在土壤中渗流系数的概值 |
|---|---|
| 土 壤 种 类 | 渗 流 系 数 $k$（cm/s） |
| 黏土 | $6\times10^{-6}$ |
| 亚黏土 | $6\times10^{-6}\sim1\times10^{-4}$ |
| 黄土 | $3\times10^{-4}\sim6\times10^{-4}$ |
| 卵石 | $1\times10^{-1}\sim6\times10^{-1}$ |
| 细砂 | $1\times10^{-3}\sim6\times10^{-6}$ |
| 粗砂 | $2\times10^{-2}\sim6\times10^{-2}$ |

# 第三节　地下水的均匀流和非均匀流

采用渗流模型后，可用研究管渠水流的方法将渗流分成均匀流和非均匀流。由于渗流服从达西定律，使渗流的均匀流和非均匀流具有地上明渠均匀流和非均匀流所没有的某些特点。

## 一、恒定均匀流和非均匀渐变流的断面流速分布

在均匀流中，任一断面的测压管坡度（水力坡度）都是相同的，由于断面上的压强为静压分布，则断面内任一点的测压管坡度也是相同的，即均匀流区域中的任一点的测压管坡度都是相同的。根据达西定律，则均匀流区域中任一点的渗流流速 $u$ 都是相等的，即各断面流速分布为矩形，且沿程不变。

至于非均匀渐变流中，如图 9-3-1 所示，任取 1—1和 2—2 两个断面。在渐变流的同一过水断面上压强也是静压分布，所以 1—1 断面上各点的测压管水头皆为 $H$；沿底部流线相距 d$s$ 的 2—2 断面上各点的测压管水头为 $H+\mathrm{d}H$。由于渐变流时流线为近似平行的直线，可以认为 1—1 断面与 2—2 断面之间，沿一切流线的距离均近似为 d$s$。则 1—1 断面上各点处的水力坡度均相等，即

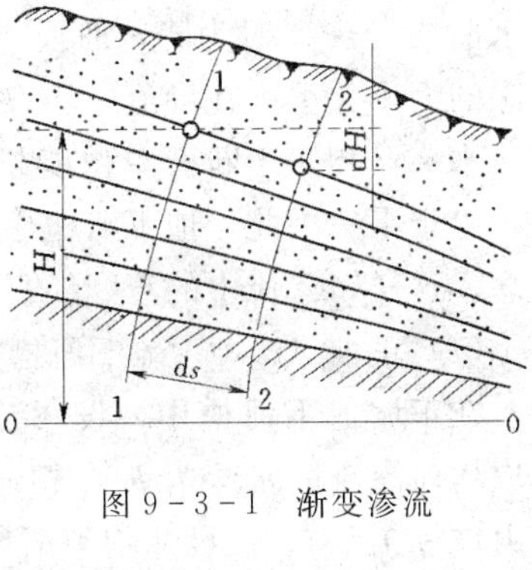

$$J=-\frac{\mathrm{d}H}{\mathrm{d}s}$$

图 9-3-1　渐变渗流

根据达西定律，即同一过水断面上各点的渗流流速 $u$ 都相等（但不同过水断面上的 $u$ 不相等），此时断面平均流速 $v$ 与 $u$ 相等。

$$v=u=kJ \tag{9-9}$$

此式称为裘皮幼（J. Dupuit）公式。

## 二、渐变渗流的基本微分方程和浸润曲线

在无压渗流中，重力水的自由表面称为浸润面。在平面问题中为浸润曲线。在工程中需要解决浸润线问题，从裘皮幼公式出发，即可建立非均匀渐变渗流的微分方程，积分可得浸润曲线。

1. 基本微分方程

如图 9-3-2 所示为一地下河槽的非均匀渐变渗流，下部不透水层为槽底，其坡度就是地下河槽的底坡 $i$。取相距 d$s$ 的 1—1 断面和 2—2 断面，1—1 断面的水深为 $h$，总水头为

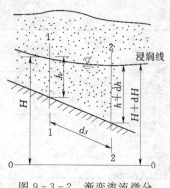

图 9-3-2 渐变渗流微分
方程推导图

$H$；2—2 断面的水深为 $h+\mathrm{d}h$，总水头为 $H+\mathrm{d}H$，两断面的总水头差为

$$-\mathrm{d}H=-\mathrm{d}h+i\mathrm{d}s$$

水力坡度为

$$J=-\frac{\mathrm{d}H}{\mathrm{d}s}=i-\frac{\mathrm{d}h}{\mathrm{d}s} \tag{9-10}$$

由式（9-9），断面平均流速为

$$v=kJ=-k\frac{\mathrm{d}H}{\mathrm{d}s}=k\left(i-\frac{\mathrm{d}h}{\mathrm{d}s}\right) \tag{9-11}$$

渗流量为

$$Q=v\omega=k\omega\left(i-\frac{\mathrm{d}h}{\mathrm{d}s}\right) \tag{9-12}$$

上式即为地下河槽非均匀渐变渗流的微分方程。

由式（9-10）变化形式可得到浸润曲线沿程变化率为

$$\frac{\mathrm{d}h}{\mathrm{d}s}=i-J \tag{9-13}$$

用上式可以分析和计算地下河槽的浸润线。

2. 地下河槽的浸润曲线

渗流的浸润曲线形式仍可分为壅水曲线（$\mathrm{d}h/\mathrm{d}s>0$）和降水曲线（$\mathrm{d}h/\mathrm{d}s<0$）两种。由式（9-13）看出，对于平坡和逆坡地下河槽，只有降水曲线。对于正坡河槽，当 $J<i$ 时为壅水曲线，$J>i$ 时为降水曲线，而 $J$ 与 $i$ 的大小关系，仅取决于渐变流水深与均匀流正常水深的大小关系。在渗流中不存在像地上明渠水流中的临界水深的概念，这是由于渗流不计流速水头，相当于断面单位能量等于水深，所以断面单位能量最小值对应的水深（临界水深）等于零。因此，地下河槽中的渗流均属缓流。同时，渗流中也无缓坡、陡坡、临界坡等概念。这样，渗流中的浸润线只有四种类型：正坡地下河槽有两种，负坡和平坡各一种。

（1）正坡（$i>0$）地下河槽浸润线。

在正坡地下河槽中，设渗流量为 $Q$，其形成均匀渗流的水深为 $h_0$，相应均匀渗流的水力坡度 $J_0=i$。假设非均匀渐变渗流的水深为 $h$，相应的水力坡度为 $J$。参照地上明渠渐变流水面线流区划分的方法，在正坡地下河槽中，也存在均匀渗流的正常水深线，即 $N-N$ 线，因此，在整个渗流水深的可能变

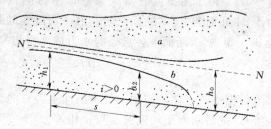

图 9-3-3 正坡地下河槽浸润曲线

化范围内，划分为 $a$、$b$ 两个流区，如图 9-3-3 所示。

$a$ 区：即 $h>h_0$。在流量一定的条件下，水深大，流速小，由式（9-9）知其水力坡度小，所以在 $a$ 区的渐变渗流水力坡度 $J$ 小于均匀渗流的水力坡度 $J_0$，由于 $J_0=i$，即 $J<i$，由式（9-13）得到 $\mathrm{d}h/\mathrm{d}s>0$，浸润曲线为 $a$ 型壅水曲线。

该浸润线向上游发展，即 $h \to h_0$，$J \to i$，由式（9-13）得，$\mathrm{d}h/\mathrm{d}s \to 0$，上游以 $N-N$ 线为渐近线；向下游水深不断增大，当 $h \to \infty$ 时，$v \to 0$，故 $J \to 0$，$\mathrm{d}h/\mathrm{d}s \to i$，浸润线下游以水平线为渐近线。

$b$ 区：即 $h<h_0$。在流量一定的条件下，渐变渗流的水力坡度 $J$ 大于均匀渗流的水力坡度 $i$，即 $J>i$，则 $dh/ds<0$，浸润线为 $b$ 型降水曲线。

该浸润线向上游发展为 $h \rightarrow h_0$，$J \rightarrow i$，$dh/ds \rightarrow 0$，故上游以 $N-N$ 线为渐近线；向下游发展，水深减小，$h \rightarrow 0$ 时，$v \rightarrow \infty$，$J \rightarrow \infty$，$dh/ds \rightarrow -\infty$，理论上趋向于与槽底正交，实际上此时为急变渗流，式（9-13）已不再适用，此时下游端的实际水深应由下游具体的边界条件确定。

以上讨论的是浸润线的形式和变化趋势。通过对式（9-12）的积分，即可得到浸润线的计算公式。

对于均匀渗流，$i=J_0$，由达西定律得到渗流量

$$Q=ki\omega_0 \tag{9-14}$$

式中：$\omega_0$ 为均匀渗流时的过水断面面积。

由式（9-12），得

$$\frac{dh}{ds}=i-\frac{Q}{k\omega}=i\left(1-\frac{\omega_0}{\omega}\right) \tag{9-15}$$

对于矩形断面棱柱形地下河槽，$\omega=bh$，$\omega_0=bh_0$，其中 $b$ 为矩形地下河槽宽度，则上式可改写为

$$\frac{dh}{ds}=i\left(1-\frac{h_0}{h}\right) \tag{9-16}$$

此时的单宽渗流量由式（9-14）得到

$$q=kih_0 \tag{9-17}$$

式（9-16）是矩形断面棱柱形地下河槽渐变渗流的微分方程。一般对于宽阔的地下河槽，都可看做矩形河槽。对式（9-16）积分即可求得矩形河槽的浸润曲线公式。

令 $\eta=h/h_0$，则 $d\eta=dh/h_0$，代入式（9-16）得

$$\frac{h_0 d\eta}{ds}=i\left(1-\frac{1}{\eta}\right)$$

$$ds=\frac{h_0}{i\left(1-\dfrac{1}{\eta}\right)}d\eta=\frac{h_0}{i}\left(1+\frac{1}{\eta-1}\right)d\eta$$

沿渗流方向，由 1—1 断面到 2—2 断面对上式积分得

$$s=\frac{h_0}{i}\left[(\eta_2-\eta_1)+\ln\frac{\eta_2-1}{\eta_1-1}\right] \tag{9-18}$$

式中：$\eta_2=\dfrac{h_2}{h_0}$；$\eta_1=\dfrac{h_1}{h_0}$；$s$ 为两断面的间距。上式即为矩形断面正坡棱柱形地下河槽的浸润线计算公式。

（2）平坡（$i=0$）地下河槽浸润线。

以 $i=0$ 代入式（9-13），得

$$\frac{dh}{ds}=-J=-\frac{Q}{k\omega} \tag{9-19}$$

对于矩形地下河槽，上式可写为

$$\frac{dh}{ds}=-J=-\frac{q}{kh} \tag{9-20}$$

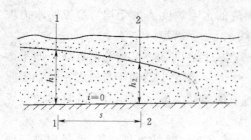

图 9-3-4 平坡地下河槽浸润线

由于平坡地下河槽中不可能产生均匀渗流，不存在正常水深，或者认为 $h_0 \to \infty$。由式（9-19）可知，对于任何渐变流水深 $h$，均得到 $dh/ds < 0$，故浸润线只有降水曲线一种，如图 9-3-4 所示。

浸润线向上游发展，水深不断增加，当 $h \to \infty$ 时，$v \to 0$，$J \to 0$，即 $dh/ds \to 0$，浸润线的上游端以水平线为渐近线（此时认为正常水深 $h_0 \to \infty$，且正常水深线为水平线）；当下游端 $h \to 0$ 时，$J \to \infty$，$dh/ds \to -\infty$，从理论上讲，浸润线下游端的发展趋势与槽底正交，但此时渗流已属急变流，式（9-19）已不再适用，下游端的趋势及其末端水深要视具体的边界条件而定。

对于矩形断面棱柱形地下河槽，对式（9-20）从 1—1 断面至 2—2 断面进行积分，可得

$$s = \frac{k}{2q}(h_1^2 - h_2^2) \tag{9-21}$$

式中：$h_1$、$h_2$ 为上、下游过水断面的水深。

式（9-21）就是矩形断面平底棱柱形地下河槽浸润线的计算公式。由公式可以看出，该浸润线是一条二次抛物线。

（3）逆坡（$i<0$）地下河槽的浸润线。

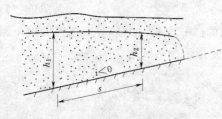

图 9-3-5 逆坡地下河槽的浸润线

逆坡地下河槽中不能形成均匀渗流，与平坡一样，可以认为 $h_0 \to \infty$。又由式（9-13）可以看出，逆坡上的浸润线只有降水曲线一种形式，如图 9-3-5 所示。浸润线上、下游两端的形式与平坡相似，分析过程和浸润线方程不再详述。

上述的浸润线方程式，在已知边界控制水深时，可用于计算浸润曲线；当已知两水深及其间距时，可求其渗流流量。总之，在其他条件已知时，由上述方程可求解其中任一未知数。

**【例 9-1】** 如图 9-3-6 所示，渗流区底部不透水层的底坡 $i=0.02$，渗流区的左右有河渠通过。左侧渠道渗入到渗流区的水深 $h_1=1.5\text{m}$，右侧渗出至河道处的渗流水深 $h_2=2.5\text{m}$，两河渠间的距离 $s=200\text{m}$，土壤的渗透系数 $k=0.005\text{cm/s}$，求：（1）单宽渗流量 $q$；（2）绘制渗流区的浸润线。

**解：**（1）求单宽渗流量。以 $\eta_1 = \dfrac{h_1}{h_0}$，$\eta_2 = \dfrac{h_2}{h_0}$ 代入式（9-18）得到

$$is = h_2 - h_1 + h_0 \ln \frac{h_2 - h_0}{h_1 - h_0}$$

代入数据

$$0.02 \times 200 = 2.5 - 1.5 + h_0 \ln \frac{2.5 - h_0}{1.5 - h_0}$$

即

$$3.0 = h_0 \ln \frac{2.5 - h_0}{1.5 - h_0}$$

经试算得

$$h_0 = 1.374 \text{(m)}$$

则渗流区的单宽渗流量为

$$q = k i h_0 = 0.005 \times 10^{-2} \times 0.02 \times 1.374 = 1.374 \times 10^{-6} [\text{m}^3/(\text{s} \cdot \text{m})]$$

（2）求浸润线：因 $h_2 > h_1 > h_0$，则浸润线为 $a$ 区的壅水曲线。应用式（9-18），其中 $h_0$ = 1.374m，$\eta_1 = \frac{1.5}{1.374} = 1.09$，设一系列的 $h_2$ 值，可求得相应的距离 $s$ 值。计算数据见表9-2。按表9-2中数据绘出浸润线，如图9-3-6所示。

表 9-2　　　　　　　　　　例 题 计 算 数 据

| $h_2$（m） | 1.7 | 2.0 | 2.3 | 2.5 |
|---|---|---|---|---|
| $\eta_2$ | 1.237 | 1.456 | 1.674 | 1.820 |
| $s$（m） | 76.54 | 136.50 | 178.29 | 200.00 |

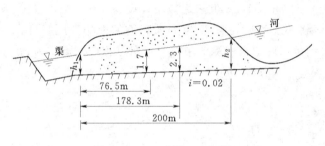

图 9-3-6　［例 9-1］图

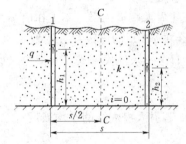

图 9-3-7　［例 9-2］图

【例 9-2】　为查明地下水的储存情况，在含水层土壤中相距 $s = 500$m 处打两个钻孔 1 和 2，如图9-3-7所示。测得两钻孔中水深分别为 $h_1 = 3$m，$h_2 = 2$m，不透水层为平坡（$i = 0$），渗透系数 $k = 0.05$cm/s。求：（1）单宽流量 $q$；（2）两钻孔中间 $C-C$ 断面处的水深 $h_c$。

**解：**（1）计算单宽流量 $q$。对平坡上的无压渐变渗流，采用式（9-21）得

$$q = k \frac{h_1^2 - h_2^2}{2s} = 0.05 \times 10^{-2} \times \frac{3^2 - 2^2}{2 \times 500} = 2.5 \times 10^{-6} [\text{m}^3/(\text{s} \cdot \text{m})]$$

（2）计算 $C-C$ 断面处的水深 $h_c$：从 1-1 断面至 $C-C$ 断面同样应用式（9-21），得

$$q = k \frac{h_1^2 - h_c^2}{2s_{1-c}}$$

即

$$2.5 \times 10^{-6} = 0.05 \times 10^{-2} \times \frac{3^2 - h_c^2}{2 \times 250}$$

解得

$$h_c = 2.55 \text{(m)}$$

# 第四节　井和集水廊道

井和集水廊道在给水工程上是吸取地下水源的建筑物，应用甚广。从这些建筑物中抽

水，会使附近天然地下水位降落，也起着排水的作用。

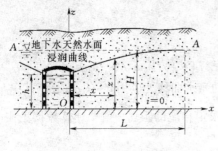

图 9-4-1 集水廊道排水

设有一集水廊道，横断面为矩形，廊道底位于水平不透水层上，如图 9-4-1 所示。底坡 $i=0$，由于渗流方向与 $x$ 轴方向相反，故 $ds=-dx$，由式（9-12）得

$$Q=kbh\left(0-\frac{dh}{ds}\right)=kbh\frac{dh}{dx}$$

设 $q$ 为集水廊道单位长度上自一侧渗入的单宽流量，上式可写成

$$\frac{q}{k}dx=hdh$$

从集水廊道侧壁（$0$，$h$）至（$x$，$z$）积分，得浸润曲线方程

$$z^2-h^2=\frac{2q}{k}x \tag{9-22}$$

此式即式（9-21），如图 9-4-1 所示，随着 $x$ 的增加，浸润曲线与地下水天然水面 $A$—$A$（未建集水廊道或廊道不工作时情况）的差值 $H-z$ 也随之减小，设在 $x=L$ 处，$H-z\approx0$，那么在 $x\geqslant L$ 的地区，天然地下水位将不受影响，称 $L$ 为集水廊道的影响范围。将 $x=L$，$z=H$ 这一条件代入式（9-22），得到集水廊道自一侧的单宽渗流量（称产水量）为

$$q=\frac{k(H^2-h^2)}{2L} \tag{9-23}$$

若引入浸润线的平均坡度

$$\overline{J}=\frac{H-h}{L}$$

则上式可改写成

$$q=\frac{k}{2}(H+h)\overline{J} \tag{9-24}$$

这一公式可用来初步估算 $q$，$\overline{J}$ 可根据以下数值选取：对于粗砂及卵石，$\overline{J}$ 为 $0.003\sim0.005$，砂土为 $0.005\sim0.015$，亚砂土为 $0.03$，亚黏土为 $0.05\sim0.10$，黏土为 $0.15$。

**一、潜水井（无压井）**

具有自由水面的地下水称为无压地下水或潜水。在潜水中修建的井称为潜水井或无压井，用来吸取无压地下水。井的断面通常为圆形，水由透水的井壁进入井中。

根据潜水井与底部不透水层的关系可分为完全井和不完全井两大类。

凡井底深达到不透水层的井称为完全井，如图 9-4-2 所示；井底未达到不透水层的井称为不完全井。

设完全井位于水平不透水层上，其含水层厚度为 $H$，井的半径为 $r_0$。若从井内抽水，则井中和附近的地下水面下降，形成对于井中心垂直轴线对称的浸润漏斗面。在连续抽水且抽水量不变，

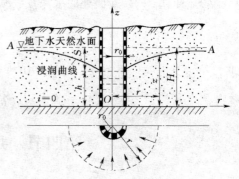

图 9-4-2 潜水完全井

同时假定含水层体积很大，可以无限制的供给一定流量而不致使含水层厚度 $H$ 有所改变，则流向水井的地下渗流为恒定渗流，这时浸润漏斗的位置不再变动，井中水深 $h$ 也保持不变。

取半径为 $r$ 并与井同心的圆柱面，圆柱面的面积 $\omega = 2\pi rz$。又设地下水为渐变流，则此圆柱面上各点的水力坡度皆为 $J = \dfrac{\mathrm{d}z}{\mathrm{d}r}$，则应用式（9-9）得出经此渐变流圆柱面的渗流量

$$Q = \omega v = 2\pi rzk \frac{\mathrm{d}z}{\mathrm{d}r}$$

分离变量得

$$2\pi z\mathrm{d}z = \frac{Q}{k}\frac{\mathrm{d}r}{r}$$

注意到经过所有同心圆柱面的渗流量 $Q$ 皆相等，从 $(r, z)$ 积分到井壁 $(r_0, h)$，得浸润漏斗方程

$$z^2 - h^2 = \frac{Q}{\pi k}\ln\frac{r}{r_0} = \frac{0.732Q}{k}\lg\frac{r}{r_0} \tag{9-25}$$

利用式（9-25）可绘制沿井的径向剖面的浸润曲线。

为了计算井的产水量 $Q$，引入井的影响半径 $R$ 的概念：以井轴为圆心，取半径 $r = R$ 的一个圆，在 $R$ 范围以外，认为天然地下水位不受影响（$z = H$），$R$ 称为井的影响半径。并将此关系代入式（9-25）得

$$Q = 1.366\frac{k(H^2 - h^2)}{\lg\dfrac{R}{r_0}} \tag{9-26}$$

此式为潜水井产水量 $Q$ 的公式。

在一定产水量 $Q$ 时，地下水面的最大降落 $S = H - h$ 称为水位降深。可改写式（9-26）为

$$Q = 2.732\frac{kHS}{\lg\dfrac{R}{r_0}}\left(1 - \frac{S}{2H}\right) \tag{9-27}$$

当 $\dfrac{S}{2H} \ll 1$ 时，可简化为

$$Q = 2.732\frac{kHS}{\lg\dfrac{R}{r_0}} \tag{9-28}$$

由此可见，上述理论分析认为井的产水量与渗透系数 $k$、含水层厚度 $H$ 和水位降深 $S$ 成正比；影响半径 $R$ 和井的半径 $r_0$ 在对数符号内，对产水量 $Q$ 的影响微弱。

式（9-27）比式（9-28）的优点在于以易测的 $S$ 代替了不易测的 $h$。

影响半径最好用抽水试验测定。在估算时，常根据经验数据来选取。对于中砂 $R = 250\sim500\mathrm{m}$；粗砂 $R = 700\sim1000\mathrm{m}$。也可用经验公式计算

$$R = 3000S\sqrt{k} \tag{9-29}$$

其中井中水位降深 $S$ 以 m 计，渗透系数 $k$ 以 m/s 计，$R$ 以 m 计。

不完全井的产水量不仅来自井壁四周，而且来自井底。目前一般采用经验公式计算，可近似采用下式计算为

$$Q=\frac{k(H'^2-t^2)}{0.73\lg\dfrac{R}{r_0}}\left[1+7\sqrt{\frac{r_0}{2H'}}\cos\frac{H'\pi}{2H}\right] \tag{9-30}$$

式中符号如图 9-4-3 所示。

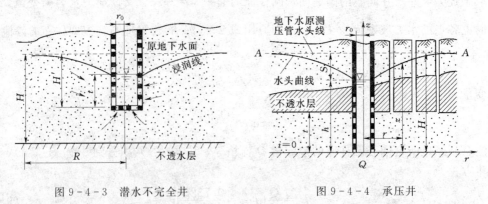

图 9-4-3 潜水不完全井          图 9-4-4 承压井

## 二、承压井

如含水层位于两不透水层之间，其中渗流所受的压强大于大气压，这样的含水层称为有压含水层，穿过一层或多层不透水层，在地下有压含水层中开掘的井称为承压井，如图 9-4-4 所示。

此处仅考虑这一问题的最简单情况，即底层与覆盖层均为水平，两层间的距离 $t$ 为一定，且井为完全井。凿井穿过覆盖在含水层上的不透水层时，地下水位将升到高 $H$（图 9-4-4 中的 $A—A$ 平面）。若从井中抽水，井中水深由 $H$ 降至 $h$，在井外的测压管水头线将形成轴对称的漏斗形降落曲面。

取半径为 $r$ 的圆柱面作为过水断面，其面积为 $\omega=2\pi rt$，断面上各点的水力坡度为 $\dfrac{\mathrm{d}z}{\mathrm{d}r}$，则

$$Q=\omega v=2\pi rtk\frac{\mathrm{d}z}{\mathrm{d}r}$$

式中：$z$ 为相应于 $r$ 的测压管水头。

分离变量，从 $(r, z)$ 断面到井壁积分得

$$z-h=0.366\frac{Q}{kt}\lg\frac{r}{r_0} \tag{9-31}$$

此即承压井的测压管水头线方程。同样引入影响半径的概念，设 $r=R$ 时，$z=H$，代入式（9-31）得承压井的产水量计算公式

$$Q=2.73\frac{kt(H-h)}{\lg\dfrac{R}{r_0}}=2.73\frac{ktS}{\lg\dfrac{R}{r_0}} \tag{9-32（a）}$$

$$S=\frac{Q\lg\dfrac{R}{r_0}}{2.73kt} \tag{9-32（b）}$$

式中：$R$ 为影响半径。

顺便指出，上述公式是在 $h>t$ 的情况下导出的。

## 三、井群

为了更多地抽取地下水，或者为更快地大范围降低地下水位，常常在一个区域打多口井同时抽水。这些井之间的距离不大，井与井之间的渗流相互干扰，使得地下水浸润面呈现复杂的形状，这种同时工作的多口井称为井群。

如图9-4-5所示为一直线状排列的3口井，它们单个出流时的浸润线如图中虚线所示。当3口井共同抽水时，由于相互干扰，形成如图中实线所示的较复杂的浸润面。

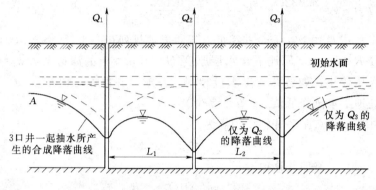

图9-4-5　井群的浸润面

现在仅讨论一种工作条件最为简单的井群，即假定每口井均为完全井，每口井的尺寸相同，抽水流量相同，井与井之间距离很小，如图9-4-6所示，而影响半径$R$与井群间距相比很大，则可由下式计算井群的渗流量

$$Q = 1.36 \frac{k(H^2 - h^2)}{\lg R - \frac{1}{n}\lg(r_1, r_2, \cdots, r_n)} \tag{9-33}$$

式中：$n$为井的数目；$h$为渗流区内任意点$A$的含水层厚度（即地下水深度）；$r_1$、$r_2$、$\cdots$、$r_n$为各水井至$A$点的距离；$R$为井群的影响半径，可按单井的影响半径计算；$H$为原含水层的厚度。

若已知点$A$处的水深$h$，可由式（9-33）计算井群的总抽水量$Q$。反之，若已知抽水量$Q$，也可计算渗流区域内任意点的地下水深$h$，即可以求出井群同时抽水形成的浸润线位置。

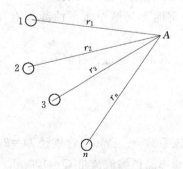

图9-4-6　井群的平面布置

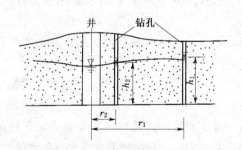

图9-4-7　[例9-3]图

【**例9-3**】　如图9-4-7所示，为了在野外实测土的渗透系数$k$，在具有水平不透水层的渗流区内打一口潜水井（完全井），并在距井中心$r_1 = 70$m、$r_2 = 20$m的同一半径方向上

设置两观测钻孔。在井中抽水，待井中水位和两观测钻孔的水位保持恒定后，测得井的抽水量 $Q=0.003\mathrm{m^3/s}$，两钻孔中的水深分别为 $h_1=2.8\mathrm{m}$，$h_2=2.3\mathrm{m}$。设井周围的渗流区内为均质各向同性土，试求土的渗透系数。

**解：** 由式（9-25），代入题中所给的符号和数值，得

$$h_1^2-h_2^2=0.732\frac{Q}{k}\lg\frac{r_1}{r_2}$$

则渗透系数为　$k=\dfrac{0.732Q}{h_1^2-h_2^2}\lg\dfrac{r_1}{r_2}=\dfrac{0.732\times0.003}{2.8^2-2.3^2}\lg\dfrac{70}{20}=0.000468(\mathrm{m/s})$

**【例9-4】** 一井群由8个完全井组成，等距离地排列在一半径 $r=30\mathrm{m}$ 的圆周上。已知井群的影响半径 $R=500\mathrm{m}$，原地下含水层厚度 $H=10\mathrm{m}$，土的渗透系数 $k=0.001\mathrm{m/s}$，各井的半径相同且比较小，如各井的出水量相同，并测得井群的总出水量 $Q=0.02\mathrm{m^3/s}$，求井群的圆心点处地下水位降低值 $\Delta h$ 等于多少？

**解：** 已知井群圆心点距各井轴线距离为

$$r_1=r_2=\cdots=r_8=r=30(\mathrm{m})$$

代入式（9-33），整理并移项得

$$H^2-h^2=\frac{Q}{1.36k}\lg\frac{R}{r}$$

$$h^2=H^2-\frac{Q}{1.36k}\lg\frac{R}{r}$$

$$=10^2-\frac{0.02}{1.36\times0.001}\lg\frac{500}{30}=82.03$$

$$h=9.06(\mathrm{m})$$

圆心处地下水位降低值为

$$\Delta h=10-9.06=0.94(\mathrm{m})$$

## 思　考　题

9-1　何为渗流模型？为什么要引入这一概念？

9-2　渗流模型中所指的流速是什么流速？它与真实流速有什么联系？

9-3　棱柱形地上河槽中的水面曲线有12条，而地下河槽中水面曲线只有4条，为什么？

9-4　潜水井与承压井有何区别？其产水量计算公式的推导过程有何不同？

## 计　算　题

9-1　在实验室中用达西实验装置测定土样的渗流系数 $k$。已知圆管直径 $D=20\mathrm{cm}$，两测压管间距 $l=40\mathrm{cm}$，两测压管水头差 $H_1-H_2=20\mathrm{cm}$，测得渗流流量 $Q=100\mathrm{mL/min}$，试求土样渗流系数 $k$。

9-2　已知渐变流浸润曲线在某一过水断面上的坡度为0.005，渗流系数为0.004cm/s，求过水断面上的点渗流流速及断面平均渗流流速。

9-3　一水平、不透水层上的渗流层，宽 800m，渗流系数为 0.0003m/s，在沿渗流方向相距 1000m 两个观测井中，分别测得水深 8m 及 6m，求渗流流量 $Q$。

9-4　如计算题图 9-4 所示，在地下水渗流方向布置两钻井 1 和 2，相距 800m，测得钻井 1 水面高程 19.62m，井底高程 15.80m，井 2 水面高程 9.40m，井底高程 7.60m，渗流系数 $k=0.009cm/s$，求单宽渗流流量 $q$。

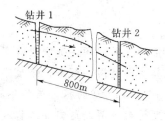

计算题图 9-4

9-5　某铁路路堑为了降低地下水位，在路堑侧边埋置集水廊道（称为渗沟），排泄地下水。已知含水层厚度 $H=3m$，渗沟中水深 $h=0.3m$，含水层渗流系数 $k=0.0025cm/s$，平均水力坡度 $J=0.02$，试计算流入长度 100m 渗沟的单侧流量。

9-6　某工地以地下潜水为给水水源，钻探测知含水层为沙夹卵石层，含水层厚度 $H=6m$，渗流系数 $k=0.0012m/s$，现打一完全井，井的半径 $r_0=0.15m$，影响半径 $R=300m$，求井中水位降深 $S=3m$ 时的产水量。

9-7　如计算题图 9-7 所示，一完全自流井的半径 $r_0=0.1m$，含水层厚度 $t=5m$，在离井中心 10m 处钻一观测孔。在未抽水前，测得地下水的水深 $H=12m$。现抽水流量 $Q=36m^3/h$，井中水位降深 $S_0=2m$，观测孔中水位降深 $S_1=1m$，试求含水层的渗流系数 $k$ 及影响半径 $R$。

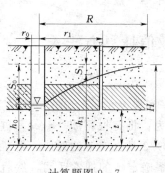

计算题图 9-7

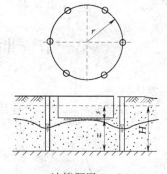

计算题图 9-8

9-8　如计算题图 9-8 所示基坑排水，采用相同半径（$r_0=0.10m$）的 6 个完全井，布置成圆形井群，圆的半径 $r=30m$。抽水前井中水深 $H=10m$，含水层的渗流系数 $k=0.001m/s$，为了使基坑中心水位降落 $S=4m$。试求总抽水量应为多少？（假定各井抽水量相同）

# *第十章　流体力学中非线性方程的求根问题

## 【本章导读】

流体力学中存在许多比较复杂的计算问题，如明渠流求正常水深和临界水深，水跃的共轭水深计算等。这类计算常用试算法或查图法解决，精度不高且计算过程繁琐。其实这些问题都可归结为求解一元非线性方程 $f(x)=0$ 的根，虽然不存在根的解析表达式，但是可通过数值计算方法求得满足一定精度的数值解，这需要工程人员设计有效的计算方法并通过程序来实现。此过程不但要求掌握各种数值计算方法，还需具备程序设计能力，对工程人员提出了较高的要求。若应用普通的程序设计语言（如 Visual BASIC），编程者需用程序语句实现绝大部分计算工作。而科学计算语言 MATLAB，由于集成了大量的数值计算函数，使编程方便快捷，是工程技术人员进行数值计算和数值分析的理想语言。

因此本章重点介绍在 MATLAB 环境中，运用数值计算方法解决流体力学中的一元非线性方程 $f(x)=0$ 求根问题。涉及三种数值计算方法，即二分法、牛顿法和 MATLAB 中的 fzero 函数，还提供了二分法和牛顿法的通用计算程序。最后结合实例，具体介绍应用 MATLAB 语言，解决一元非线性方程求根问题的思路和方法。本章程序在 MATLAB6.5 版本中运行，限于篇幅，MATLAB 语言的基本语法不予介绍。

本章学习要求：结合本章算例，掌握应用二分法、牛顿法或 fzero 函数计算简单的一元非线性方程一般思路与方法，达到能够在 MATLAB 中分析并解决实际工程中的一元非线性方程计算问题。了解 fzero 函数求解广义非线性方程根的一般过程。

## 第一节　非线性方程数值计算方法

### 一、二分法

设 $f(x)=0$ 在区间 $[a, b]$ 上连续，有且仅有一实根 $x=x_m$，$x_m \in [a, b]$，见图 $10-1-1$。二分法可简述为：将有根区间 $[a, b]$ 进行平分，区间中点 $x_m=(a+b)/2$ 是真实解的近似，由 $f(x_m)$、$f(a)$ 和 $f(b)$ 的符号关系确定新的搜索区间，然后再对新区间平分，如此反复，逐步逼近零点。算法描述如下：

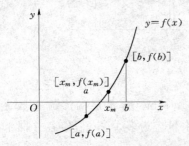

图 10-1-1　二分法

(1) 取 $x_m=(a+b)/2$。

(2) 若 $f(x_m)=0$，则 $x_m$ 即为根，计算结束。

(3) 若 $f(x_m)\neq 0$，当 $f(a)f(x_m)>0$，则 $a=x_m$，$x_m=(a+b)/2$；

若 $f(x_m)\neq 0$，当 $f(a)f(x_m)<0$，则 $b=x_m$，$x_m=(a+b)/2$。

(4) 若 $|f(x_m)|<\varepsilon$，$\varepsilon$ 为允许误差，则计算结束，此时 $x_m$ 值为所求；否则转去执行

（2）。

二分法的收敛条件为：

（1）在区间 $[a，b]$ 上函数 $y=f(x)$ 连续，有且只有一个实根。

（2）端点 $a$、$b$ 对应的函数值 $f(a)$、$f(b)$ 异号。

**程序 10 - 1  二分法源程序清单**

```
function [x,k]=twopoint(a,b,f,emg,maxk)
%二分法求解高次方程的根
%x ——所求方程的近似根
%k ——最终循环次数
%a,b ——区间[a,b]的端点
%f ——待求解方程的名称(方程应为字符串表达式,待求解变量名必须为 t)
%emg ——控制精度
%maxk ——允许最大循环次数
t=a;fa=eval(f);
t=b;fb=eval(f);
t=(a+b)/2;fab=eval(f);
        if fa * fb>0
          disp('a,b 的函数值同号,不合法');
          return
        end

  k=0;
while (abs(fab)>emg)&(k<=maxk)
      if fab==0
            x=(a+b)/2;
            return

      elseif fa * fab>0
            a=(a+b)/2;fa=fab;
      elseif fa * fab<0
            b=(a+b)/2;fb=fab;
      end
      t=(a+b)/2;
      fab=eval(f);
      k=k+1;
end
  k=k-1;
  if (abs(fab)<=emg)
        x=(a+b)/2;
  else
        x=(a+b)/2;
```

```
        disp('提示:未能搜索到满足精度的解!');
    end

end
```

## 二、牛顿法

牛顿法又称 Newton—Raphson 法，它利用函数 $y=f(x)$ 及其一阶导数来求根。若非线性方程 $f(x)=0$ 在区间 $[a，b]$ 上有且只有一个实根，根据泰勒级数展开得

$$f(x+\Delta x)=f(x)+f'(x)\Delta x+\frac{(\Delta x)^2}{2}f''(x)+\cdots$$

令 $x=x_k$，$x_{k+1}=x_k+\Delta x$，略去高阶无穷小项后得

$$f(x_{k+1})=f(x_k)+f'(x_k)(x_{k+1}-x_k)$$

若 $x_{k+1}$ 是方程的根，则 $f(x_{k+1})=0$，得到

$$f(x_k)+f'(x_k)(x_{k+1}-x_k)=0$$

$$x_{k+1}=x_k-\frac{f(x_k)}{f'(x_k)} \tag{10-1}$$

只要函数 $f(x)$ 满足下面的收敛条件，确定初始迭代值 $x_0$，按式（10-1）经多次迭代计算，定能得到方程的根。算法描述如下：

（1）选取初始值 $x_0$，令 $x_k=x_0$。

（2）由式（10-1）计算 $x_{k+1}$。

（3）若 $|f(x_{k+1})|<\varepsilon$，$\varepsilon$ 为允许误差，则计算结束，此时 $x_{k+1}$ 值为所求；否则令 $x_k=x_{k+1}$，转去执行（2）。

牛顿法的收敛速度高于二分法，但对函数本身要求更严格。牛顿法的收敛条件为：

（1）在区间 $[a，b]$ 上函数 $y=f(x)$ 连续单调，有且只有一个实根。

（2）一阶导数 $f'(x)$ 不能趋近于 0，因一阶导数 $f'(x)$ 在式（10-1）的分母上。

**程序 10-2 牛顿法源程序清单**

```
function [x,k]=newton(t0,f,emg,maxk)
%牛顿法求解高次方程的根
%x ——所求近似解
%k ——最终循环次数
%t0 ——迭代的初始值
%f ——待求解方程的名称(方程应为字符串表达式,待求解变量名必须为 t)
%emg——控制精度
%maxk——允许最大循环次数
    t=t0;
    f1=eval(f);%估计符号函数 f 在 t=t0 的函数值,eval 为 MATLAB 的内置函数
    f2=diff(f,'t');%计算符号函数 f 的一阶导函数,diff 为 MATLAB 的内置函数
    k=0;
    while (abs(f1)>emg)&(k<maxk)
```

```
    D=-f1/eval(f2);
    t=t+D;
    f1=eval(f);
    k=k+1;
  end
  k=k-1;
  if (abs(f1)<=emg)
      x=t;
  else
      x=t;
      disp('提示:未能搜索到满足精度的解！');
  end
end
```

上述二分法和牛顿法源程序是一种通用程序，可以输入满足收敛条件的任意自定义函数 f，由 m 文件定义函数 f，形式如下：

```
function   f=FunctionName(p1, p2,…)
syms t
f=f(t, p1, p2,…)   %关于独立变量和各个参数的函数关系式
end
```

输入参数后，函数 FunctionName 的返回值 f 便是关于自变量 t 的字符串表达式。**注意：** 二分法和牛顿法源程序要求独立变量必须设为 t，且 t 为 syms 类型。这样编写自定义函数，便于对函数 f 求导，也便于向函数 f 中传递参数，可增强计算程序的通用性（详见第二节算例）。

### 三、fzero 函数

MATLAB 软件的内置函数 fzero 也可求解非线性方程 $f(x)=0$ 的根，又称为零点函数。fzero 函数其实是一种融合二分法、割线法和二次反插值法的混合算法，计算过程比二分法和牛顿法复杂得多。它可在一点 $x0$ 的邻域或在区间 $[x1, x2]$ 内，满足容许误差 $t_0$ 条件下，求得 $f(x)=0$ 的解。此函数的调用格式为：

```
x=fzero(FunctionName, X0, options, p1, p2,…)
```

其中：x 为函数 fzero 计算后返回的非线性方程 $f(x)=0$ 的根，若值为'Inf'或'NaN'，说明没找到满足容差的实根。

FunctionName 为形如@myfun 或'myfun'的 m 函数文件名，也可以是由 inline 创建的函数变量名；X0 为初始猜测值，X0=x0 或 X0=[x1　x2]都合法，表示从一点或在一个区间上搜索。**注意：** 区间搜索时，要保证在区间内有且只有一个根，即 $f(x1)f(x2)<0$；options 为包含算法若干属性的一种特殊数据结构，用 optimset 可更改变属性参数的值。例如可设置控制打印信息量的属性'display'的值，当不打印迭代的中间信息时，格式为：

```
options=optimset('display',off)
```

'off'为属性'display'的缺省值。设为'iter'时，打印中间结果；设为'final'时，只打印最终迭代结果和搜索区间，当采用缺省值时，options＝[ ]；p1，p2，…为向自定义函数传递的参数，可避免使用全局变量。

函数 fzero 的收敛条件为：在区间 $[a，b]$ 上函数 $y＝f(x)$ 连续，有且只有一个实根。需注意：函数 $y＝f(x)$ 必须与 $x$ 轴交叉，当有重根或复根时，算法是无效的。例如求 $f(x)＝x^2$ 的根。

自定义 m 函数文件必须具有如下形式，函数接口变量中 x 是独立变量，且总在第一位置。**注意**：独立变量 $x$ 是默认的 double 类型，不是 syms 类型。

```
function Z＝FunctionName(x, p1, p2,…)
Z＝f(x, p1,p2,…) % 关于独立变量和各个参数的函数关系式
end
```

当定义了函数文件后，确定独立变量 x 的初始猜测值，调用函数 fzero 计算，fzero 会自动调整 x 的值，以使函数返回值 $Z→0$。例如求 $y＝x^3－2x－5$ 在 2 附近的根。

首先编写 myf. m 文件。

```
function y ＝ myf(x)
y ＝ x.^3－2*x－5;
end
```

然后在命令行输入下面的命令并显示结果。

```
≫x＝fzero(@myf,2)
x＝
    2.0946
```

### 四、三种算法的特性

（1）二分法是一种稳健的算法，只要确定有根区间，总能找到方程的根。它对函数的单调性和一阶导数没有要求。

（2）只要满足收敛条件，牛顿法在函数定义域内任意一点都能迭代成功，而二分法必须确定两个函数值符号相异的端点迭代。牛顿法的收敛速度比二分法快，可由于其收敛条件严格，不如二分法稳健。

（3）fzero 函数具有二分法稳健的特点，对函数的单调性和一阶导数也没要求，其计算速度比二分法快，但不及牛顿法。函数 fzero 既可按区间搜索，也可从一点搜索，这是二分法和牛顿法不及的。但是从一点 x0 搜索时，fzero 会自动确定 x0 的邻域计算。若离真实根太远，有可能找不到根；有时在计算过程中还会超出计算函数的定义域，需重新确定初始点。

（4）有些工程问题函数关系非常复杂，并不能用简单的解析表达式描述，不能对函数求导，因此牛顿法是不适用的，函数 fzero 可很好地解决这类问题，详见第十章第三节。

（5）当存在重根或复根时，不仅函数 fzero 无效，二分法和牛顿法也很难找出这些根。若为多项式求根，可用另一内置函数 roots，参看帮助文件。

综上所述，三种算法各有优缺点，但函数 fzero 的优越性还是非常明显的，对于计算速度没有要求的一般问题，建议使用函数 fzero。

无论是哪种算法，都涉及初始值的确定，牛顿法还需判别函数本身的特性（单调性，一阶导数）。用数学方法直接分析函数特性比较麻烦，可借助 MATLAB 的图形功能，画出计算函数在定义域上的图形，据图形确定计算方案和初始值。

下面篇幅则以多种流体力学计算问题为例，介绍如何应用上述三种算法，在 MATLAB 环境中解决非线性方程的流体力学计算问题。通过这些算例，可进一步了解这些算法的特性。

# 第二节 流体力学中的高次方程求解

## 一、梯形明渠求正常水深

【例 10-1】 已知一梯形明渠，流量 $Q = 450 \text{m}^3/\text{s}$，边坡系数 $m = 1$，渠道糙率 $n = 0.025$，渠底宽度 $b = 45\text{m}$，底坡 $i = 0.32/1000$，求：正常水深 $h_0$。

分析：梯形明渠的均匀流流量公式❶ $Q = AC\sqrt{Ri} = \dfrac{\sqrt{i}}{n} \times \dfrac{A^{\frac{5}{3}}}{\chi^{\frac{2}{3}}}$

其中：面积 $A = (b+mh)h$，湿周 $\chi = b+2\sqrt{1+m^2}h$

令函数 $f(h) = \sqrt{i}A^{\frac{5}{3}} - Qn\chi^{\frac{2}{3}} = \sqrt{i}\left[(b+mh)h\right]^{\frac{5}{3}} - Qn(b+2\sqrt{1+m^2}h)^{\frac{2}{3}}$，正常水深 $h_0$ 必满足 $f(h_0) = 0$，以下是 MATLAB 的解决方案。

步骤一：将函数 $f(h)$ 写成符号格式的函数，由函数文件 h0.m 实现，变量 $h$ 用 $t$ 表示，定义为 syms 类型。

```
function f=h0(b,m,Q,n,i)
%梯形渠道正常水深函数
%b──渠底宽度
%m──边坡系数
%Q──流量
%n──糙率
%i──底坡
%t──正常水深
syms t
f=(b+m*t)^(5/3)*t^(5/3)*i^(0.5)-Q*n*(b+2*sqrt(1+m^2)*t)^(2/3);
end
```

步骤二：在命令行输入各参数值，调用正常水深函数 h0，生成计算函数 f。

```
≫  b=45;m=1;Q=450;n=0.025;i=0.32/1000;
≫  f=h0(b,m,Q,n,i)
f=
1/125*(45+t)^(5/3)*t^(5/3)*5^(1/2)-45/4*(45+2*2^(1/2)*t)^(2/3)
```

步骤三：在区间 [0，6] 上，绘出函数图形，结果见图 10-2-1。

---

❶ 为了与程序中的符号对应，本章中面积用 "A" 表示。

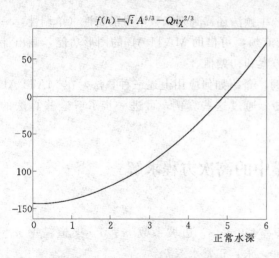

图 10-2-1　正常水深计算函数图形

命令行输入：

≫ezplot(f,0,6)

图形显示函数 $f$ 在定义域内单调增加，选择用牛顿法和二分法分别计算。

步骤四：据图 10-2-1 估计初始值，调用二分法函数 twopoint 和牛顿迭代函数 newton。在命令行输入命令并显示结果：

≫ [h01，k1]＝twopoint(3,6,f,0.001,30);

≫ [h02，k2]＝newton(3,f,0.001,30);

≫ fprintf(1,二分法：正常水深＝％5.3f m；迭代次数＝％2.0f次；牛顿法：正常水深＝％5.3f m；迭代次数＝％2.0f次,......

[h01　k1　h02　k2])

二分法：正常水深＝4.886 m；迭代次数＝13 次；牛顿法：正常水深＝4.886 m；迭代次数＝3 次。

求正常水深问题两种方法都可行，牛顿法的迭代次数少于二分法。读者可另设定可行域内任一点为牛顿法的初始点，会发现皆收敛。这便是牛顿法的优势，而二分法必须确定两个函数值相异的两个初始点，相对牛顿法较繁。因此，确定了一类问题的函数性质后，两个算法都可行时，牛顿法更方便。

### 二、梯形明渠求临界水深

【例 10-2】 已知条件同例 10-1，求渠道的临界水深 $h_K$。

分析：临界水深满足等式 $\dfrac{\alpha Q^2}{g}=\dfrac{(b+mh_K)^3 h_K^3}{b+2mh_K}$，可有两种方案确定计算函数 $f(h_K)$。

方案一：$f(h_K)=\dfrac{(b+mh_K)^3 h_K^3 g}{\alpha Q^2(b+2mh_K)}-1$；　方案二：$f(h_K)=1-\dfrac{\alpha Q^2(b+2mh_K)}{(b+mh_K)^3 h_K^3 g}$。

（1）图 10-2-2 为方案一的函数图形，表明函数在定义域内单调递增，可以用牛顿法计算。MATLAB 源程序如下：

步骤一：编写梯形渠道临界水深函数文件 hk1。

```
function f＝hk1(b,m,Q)
%梯形渠道临界水深函数
%b——渠道断面底宽
%m——边坡系数
%Q——流量
%t——渠道临界水深
syms t
alfha＝1;
B＝b+2*m*t;A＝(b+m*t)*t;
f＝(A^3*9.8)/(alfha*Q^2*B)-1;
end
```

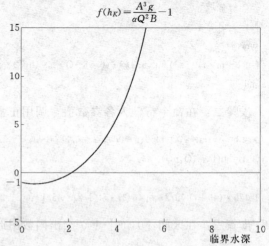

图 10-2-2　临界水深（方案一）计算函数图形

步骤二：输入已知条件，调用梯形渠道临界水深函数 hk1，生成计算函数 fhk。命令行输入：

```
≫ b=45;m=1;Q=450;
≫ fhk=hk1(b,m,Q)
 fhk =
 49/5 * (45+t)^3 * t^3/(9112500+405000 * t)-1
```

步骤三：牛顿法计算临界水深，初始值 6m。命令行输入：

```
≫ [hhk1,k]=newton(6,fhk,0.001,30);
≫ fprintf(1,'牛顿法:临界水深=%5.3f m',hhk1);
牛顿法:临界水深=2.135m
```

（2）方案二是计算临界水深的另一种函数形式，函数特性与方案一不同，如图 10 - 2 - 3 所示。函数 $f(h_K)$ 在可行域上单调递增，且以 $f(h_K)=1$ 为渐近线。说明在一定区域内，函数的一阶导数趋于 0，当初始点选在这个区域时，用牛顿法会发散。选择用 fzero 函数计算 $h_K$。

步骤一：编写梯形渠道临界水深函数文件 hk2。注意变量 hk 的位置和函数的类型。

```
function f=hk2(hk,b,m,Q)
%梯形渠道临界水深函数
%b——渠道断面底宽
%m——边坡系
%Q——流量
alfha=1;
B=b+2 * m * hk;A=(b+m * hk) * hk;
f=1-(alfha * Q^2 * B)/(A^3 * 9.8);
end
```

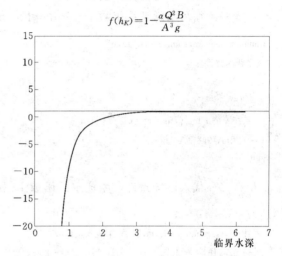

$$f(h_K)=1-\frac{\alpha Q^2 B}{A^3 g}$$

图 10 - 2 - 3  临界水深（方案二）计算函数图形

步骤二：确定初始迭代值 6m，注意此点在渐近线附近，调用 fzero 函数计算并显示结果。

```
≫ b=45;m=1;Q=450;
≫ guesshk=6;
≫ hhk2=fzero(@hk2,guesshk,[],b,m,Q);
≫ fprintf(1,'fzero法:临界水深=%5.3f m',hhk2);
fzero法:临界水深=2.134m
```

此例说明，计算函数的形式可能有多种，函数特性可能也不同，选择的计算方法也相应改变。

### 三、棱柱形水平明渠共轭水深计算

【例 10 - 3】  如图 10 - 2 - 4 所示，一水跃产生于一棱柱形梯形水平渠段中。已知：$Q$ 为

$6\mathrm{m}^3/\mathrm{s}$，$b=2.0\mathrm{m}$，边坡数 $m$ 为 $1.0$，跃前水深 $h_1$ 为 $0.4\mathrm{m}$，求跃后水深 $h_2$。

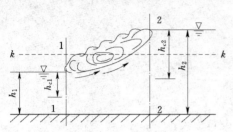

图 10-2-4　水平渠道水跃

分析：水跃函数 $J(h)=\dfrac{Q^2}{gA}+Ah_c$，跃前跃后断面满足

$$\frac{Q^2}{gA_1}+A_1h_{c1}=\frac{Q^2}{gA_2}+A_2h_{c2}$$

其中 $\omega=(b+mh)h,h_c=\dfrac{h}{6}\times\dfrac{3b+2mh}{b+mh}$

令水跃计算函数 $f(h_2)=\dfrac{Q^2}{g(b+mh_2)h_2}+(b+mh_2)h_2h_{c2}-J(h_1)$

在 MATLAB 中的解决方案如下：

步骤一：编写水跃计算函数 waterjumpfun.m 文件。

```
function Jh=waterjumpfun(Q,m,b)
%水跃函数计算
syms t
A=(b+m*t)*t;
hc=t/6*(3*b+2*m*t)/(b+m*t);
Jh=Q^2/A/9.8+A*hc;
end
```

步骤二：代入已知条件，生成水跃函数 Jh 和独立变量 $h_2$ 的计算函数 f。在命令行输入：

```
≫Q=6;m=1;b=2;
≫ Jh=waterjumpfun(Q,m,b);%生成水跃函数
≫ t=0.4;Jh1=eval(Jh);    %计算跃前断面水跃函数值
≫Jh2=Jh;
≫f=Jh2-Jh1;
```

步骤三：牛顿法计算临界水深。

跃后水深应大于临界水深，临界水深是计算的关键值，调用前面的函数 hk1 计算临界水深。

```
≫ fhk=hk1(b,m,Q);
≫ [hhk , k]=newton(2,fhk,0.001,30)
≫ fprintf(1,'牛顿法:临界水深=%5.3f m',hhk);
牛顿法:临界水深=0.839m
```

步骤四：计算跃后水深 $h_2$。

函数图形 10-2-5 显示，计算函数 f 在区间 $(0,+\infty)$ 上非单调变化，在 $h_2=h_K$ 时，为函数的拐点。

用牛顿法计算，初始值分别取 $1.2\mathrm{m}$、$0.6\mathrm{m}$。命令行输入并显示结果：

```
≫[x1,k]=newton(1.2,f,0.001,30);
≫[x2,k]=newton(0.6,f,0.001,30);
```

&gt;&gt; fprintf(1,'牛顿法:初值 1.2m,跃后水深=%5.3f m;
初值 0.6m,跃后水深=%5.3f m',[x1 x2]);
牛顿法:初值 1.2m,跃后水深=1.485m;初值
0.6m,跃后水深=0.400m

初始值为 0.6m,会得到错误结果
0.400m,因为 $0.6 < h_K$。若用二分法,则
不用考虑单调性问题,确定有根区间即
可。调用函数 twopoint 计算跃后水深 $h_2$。

&gt;&gt;[x3,k]=twopoint(0.5,3,f,0.001,30);
&gt;&gt;fprintf(1,'二分法:跃后水深=%5.3f m',x3)
二分法:跃后水深=1.485m

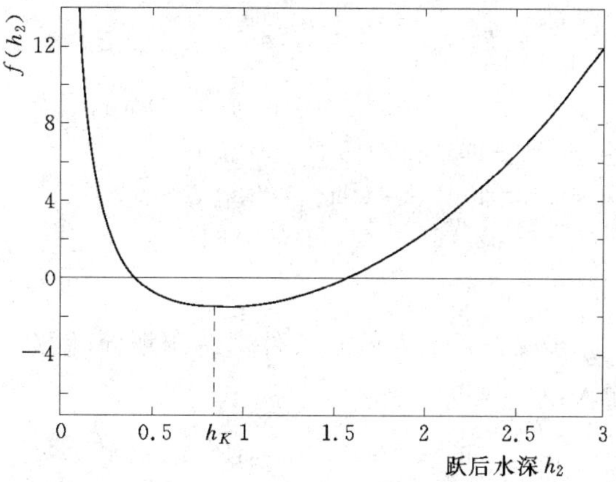

图 10-2-5　跃后水深计算函数图线

### 四、宽顶堰水力计算

**【例 10-4】** 已知某直角进口无侧收
缩宽顶堰,堰顶水头 $H=1.2$m,坎高 $p=p'=0.60$m,堰下游水深 $h_t=1.7$m,此时发生淹
没,堰宽 $b=4$m。求流量 $Q$。取动能修正系数 $\alpha=1.0$,淹没系数采用回归方程 $\sigma=1.032-0.85\left(\dfrac{\Delta}{H_0}\right)^{14.94}$,其中 $\Delta=h_t-p'$。

分析:$\dfrac{p}{H}=0.588<3$,因此

流量系数 
$$m=0.32+0.01\times\frac{3-\dfrac{p}{H}}{0.46+0.75\times\dfrac{p}{H}}$$

堰流流量公式 
$$Q=\sigma mb\sqrt{2g}H_0^{1.5} \tag{10-2}$$

其中 
$$H_0=H+\frac{\alpha Q^2}{2g[b(H+p)]^2}$$

等式(10-2)两边都有变量 $Q$,因此这是一个复杂的高次方程求解问题。将式(10-2)作变换建立计算函数 $f(Q)$。

$$f(Q)=Q-\sigma mb\sqrt{2g}H_0^{1.5}$$

$$f(Q)=Q-\left[1.032-0.85\left(\frac{\Delta}{H_0}\right)^{14.94}\right]\left[0.32+0.01\times\frac{3-\dfrac{p}{H}}{0.46+0.75\times\dfrac{p}{H}}\right]b\sqrt{2g}H_0^{1.5}$$

MATLAB 程序代码如下:

步骤一:编写堰流流量计算函数 flow.m。

```
function fQ=flow(p,p1,H,b,ht)
%堰流流量计算函数
%p,p1——宽顶堰的上下游坎高
%H——堰上水头
%b——堰宽
%ht——宽顶堰下游水深
```

```
syms t
alpha=1.0;
m=0.32+0.01*(3-p/H)/(0.46+0.75*p/H);
Ho=H+alpha*t^2/(b*(H+p))^2/19.6;
siga=1.032-0.85*((ht-p1)/Ho)^14.94;
fQ=t-siga*m*b*sqrt(2*9.8)*Ho^1.5;
end
```

步骤二：输入已知条件，调用堰流流量计算函数 flow，生成计算函数 fQ。在命令行输入：

≫p=0.6;p1=0.6;ht=1.7;b=4;H=1.2;

≫fQ=flow(p,p1,H,b,ht);

步骤三：计算函数 fQ 的图线表明在区间（0，＋∞）上函数单调变化，用牛顿法计算流量。

≫ [Q,k]=newton(4,fQ,0.001,30)

≫ fprintf(1,'牛顿法：堰流流量＝%5.3f m^3/s',Q);

牛顿法：堰流流量＝8.191 m^3/s

### 五、柯列布鲁克公式计算

【例 10-5】　有一水管，直径 $d=20cm$，管壁绝对粗糙度 $\Delta=0.2mm$，已知液体的运动黏滞系数 $\nu$ 为 $0.015cm^2/s$，试求流量 $Q$ 分别为 $5000cm^3/s$，$20000cm^3/s$，$400000cm^3/s$ 时，管道的沿程阻力系数 $\lambda$ 为多少？

分析：柯列布鲁克公式是整个紊流区域的沿程阻力系数 $\lambda$ 计算公式，公式如下：

$$\frac{1}{\sqrt{\lambda}}=-2\lg\left(\frac{2.51}{Re\sqrt{\lambda}}+\frac{\Delta}{3.7d}\right)$$

沿程阻力系数的计算函数：　$f(\lambda)=\frac{1}{\sqrt{\lambda}}+2\lg\left(\frac{2.51}{Re\sqrt{\lambda}}+\frac{\Delta}{3.7d}\right)$

尼古拉兹经验公式　　　　　$\frac{1}{\sqrt{\lambda}}=-2\lg\frac{\Delta}{3.7d}$　　　　　　　（10-3）

用 fzero 函数求解 $\lambda$，可用计算阻力平方区 $\lambda$ 值的式（10-3）估计 $\lambda$ 的初始值。

步骤一：编写计算函数文件 lambdacompute.m。fzero 函数的搜索目标是使函数 lambdacompute 的返回值 $f\to0$ 的 $\lambda$ 值。

```
function f=lambdacompute(lambda,Re,kd)
%lambda——沿程阻力系数λ
%Re——雷诺数
%kd——相对粗糙度
f=lambda^(-0.5)+2*log10(2.51/Re/sqrt(lambda)+(1/3.7)*kd);
end
```

步骤二：编写 m 文件 lambda.m，计算 $\lambda$ 值。

```
clear
```

```
Q=[5e3 2e4 4e5] * 1e−6;
d=0.2;k=0.2 * 1e−3;nu=0.015 * 1e−4;
Re=(4 * Q/pi/d^2) * d/nu;
kd=k/d;
x0=(−2 * log10(kd/3.7))^−2;  % 计算 λ 的初始猜测值
lambda=zeros(1,3);
for i=1:3
options=optimset('display','off');
lambda(i)=fzero('lambdacompute',x0,options,Re(i),kd);  % 调用 fzero 函数计算 λ
end
fprintf(1,'三个流量对应的 λ 值:%1.4f %1.4f %1.4f,[lambda(1) lambda(2) lambda(3)]);
```

命令行显示结果:

≫ 三个流量对应的 λ 值:0.0276　0.0225　0.0198

### 六、有压管道管径计算

【例 10-6】　如图 10-2-6 所示管路,各段管道长度 $l_1=6\text{m}$,$l_2=4\text{m}$,$l_3=10\text{m}$,$H=18\text{m}$,粗糙系数 $n=0.012$,管路进口损失系数 $\zeta_{进}=0.5$,阀门损失系数 $\zeta_{阀}=4$,通过流量 $Q=0.012\text{m}^3/\text{s}$,已知:2 管段直径 $d_2=80\text{mm}$,1 管段和 3 管段的直径相等且小于 $d_2$,考虑管道尺寸突变的局部损失,试求 1 管段和 3 管段的直径 $d$。

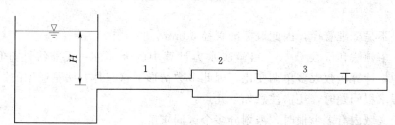

图 10-2-6　变管径管路

分析:对上游液面和管道出口列能量方程:

$$H=\left[\lambda_1\frac{l_1}{d}+\lambda_2\frac{l_2}{d_2}\left(\frac{d}{d_2}\right)^4+\lambda_3\frac{l_3}{d}\right]\frac{v^2}{2g}+(\zeta_{进}+\zeta_{扩}+\zeta_{缩}+\zeta_{阀})\frac{v^2}{2g}+\frac{v^2}{2g}$$

导出流量公式:

$$Q=\frac{1}{\sqrt{1+\zeta_c}}\frac{\pi d^2}{4}\sqrt{2gH}$$

$$\zeta_c=\left[\lambda_1\frac{l_1}{d}+\lambda_2\frac{l_2}{d_2}\left(\frac{d}{d_2}\right)^4+\lambda_3\frac{l_3}{d}\right]+(\zeta_{进}+\zeta_{扩}+\zeta_{缩}+\zeta_{阀})$$

其中

$$\lambda_1=\lambda_3=\frac{8g}{C^2}=\frac{n^2 8g}{\left(\dfrac{d}{4}\right)^{\frac{1}{3}}}\ ;\ \lambda_2=\frac{8g}{C^2}=\frac{n^2 8g}{\left(\dfrac{d_2}{4}\right)^{\frac{1}{3}}}$$

突扩局部损失系数

$$\zeta_{扩}=\left(1-\frac{d^2}{d_2^2}\right)^2$$

突缩局部损失系数

$$\zeta_{缩}=0.5\left(1-\frac{d^2}{d_2^2}\right)$$

管径计算函数 $\qquad f(d) = \left(\dfrac{\pi d^2}{4}\right)^2 2gH - Q^2(1+\zeta_c)$

选择用 fzero 函数计算。解决方案如下：

步骤一：编写计算函数文件 guanjing.m，fzero 函数的搜索目标是使函数 guanjing 的返回值 f→0 的 d 值。

```
function f=guanjing(d,Q,H)
%管径计算函数
l1=6;l2=4;l3=10;d2=80*1e-3;
n=0.012;
lab1=n^2*8*9.8/(d/4)^(1/3);lab2=n^2*8*9.8/(d2/4)^(1/3);
kc2=(1-d/d2)^2;kc3=0.5*(1-(d/d2)^2);
kc=lab1*l1/d+lab2*l2/d2*(d/d2)^4+lab1*l3/d+0.5+kc2+kc3+4;
f=pi^2*d^4/16*(19.6*H)-Q^2*(1+kc);
end
```

步骤二：用 fzero 计算管径，管径初始值设定为 80mm。在命令行输入命令并显示结果：

```
≫Q=0.012;H=18;
≫d=fzero('guanjing',0.08,[],Q,H)
≫fprintf(1,'管径计算值=%5.3fmm',d*1000)
管径计算值=59.387mm
```

计算结果不是标准管径，因此取标准管径 60mm。

二分法、牛顿法和函数 fzero，可解决水力计算中的大部分一元非线性方程求根问题。在以上算例中，计算函数大多单调变化，因此多数情形下这三种方法是通用的。此外，在遇到非线性方程求根问题时，还需注意如下几点：

（1）当定义域内有多个根时，需划分多个区间求解。

（2）同一类问题的函数特性是相同的，已知一类函数特性后，可直接计算，不需作图分析。如明渠流求正常水深问题，已知函数在定义域内单调增，可确定任意初始点，直接用牛顿法求解。

# 第三节　　fzero 函数求解广义非线性方程的根

在工程中，有些非线性计算问题无法用简单的 $f(x)=0$ 的方程来描述。这类问题可表述为：需确定某一独立变量的值，经过多步复杂函数运算后，使某一物理量的值为 0。在计算之前，需分析判断哪一个变量为独立变量，与之相关的函数关系有哪些，最后确定计算得出的哪个物理量为 0。这其实也是一元非线性方程求根问题，为与前述简单计算问题相区别，可定义为广义非线性方程求根。由于函数关系复杂，不能求导数，所以牛顿法不适用。fzero 函数具有更好的适应性，本节就以明渠恒定流水面线计算为例，介绍 fzero 函数在这方面的应用。

## 一、水面线计算函数

水面线计算是一类较复杂的水力计算问题，分段求和法是第七章第七节介绍的计算渠道水面线的重要方法。下面的计算函数 shuimianxian 便是差分法计算水面线的 MATLAB 程序。输入基本数据向量 data 和渠道沿程水深向量 h，函数 shuimianxian 可计算出渠道断面间的间距向量 dS，各渠道断面距下游控制断面的距离向量 RS，以及各渠道断面距上游控制断面的距离向量 LS。

程序 10 - 3    水面线计算函数源程序

```
function[dS,RS,LS]=shuimianxian(data,h)
% 水面线计算函数
% data──数据向量，包括渠道流量(单位 m³/s)、渠道底宽(单位 m)、渠道底坡、边坡系数、糙率。格式 data=[Q b i m n];
% h──两端的控制水深确定后的渠道水深向量(单位 m)
% dS──断面间的间隔距离向量(单位 m)
% RS──距下游控制断面的累加距离向量(单位 m)
% LS──距上游控制断面的累加距离向量(单位 m)
Q=data(1);b=data(2);i=data(3);m=data(4);n=data(5);Ns=length(h);
A=(b+m.*h).*h;
X=b+2*sqrt(1+m^2).*h;
R=A./X;
V=Q./A;
Es=h+V.^2/19.6;
dEs=Es(2:end)-Es(1:end-1);    % 计算各个断面比能差
J=n*n*V.^2./R.^(4/3);
averJ=(J(1:end-1)+J(2:end))/2;    % 计算平均水力坡度
dS1=dEs./(i-averJ);
dS=[0 dS1];
RS=zeros(1,Ns);
for k=1:Ns-1
    RS(k)=sum(dS1(k:end));
end
LS=zeros(1,Ns);
for k=2:Ns
    LS(k)=sum(dS1(1:k-1));
end
```

水面线计算函数 shuimianxian 应用很方便，通过下例，可以熟悉此函数的调用方法。

**【例 10 - 7】**    一长直棱柱体明渠，底宽 $b=10$m，边坡 $m=1.5$，糙率 $n=0.022$，通过流量 $Q=45$m³/s，渠道底坡 $i=0.0009$，试计算渠道下游控制水深为 3.4m 的渠道水面线。

**解：**步骤一：计算渠道的临界水深和正常水深，判断水面线类型。

用牛顿法计算渠道的临界水深 $h_K=1.196$m，正常水深 $h_0=1.959$m。$h_0>h_K$，故为缓坡渠道；下游控制水深大于 $h_0$，故为 $a_1$ 型壅水曲线。

步骤二：输入数据，调用 shuimianxian 函数。

当渠道足够长时，上游水面线与正常水深线相切，因此设定上游控制水深为 （1+1%）

$h_0$。程序文件 qudao1.m 如下：

```
clear
Q=45;b=10;m=1.5;n=0.022;i=0.0009;h0=1.959;
data=[Q b i m n];
uph=1.01*h0;downh=3.4;  % 设定上下游控制水深
h=linspace(uph,downh,10);  % 渠道沿程分成10个断面,形成水深向量
[dS,RS,LS]=shuimianxian(data,h);%计算断面间距及累加距离
num=1:1:10;
fprintf(1,'断面序号    断面水深(m)    断面间距(m)    距下游断面距离(m)\n');
fprintf(1,'%2.0f        %5.2f         %5.2f              %5.2f\n',[num;h;dS;RS]);  % 显示计算结果
```

屏幕结果显示：

≫

| 断面序号 | 断面水深(m) | 断面间距(m) | 距下游断面距离(m) |
|---|---|---|---|
| 1 | 1.98 | 0.00 | 3078.21 |
| 2 | 2.14 | 970.03 | 2108.18 |
| 3 | 2.29 | 436.99 | 1671.19 |
| 4 | 2.45 | 319.41 | 1351.78 |
| 5 | 2.61 | 268.87 | 1082.91 |
| 6 | 2.77 | 241.34 | 841.57 |
| 7 | 2.93 | 224.34 | 617.23 |
| 8 | 3.08 | 213.00 | 404.23 |
| 9 | 3.24 | 205.03 | 199.21 |
| 10 | 3.40 | 199.21 | 0.00 |

**二、fzero 函数求解水面线实例**

【例 10 - 8】　如图 10 - 3 - 1 所示，闸下游为一水平渠道，其后与一陡坡长渠相连。平渠道与陡坡长渠断面形状、尺寸相同，渠道断面均为矩形，底宽 $b=10\text{m}$，糙率 $n=0.025$，长渠底坡 $i=0.03$，且已知通过流量 $Q=80\text{m}^3/s$，闸下收缩水深 $h_c=0.68\text{m}$。(1) 水平段长度 $L_1=60\text{m}$，计算水平段和陡渠上的水面线；(2) 当水平段长度 $L_2=220\text{m}$ 时，试计算水平段水面线。(闸门至收缩断面 $c$—$c$ 的水平距离忽略不计)

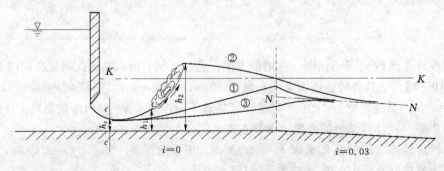

图 10 - 3 - 1　不同渠道长下的水面线形式

**解**：计算得渠道临界水深 $h_K=1.87\text{m}$，陡坡上正常水深 $h_0=1.187\text{m}$。以闸下收缩断面

$c$—$c$ 为控制断面，$h_c < h_K$，因此为急流。受水平段长度的影响，可能出现三种水面线形式（参见第七章的［例 7-5］分析），如图 $10-3-1$ 所示。

（1）水平段长度 $L_1 = 60m$ 的水面线计算。

步骤一：判别水面线类型。

1）判别是否发生水跃。计算 $c_0$ 型水面线上升至 $K$—$K$ 线的水平长度，设为 $Lc$。若 $Lc < L_1$，说明水平渠道足够长，$c_0$ 型水面线会穿过 $K$—$K$ 线，由急流跃至缓流，发生水跃；若 $Lc > L_1$，说明水平渠道较短，$c_0$ 型水面线升至变坡处，直接与陡坡水面线相接，因此据 $Lc$ 可判断是否发生水跃。上升至 $K$—$K$ 线的 $c_0$ 型水面线的上游控制水深为 $h_c$，下游控制水深取 $0.99 h_K$。编写 m 文件 qudao2.m 计算。

```
clear
Q=80;b=10;m=0;n=0.025;i=0;hk=1.87;hc=0.68;
uph=hc;downh=0.99*hk;   ％ 设定上下游控制水深
h=linspace(uph,downh,10);
data=[Q b i m n];
[dS,RS,LS]=shuimianxian(data,h);
fprintf(1,'c0 线水平长度 Lc=％5.2fm\n',RS(1));
```

屏幕结果显示：

≫c0 线水平长度 Lc＝92.40m

结果表明 $Lc$ 远大于水平渠道总长度 60m，因此不会发生水跃，可排除水面线②。

2）计算变坡处的水深。计算变坡处的水深，与下游陡坡正常水深 $h_0$ 比较，可判断是水面线①还是③。这属于已知渠道断面尺寸、底坡、一端控制水深和渠道总长度，计算渠道另一端控制水深问题，传统方法用试算解决，这里用 fzero 函数计算。

此问题可表述为：求解变坡处的水深 downh，使之满足 $c_0$ 型水面线的水深变化规律，且上游控制水深为 $h_c$，$c_0$ 型水面线水平长度应为 60m。此问题可转化为：独立变量为 downh，经函数 shuimianxian 计算后，应使水平长度计算值与实际值之差 ddS→0。

首先编写水面线水深试算函数 funshuishen.m。其中 LS（end）是变坡处水深为 downh 时，$c_0$ 型水面线的水平总长度的计算值。其次编写 m 文件 qudao3.m，输入已知数据，用 fzero 计算变坡处的水深。计算过程为：先将 funshuishen 中 downh 设定为初始猜测值 downhguess，然后 fzero 函数会不断调整 downh，通过函数 shuimianxian 计算相应的水平总长度 LS（end），以使返回值 ddS→0，当满足容差时，便可得到水平长度 60m 处的水深 downh。qudao3.m 文件如下：

```
clear
Q=80;b=10;m=0;n=0.025;i=0;
hc=0.68;uph=hc;
data=[Q b i m n];L1=60;
options=optimset('display','final');
downhguess=1.0;   ％ 变坡处水深猜测值设定
downh1=fzero(@funshuishen,downhguess,options,uph,data,L1);
fprintf(1,'变坡处水深=％5.3f m',downh1)
```

```
function ddS＝funshuishen(downh,h1,data,L)
% 水面线水深试算函数
%L——实际渠道长度
%h1——上游控制水深
h＝linspace(h1,downh,10);
[dS,RS,LS]＝shuimianxian(data,h);
ddS＝LS(end)－L;    % 水平段总长度的计算值与实际值之差
end
```

屏幕显示结果：

≫ Zero found in the interval：[0.68，1.32].

变坡处水深＝1.237m

结果表明，变坡处水深大于陡坡正常水深 $h_0$，小于 $h_K$，因此是第①种水面线形式。

步骤二：计算水平段渠道和陡坡的水面线。

水平段渠道以 $c—c$ 断面为上游控制断面，陡坡水面线下游与 $N—N$ 线相切，变坡处水深已知后，整个水深变化规律即可知。计算结果如下：

≫水平段渠道水面线结果

| 断面序号 | 断面水深(m) | 断面间距(m) | 距上游断面距离(m) |
|---|---|---|---|
| 1 | 0.68 | 0.00 | 0.00 |
| 2 | 0.74 | 7.08 | 7.08 |
| 3 | 0.80 | 7.07 | 14.15 |
| 4 | 0.87 | 7.02 | 21.17 |
| 5 | 0.93 | 6.93 | 28.09 |
| 6 | 0.99 | 6.80 | 34.89 |
| 7 | 1.05 | 6.63 | 41.52 |
| 8 | 1.11 | 6.42 | 47.94 |
| 9 | 1.18 | 6.17 | 54.11 |
| 10 | 1.24 | 5.89 | 60.00 |

陡坡渠道水面线结果

| 断面序号 | 断面水深(m) | 断面间距(m) | 距变坡处距离(m) |
|---|---|---|---|
| 1 | 1.24 | 0.00 | 0.00 |
| 2 | 1.23 | 3.06 | 3.06 |
| 3 | 1.23 | 3.38 | 6.44 |
| 4 | 1.22 | 3.78 | 10.22 |
| 5 | 1.22 | 4.27 | 14.48 |
| 6 | 1.22 | 4.89 | 19.37 |
| 7 | 1.21 | 5.72 | 25.09 |
| 8 | 1.21 | 6.86 | 31.95 |
| 9 | 1.20 | 8.53 | 40.48 |
| 10 | 1.20 | 11.24 | 51.72 |

（2）水平段长度 $L_2 = 220$m 时的水平段水面线计算。

前面已计算得到 $c_0$ 型水面线升至 $K$—$K$ 线的水平段长度为 92.4m，实际水平段长度 220m 远大于此值，因此必定发生水跃。

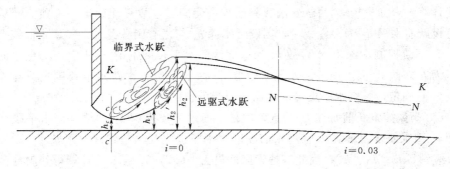

图 10-3-2　不同渠道长下的水跃形式

步骤一：判断水跃类型。

水跃类型有三种，即淹没式水跃、临界式水跃和远驱式水跃，它们所需的水平渠道长度是不同的，因此可根据所需实际水平渠长判定水跃类型。

假定闸后收缩断面 $c$—$c$ 为跃前断面，发生临界式水跃，计算水跃水平长度及 $b_0$ 型水面线的水平长度。此 $b_0$ 型水面线以跃后水深 $h_2'$ 为上游控制水深，下游以变坡处 $h_K$ 为控制水深，参看图 10-3-2。

水跃长度计算公式：$L_j = 10.08 h_1 (\sqrt{Fr_1} - 1)^{0.93}$，其中 $h_1$，$Fr_1$ 分别为跃前断面的水深和相应弗劳德数。

程序文件 qudao4.m

```
clear
Q=80;b=10;m=0;n=0.025;i=0;hc=0.68;
h1=hc;
Fr1=Q^2/(b^2*9.8*h1^3);
h2=h1/2*(sqrt(1+8*Fr1)-1);   % 计算共轭水深
Lj=10.08*h1*(Fr1^0.5-1)^0.93;   % 计算水跃长度
% 计算 b0 线的水平长度
q=Q/b;hk=(q^2/9.8)^(1/3);
uph=h2;downh=hk;   % 确定 b0 线的上下游控制水深
h=linspace(uph,downh,20);
data=[Q b i m n];
[dS,RS,LS]=shuimianxian(data,h);   % 计算 b0 型水面线
lz=Lj+RS(1);   % 水跃水平段长度与 b0 线水平长度之和
fprintf(1,'跃后水深 = %5.2f m;水跃水平段长度与 b0 线水平长度之和 = %5.2f m',[h2 lz]);
```

屏幕显示结果：

≫ 跃后水深= 4.06 m;水跃水平段长度与 b0 线水平长度之和= 964.54 m

964.54m 远大于实际渠道长度 220m，说明不会发生临界式水跃。淹没式水跃所需的跃后水深大于4.06m，$b_0$ 型水面线水平长度与临界式水跃的相比会更长，故淹没式水跃也不

会发生,只能发生远驱式水跃。

步骤二:计算水平渠道水面线。

发生远驱式水跃时,整个水平渠道的水面线计算包括 $c_0$ 型水面线、水跃水平长度和 $b_0$ 型水面线计算。未知量较多,fzero 函数只能求一元问题,故只能确定一个独立变量。经过分析,可设跃前水深 $h_1$ 为独立变量,因跃后水深 $h_2$ 与之有函数关系;$b_0$ 型水面线上游控制水深即 $h_2$,下游控制水深为 $h_K$,故 $b_0$ 型水面线的水平长度也由 $h_1$ 决定;$c_0$ 型水面线下游控制水深为 $h_1$,故 $c_0$ 型水面线的水平长度也是 $h_1$ 的函数;水跃水平长度也只与 $h_1$ 有关。因此,$h_1$ 一旦确定,整个水平渠道的水面线便为可求。

用 fzero 函数搜索跃前水深 $h_1$。计算过程:搜索跃前水深 $h_1$ 的值,使水平段计算的总长度,即 $c_0$ 型水面线、水跃及 $b_0$ 型水面线的水平长度之和,与实际水平长度 220m 之差等于 0。$h_1$ 应满足 $h_c < h_1 < h_K$,因此,搜索区间设为 [0.7,1.8] m。计算得到满足容差的 $h_1$ 后,调用自定义函数 funxian1,计算 $c_0$ 型和 $b_0$ 型水面线的沿程水深变化规律,以及水跃的水平长度,并用图形显示结果。程序如下:

qudao5.m

```
clear
Q=80;b=10;m=0;n=0.025;i=0;L2=220;hc=0.68;hk=1.87;
data=[Q b i m n];
options=optimset('display','off');
h1=fzero(@funxianslope,[0.7 1.8],options,data,L2,hc,hk);   %计算跃前水深
[H1,LS1,H2,LS2,Lj]=funxian1(h1,data,hc,hk);   % 计算水平段水面线
fprintf(1,'跃前水深= %5.3fm  水跃长度=%5.3fm',[h1 Lj]);
figure
LS3=LS2+Lj+LS1(end);
plot(LS1,H1,LS3,H2);
xlabel('距上游控制断面距离(m)');
ylabel('各断面水深(m)');
```

```
function dS=funxianslope(h1,data,L,hc,hk)
%跃前断面水深 h1 的试算函数
%h1——跃前断面水深
%hc,hk——分别为闸下收缩断面水深,渠道临界水深
[H1,LS1,H2,LS2,Lj]=funxian1(h1,data,hc,hk);
dS=LS1(end)+Lj+LS2(end)-L;   % C0 线水平长度,水跃长度及 b0 线水平长度之和与实际水平段长度之差
end
```

```
function [H1,LS1,H2,LS2,Lj]=funxian1(h1,data,hc,hk)
%水平段水面线计算函数
%H1,H2——c0 线和 b0 线的水深向量
%LS1,LS2——c0 线和 b0 线的各断面回水距离
% Lj ——水跃长度
Q=data(1);b=data(2);
```

```
Fr1=Q^2/(b^2*9.8*h1^3);
h2=h1/2*(sqrt(1+8*Fr1)-1);
q=Q/b;hk=(q^2/9.8)^(1/3);
Lj=10.08*h1*(Fr1^0.5-1)^0.93;  %水跃长度计算
uph=hc;downh=h1;  % 确定 c0 线上游和下游控制水深
H1=linspace(uph,downh,20);
[dS1,RS1,LS1]=shuimianxian(data,H1);  % c0 型水面线计算
uph=h2;downh=hk;  % b0 线水面线计算
H2=linspace(uph,downh,20);
[dS2,RS2,LS2]=shuimianxian(data,H2);
end
```

屏幕显示：

≫ 跃前水深＝1.115m  水跃长度＝13.010m

水平渠道水面线结果如图 10-3-3 所示。

若跃前水深 $h_1$ 的猜测值设为 1.6m，并不能搜索到解。原因是 fzero 函数由一点搜索时，会自动确定搜索区间，在此过程中，超出了 $h_1$ 的定义域，因此，区间搜索比一点搜索可靠。若采用一点搜索，初始点尽量处于定义域中间区域。

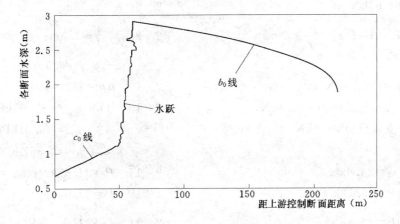

图 10-3-3  渠长 220m 的水面线果

# 部分计算题答案

## 第一章

1-1　$\rho = 714 \ \text{kg/m}^3$ 　　　　　1-2　$\Delta V = 0.0679 \text{m}^3$

1-3　$\Delta p_1 = 2 \times 10^5 \text{Pa}$；$\Delta p_2 = 2 \times 10^7 \text{Pa}$ 　　1-4　$K = 1.96 \times 10^6 \text{Pa}$

1-5　$y = 0.02\text{m}$ 处，$\tau = 25 \times 10^{-3} \text{Pa}$；

$y = 0\text{m}$，$\tau = 50 \times 10^{-3} \text{Pa}$

## 第二章

2-1　$p_{01} = 14.7 \text{kN/m}^2$；　　　　2-2　$(p_{v1})_{\max} = 14.7 \text{kN/m}^2$；

$p_{02} = 11.025 \text{kN/m}^2$ 　　　　　$(p_{v2})_{\max} = 11.025 \text{kN/m}^2$

2-3　$p' = 93.1 \text{kN/m}^2$；　　　　　2-4　$\gamma = 7.53 \text{kN/m}^3$；

$p = -4.9 \text{kN/m}^2$ 　　　　　　$\rho = 768.7 \text{kg/m}^3$

2-5　$p = 65 \text{kN/m}^2$ 　　　　　　2-6　$h = 1.33\text{m}$

2-7　$h_A = 3\text{m}$；$z_A + \dfrac{p_A}{\gamma} = 20\text{m}$ 　　2-8　$p_1/\gamma = 5.5\text{m}$；$p_2/\gamma = 6\text{m}$；

　　　　　　　　　　　　　　　$z + p/\gamma = 6.5\text{m}$

2-9　$p_0 = 264.8 \text{kN/m}^2$ 　　　　2-10　$hp = 512.94\text{mm}$

2-12　容器底总压力 352.8kN，　　2-13　(1) $p_{2abs} = 82.06 \text{kPa}$；

　　　支座反力 68.6kN 　　　　　　　　(2) $p_{2v} = 16.01 \text{kPa}$；

　　　　　　　　　　　　　　　　　　(3) $h_1 = 0.867\text{m}$

2-14　$T = 84.8 \text{kN}$ 　　　　　　2-15　$P = 34.67\text{kN}$；$l_{BD} = 1.79\text{m}$

2-16　$P = 45.72 \text{kN}$ 　　　　　　2-19　$P = 37.34 \text{kN}$

2-20　$P = 45.6 \text{kN}$ 　　　　　　2-21　$\left( \pi R^2 H + \dfrac{1}{3} \pi R^3 \right) \Big/ n$

## 第三章

3-1　$Q = 0.212 \text{L/s}$；$v = 7.5 \text{m/s}$；　　3-2　$v_1 = 0.02 \text{m/s}$

3-3　$Q = 102 \text{L/s}$ 　　　　　　　3-4　$A \rightarrow B$；$h_w = 2.765\text{m}$

3-5　$Q = 51.2 \text{L/s}$ 　　　　　　　3-6　$Q = 27.1 \text{L/s}$

3-7　$p_2 = 44.1 \text{kPa}$ 或 0.45 大气压　　3-8　(1) $p_{\gamma A} = 61.0 \text{kPa}$；

　　　　　　　　　　　　　　　　　(2) $z = 3.88\text{m}$

3-9　$d_1 = 100 \text{mm}$ 　　　　　　　3-10　$H = 1.23 \text{m}$

3-11　$p_A = 43.5 \text{kPa}$ 　　　　　　3-12　$h = 0.24 \text{m}$

3-13　$Q = 1.5 \text{m}^3/\text{s}$ 　　　　　　3-14　44.7mm

3－15　$63.68N/m^2$

3－16　$178.5N/m^2$

3－17　$Q=6.0m^3/s$

3－18　$R=15.39kN$

3－19　$Q_1=25.05L/s$；$Q_2=8.35L/s$；

　　　$F=1968N$

3－20　$R=456N$；$\theta=30°$

3－21　$R=384.2kN$

3－22　$F_x=6020N$；$F_y=5079N$

3－23　$h_2=1.76m$；$F=24.52N$

## 第四章

4－1　$Re_1/Re_2=2$

4－2　$Re=7888$；紊流

4－3　$Re=50495$，紊流；

　　　$Q\leqslant182.2cm^3/s$

4－4　$\tau_0=3.92N/m^2$；

　　　$\tau=1.96N/m^2$；

　　　$h_f=0.8m$

4－5　$u_{max}=0.566m/s$；$h_f=0.822m$

4－6　(1)　$\delta_0=0.0134cm$；

　　　(2)　$\delta_0=0.0101cm$；

　　　(3)　$\delta_0=0.0134cm$

4－7　$\lambda=0.0327$；$h_f=2.78m$

4－8　$\lambda=0.0310$

4－9　$\lambda=0.029$；$h_f=1.008m$；紊流

4－10　$v=1.42m/s$

4－11　$v=1/2(v_1+v_2)$时 $h_m$ 最小；

　　　$h_{m1}=2h_{m2}$

4－12　$Q=2.15L/s$

4－13　$h_p=7.65cm$

4－14　$\zeta=0.5$

4－15　$\geqslant32.6m$；$-63.5Pa$

4－16　$\zeta=0.33$

4－17　$\zeta=0.763$

## 第五章

5－1　$Q=1.22L/s$；$Q_n=1.61L/s$；

　　　$h_0=1.5mH_2O$

5－2　$Q=3.6L/s$；$h_1=1.07m$；

　　　$h_2=1.43m$

5－3　$Q=10.5\times10^{-4}m^3/s$；

　　　$v_c=21.73m/s$

5－4　$d=1.2m$；真空度 $4.5m$

5－5　$h=0.19m$；$Q=2.5L/s$

5－6　$\Delta H=0.57m$

5－7　$Q=48.4L/s$

5－9　$z=13.03m$；$p_A/\gamma=8.01m$

5－10　$d=100mm$；$h_v=p_v/\gamma=4.26mH_2O$

5－11　$H=10.2m$

5－12　$23.54m$

5－13　$Q_1=29.19L/s$；$Q_2=50.81L/s$；

　　　$h_f=19.15m$

5－14　$Q_1=102.8L/s$；$Q_2=57.1L/s$；

　　　$Q_3=90.1L/s$；

5－15　$Q_1=57.6L/s$；$Q_2=42.4L/s$；

　　　$h_f=9.18m$

5－16　$Q_后/Q_前=1.26$

5－17　$d=100mm$；$Q_1=5.4L/s$；

　　　$Q_2=29.5L/s$

5－18　$Q_1=11.8L/s$；$Q_2=3.20L/s$；

　　　$H=10.44m$

5－20　$1.86m^3/s$；$0.69m^3/s$；

　　　$1.17m^3/s$；$44.1kN/m^2$

## 第六章

6 - 1  $Q=0.165\text{m}^3/\text{s}$;  $Re=69360$          6 - 2  $v_1=3.19\text{m/s}$;  $v_2=3.19\text{m/s}$

6 - 3  $Q=0.466\text{m}^3/\text{s}$          6 - 4  $h_1=0.85$

6 - 5  $h=0.62\text{m}$;  $b=0.51\text{m}$          6 - 6  $h=1.09\text{m}$;  $b=0.66\text{m}$

6 - 7  $h=0.42\text{m}$;  $b=4.15\text{m}$          6 - 8  $i=5.9‰$

6 - 9  $h_0=1.15\text{m}$          6 - 10  $b=0.77\text{m}$

6 - 11  $d=500\text{mm}$          6 - 12  $Q=0.97\text{m}^3/\text{s}$

6 - 13  $i=0.088$          6 - 14  $178.13\text{m}^3/\text{s}$

## 第七章

7 - 1  $e_2=1.5\text{m}$          7 - 2  $h_K=\alpha v_k^2/g$

7 - 3  $h_K=1.07\text{m}$          7 - 4  $Q=63.3\text{m}^3/\text{s}$

7 - 5  $h_K=0.615\text{m}$;  $i_K=0.00696\text{m}$          7 - 6  $i_K=0.0228<i$; 为急流

7 - 7  $i_K=0.00493>i$; 为缓流          7 - 8  $h_2=2h_1$

7 - 12  $a_1$ 型曲线; $h_1=3.28\text{m}$          7 - 13  $h_K=0.95\text{m}$;  $h_0=2.06\text{m}$;

$l=11\text{km}$

7 - 14  进口水深 1.37m;

出口水深 0.646m

## 第八章

8 - 1  $b=1.77\text{m}$          8 - 2  $H=0.31\text{m}$

8 - 3  $Q=0.274\text{m}^3/\text{s}$          8 - 4  $Q=8.96\text{m}^3/\text{s}$

8 - 5  $Q=8.33\text{m}^3/\text{s}$          8 - 6  $b=17.31\text{m}$;  $h_{max}=4.09\text{m}$

8 - 7  $B=4\text{m}$          8 - 8  $B=5\text{m}$

8 - 9  $H=2.59\text{m}$          8 - 10  $Q=24.84\text{m}^3/\text{s}$

## 第九章

9 - 1  $k=0.0106\text{cm/s}$          9 - 2  $u=2\times10^{-5}\text{cm/s}$;

$v=2\times10^{-5}\text{cm/s}$

9 - 3  $Q=3.36\text{L/s}$;          9 - 4  $q=0.318\text{m}^3/\text{d}\cdot\text{m}$

9 - 5  $0.297\text{m}^3/\text{h}$          9 - 6  $Q=0.0134\text{m}^3/\text{s}$

9 - 7  $k=1.465\times10^{-3}\text{m/s}$;  $R=999\text{m}$          9 - 8  $98.7\text{L/s}$

# 附　　录

## 附录1　各种不同粗糙面的粗糙系数 $n$

| 等级 | 槽　壁　种　类 | $n$ | $\dfrac{1}{n}$ |
|---|---|---|---|
| 1 | 涂复珐琅或釉质的表面。极精细刨光而拼合良好的木板 | 0.009 | 111.1 |
| 2 | 刨光的木板。纯粹水泥的粉饰面 | 0.010 | 100.0 |
| 3 | 水泥（含1/3细沙）粉饰面。（新）的陶土、安装和接合良好的、铸铁管和钢管 | 0.011 | 90.9 |
| 4 | 未刨的木板，而拼合良好。在正常情况下内无显著积垢的给水管；极洁净的排水管，极好的混凝土面 | 0.012 | 83.3 |
| 5 | 琢石砌体；极好的砖砌体，正常情况下的排水管；略微污染的给水管；非完全精密拼合的、未刨的木板 | 0.013 | 76.9 |
| 6 | "污染"的给水管和排水管，一般的砖砌体，一般情况下渠道的混凝土面 | 0.014 | 71.4 |
| 7 | 粗糙的砖砌体，未琢磨的石砌体，有洁净修饰的表面，石块安置平整，极污垢的排水管 | 0.015 | 66.7 |
| 8 | 普通块石砌体，其状况满意的；旧破砖砌体；较粗糙的混凝土；光滑的开凿得极好的崖岸 | 0.017 | 58.8 |
| 9 | 覆有坚厚淤泥层的渠槽，用致密黄土和致密卵石做成而为整片淤泥薄层所覆盖的良好渠槽很粗糙的 | 0.018 | 55.6 |
| 10 | 块石砌体；用大块石的干砌体。卵石铺筑面。纯由岩山中开筑的渠槽。由黄土、致密卵石和致密泥土做成而为淤泥薄层所覆盖的渠槽（正常情况） | 0.020 | 50.0 |
| 11 | 尖角的大块乱石铺筑；表面经过普通处理的岩石渠槽；致密黏土渠槽。由黄土、卵石和泥土做成而非为整片的（有些地方断裂的）淤泥薄层所覆盖的渠槽，大型渠槽受到中等以上的养护 | 0.0225 | 44.4 |
| 12 | 大型土渠受到中等养护的；小型土渠受到良好的养护。在有利条件下的小河和溪涧（自由流动无淤塞和显著水草等） | 0.025 | 40.0 |
| 13 | 中等条件以下的大渠道，中等条件的小渠槽 | 0.0275 | 36.4 |
| 14 | 条件较坏的渠道和小河（例如有些地方有水草和乱石或显著的茂草，有局部的坍坡等） | 0.030 | 33.3 |
| 15 | 条件很坏的渠道和小河，断面不规则，严重地受到石块和水草的阻塞等 | 0.035 | 28.6 |
| 16 | 条件特别坏的渠道和小河（沿河有崩崖的巨石、绵密的树根、深潭、坍岸等） | 0.040 | 25.0 |

## 附录2　谢才系数 $C$ 的数值表

根据巴甫洛夫斯基公式 $C=\dfrac{1}{n}R^y$，单位：$\mathrm{m}^{1/2}/\mathrm{s}$

式中：$y=2.5\sqrt{n}-0.75\sqrt{R}(\sqrt{n}-0.1)-0.13$

| $R$（m） \ $n$ | 0.011 | 0.012 | 0.013 | 0.014 | 0.017 | 0.020 | 0.0225 | 0.025 | 0.0275 | 0.030 | 0.035 | 0.040 |
|---|---|---|---|---|---|---|---|---|---|---|---|---|
| 0.10 | 67.2 | 60.3 | 54.3 | 49.3 | 38.1 | 30.6 | 26.0 | 22.4 | 19.6 | 17.3 | 13.8 | 11.2 |
| 0.12 | 68.8 | 61.9 | 55.8 | 50.8 | 39.5 | 32.6 | 27.2 | 23.5 | 20.6 | 18.3 | 14.7 | 12.1 |
| 0.14 | 70.3 | 63.3 | 57.2 | 52.2 | 40.7 | 33.0 | 28.2 | 24.5 | 21.6 | 19.1 | 15.4 | 12.8 |
| 0.16 | 71.5 | 64.5 | 58.4 | 53.3 | 41.8 | 34.0 | 29.2 | 25.4 | 22.4 | 19.9 | 16.1 | 13.4 |

| $R$ (m) \ $n$ | 0.011 | 0.012 | 0.013 | 0.014 | 0.017 | 0.020 | 0.0225 | 0.025 | 0.0275 | 0.030 | 0.035 | 0.040 |
|---|---|---|---|---|---|---|---|---|---|---|---|---|
| 0.18 | 72.6 | 65.6 | 59.5 | 54.3 | 42.7 | 34.8 | 30.0 | 26.2 | 23.2 | 20.6 | 18.8 | 14.0 |
| 0.20 | 73.7 | 66.6 | 60.4 | 55.3 | 43.6 | 35.7 | 30.8 | 26.9 | 23.8 | 21.3 | 17.4 | 14.5 |
| 0.22 | 74.6 | 67.5 | 61.3 | 56.2 | 44.4 | 36.4 | 31.5 | 27.6 | 24.5 | 21.9 | 17.9 | 15.0 |
| 0.24 | 75.5 | 68.3 | 62.1 | 57.0 | 45.2 | 37.1 | 32.2 | 28.3 | 25.1 | 22.5 | 18.5 | 15.5 |
| 0.26 | 76.3 | 69.1 | 62.9 | 57.7 | 45.9 | 37.8 | 32.8 | 28.8 | 25.7 | 23.0 | 18.9 | 16.0 |
| 0.28 | 77.0 | 69.8 | 63.6 | 58.4 | 46.5 | 38.4 | 33.4 | 29.4 | 26.2 | 23.5 | 19.4 | 16.4 |
| 0.30 | 77.7 | 70.5 | 64.3 | 59.1 | 47.2 | 39.0 | 33.9 | 29.9 | 26.7 | 24.0 | 19.9 | 16.8 |
| 0.32 | 78.3 | 71.1 | 65.0 | 59.7 | 47.8 | 39.5 | 34.4 | 30.3 | 27.1 | 24.4 | 20.3 | 17.2 |
| 0.34 | 79.0 | 71.8 | 65.7 | 60.3 | 48.3 | 40.0 | 34.9 | 30.8 | 27.6 | 24.9 | 20.7 | 17.6 |
| 0.36 | 79.6 | 72.4 | 66.1 | 60.9 | 48.8 | 40.5 | 35.4 | 31.3 | 28.1 | 25.3 | 21.1 | 17.9 |
| 0.38 | 80.1 | 72.9 | 66.7 | 61.4 | 49.3 | 41.0 | 35.9 | 31.7 | 28.4 | 25.6 | 21.4 | 18.3 |
| 0.40 | 80.7 | 73.4 | 67.1 | 61.9 | 49.8 | 41.5 | 36.3 | 32.2 | 28.8 | 26.0 | 21.8 | 18.6 |
| 0.42 | 81.3 | 73.9 | 67.7 | 62.4 | 50.2 | 41.9 | 36.7 | 32.6 | 29.2 | 26.4 | 22.1 | 18.9 |
| 0.44 | 81.8 | 74.4 | 68.2 | 62.9 | 50.7 | 42.3 | 37.1 | 32.9 | 29.6 | 26.7 | 22.4 | 19.2 |
| 0.46 | 82.3 | 74.8 | 68.6 | 63.3 | 51.1 | 42.7 | 37.5 | 33.3 | 29.9 | 27.1 | 22.8 | 19.5 |
| 0.48 | 82.7 | 75.3 | 69.1 | 63.7 | 51.5 | 43.1 | 37.8 | 33.6 | 30.2 | 27.4 | 23.1 | 19.8 |
| 0.50 | 83.1 | 75.7 | 69.5 | 64.1 | 51.9 | 43.5 | 38.2 | 34.0 | 30.4 | 27.8 | 23.4 | 20.1 |
| 0.55 | 84.1 | 76.7 | 70.4 | 65.2 | 52.8 | 44.1 | 39.0 | 34.8 | 31.4 | 28.5 | 24.0 | 20.7 |
| 0.60 | 85.0 | 77.7 | 71.4 | 66.0 | 53.7 | 45.2 | 39.8 | 35.5 | 32.1 | 29.2 | 24.7 | 21.3 |
| 0.65 | 86.0 | 78.7 | 72.2 | 66.9 | 54.5 | 45.9 | 40.6 | 36.2 | 32.8 | 29.8 | 25.3 | 21.9 |
| 0.70 | 86.8 | 79.4 | 73.0 | 67.6 | 55.2 | 46.6 | 41.2 | 36.9 | 33.4 | 30.4 | 25.8 | 22.4 |
| 0.75 | 87.5 | 80.2 | 73.8 | 68.4 | 55.9 | 47.3 | 41.8 | 37.5 | 34.0 | 31.0 | 26.4 | 22.9 |
| 0.80 | 88.3 | 80.8 | 74.5 | 69.0 | 56.5 | 47.9 | 42.4 | 38.0 | 34.5 | 31.5 | 26.8 | 23.4 |
| 0.85 | 89.0 | 81.6 | 75.1 | 69.7 | 57.2 | 48.4 | 43.0 | 38.6 | 35.0 | 32.0 | 27.3 | 23.8 |
| 0.90 | 89.4 | 82.1 | 75.5 | 69.9 | 57.7 | 48.8 | 43.5 | 38.9 | 35.5 | 32.3 | 27.6 | 24.1 |
| 0.95 | 90.3 | 82.8 | 76.5 | 70.9 | 58.3 | 49.5 | 43.9 | 39.5 | 35.9 | 32.9 | 28.2 | 24.6 |
| 1.00 | 90.9 | 83.3 | 76.9 | 71.4 | 58.8 | 50.0 | 44.4 | 40.0 | 36.4 | 33.3 | 28.6 | 25.0 |
| 1.10 | 92.0 | 84.4 | 78.0 | 72.5 | 59.8 | 50.9 | 45.3 | 40.9 | 37.3 | 34.1 | 29.3 | 25.7 |
| 1.20 | 93.1 | 85.4 | 79.0 | 73.4 | 60.7 | 51.8 | 46.1 | 41.6 | 38.0 | 34.8 | 30.0 | 26.3 |
| 1.30 | 94.0 | 86.3 | 79.9 | 74.3 | 61.5 | 52.5 | 46.9 | 42.3 | 38.7 | 35.5 | 30.6 | 26.9 |
| 1.40 | 94.8 | 87.1 | 80.7 | 75.1 | 62.2 | 53.2 | 47.5 | 43.0 | 39.3 | 36.1 | 31.1 | 27.5 |
| 1.50 | 95.7 | 88.0 | 81.5 | 75.9 | 62.9 | 53.9 | 48.2 | 43.6 | 39.8 | 36.7 | 31.7 | 28.0 |
| 1.60 | 96.5 | 88.7 | 82.2 | 76.5 | 63.6 | 54.5 | 48.7 | 44.1 | 40.4 | 37.2 | 32.2 | 28.5 |
| 1.70 | 97.3 | 89.5 | 82.9 | 77.2 | 64.3 | 55.1 | 49.3 | 44.7 | 41.0 | 37.7 | 32.7 | 28.9 |
| 1.80 | 98.0 | 90.1 | 83.5 | 77.8 | 64.8 | 55.6 | 49.8 | 45.1 | 41.4 | 38.1 | 33.0 | 29.3 |
| 1.90 | 98.6 | 90.8 | 84.2 | 78.4 | 65.4 | 56.1 | 50.3 | 45.6 | 41.8 | 38.5 | 33.4 | 29.7 |
| 2.00 | 99.3 | 91.4 | 84.8 | 79.0 | 65.9 | 56.6 | 50.8 | 46.0 | 42.3 | 38.9 | 33.8 | 30.0 |
| 2.20 | 100.4 | 92.4 | 85.9 | 80.0 | 66.8 | 57.4 | 51.6 | 46.8 | 43.0 | 39.6 | 34.4 | 30.7 |
| 2.40 | 101.5 | 93.5 | 86.9 | 81.0 | 67.7 | 58.3 | 52.3 | 47.5 | 43.7 | 40.3 | 35.1 | 31.2 |
| 2.60 | 102.5 | 94.5 | 88.1 | 81.9 | 68.4 | 59.0 | 53.0 | 48.2 | 44.2 | 40.9 | 35.6 | 31.7 |
| 2.80 | 103.5 | 95.3 | 88.7 | 82.6 | 69.1 | 59.7 | 53.6 | 48.7 | 44.8 | 41.4 | 36.1 | 32.2 |
| 3.00 | 104.4 | 96.2 | 89.4 | 83.4 | 69.8 | 60.3 | 54.2 | 49.3 | 45.3 | 41.9 | 36.6 | 32.5 |
| 3.20 | 105.2 | 96.9 | 90.1 | 84.1 | 70.4 | 60.8 | 54.6 | 49.7 | 45.7 | 42.3 | 36.9 | 32.9 |
| 3.40 | 106.0 | 97.6 | 90.8 | 84.8 | 71.0 | 61.3 | 55.1 | 50.1 | 46.1 | 42.6 | 37.2 | 33.2 |
| 3.60 | 106.7 | 98.3 | 91.5 | 85.4 | 71.5 | 61.7 | 55.5 | 50.5 | 46.4 | 43.0 | 37.5 | 33.5 |
| 3.80 | 107.4 | 99.0 | 92.0 | 85.9 | 72.0 | 62.1 | 55.8 | 50.8 | 46.8 | 43.3 | 37.8 | 33.7 |
| 4.00 | 108.1 | 99.6 | 92.7 | 86.5 | 72.5 | 62.5 | 56.2 | 51.2 | 47.1 | 43.6 | 38.1 | 33.9 |
| 4.20 | 108.7 | 100.1 | 93.2 | 86.9 | 72.8 | 62.9 | 56.5 | 51.4 | 47.3 | 43.8 | 38.3 | 34.1 |
| 4.40 | 109.2 | 100.6 | 93.6 | 87.4 | 73.2 | 63.2 | 56.8 | 51.6 | 47.5 | 44.0 | 38.4 | 34.3 |
| 4.60 | 109.8 | 101.0 | 94.2 | 87.8 | 73.5 | 63.6 | 57.0 | 51.8 | 47.8 | 44.2 | 38.6 | 34.4 |
| 4.80 | 110.4 | 101.5 | 94.6 | 88.3 | 73.9 | 63.9 | 57.3 | 52.1 | 48.0 | 44.4 | 38.7 | 34.5 |
| 5.00 | 111.0 | 102.0 | 95.0 | 88.7 | 74.2 | 64.1 | 57.6 | 52.4 | 48.2 | 44.6 | 38.9 | 34.6 |

# 附录 3　梯形渠道水力计算图解 a

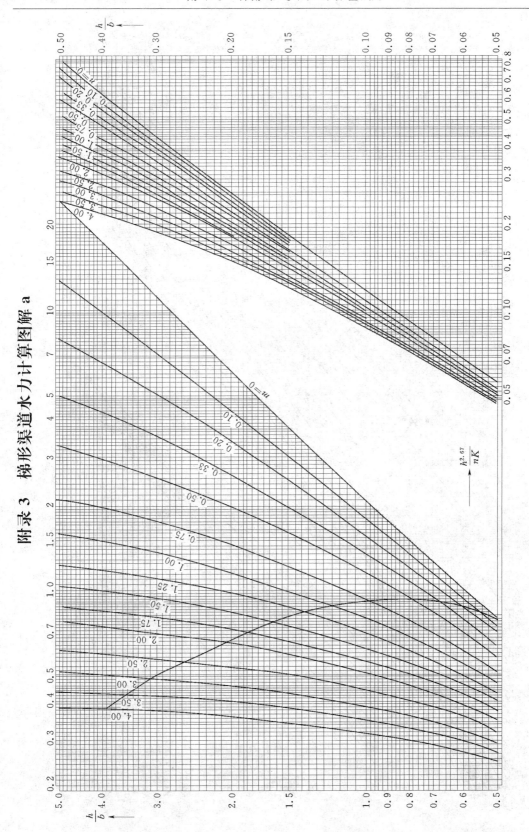

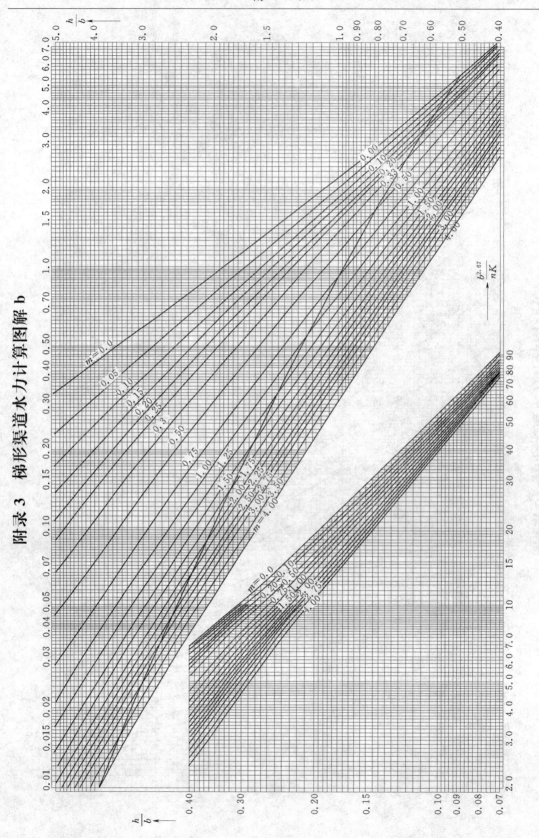

附表 3　梯形渠道水力计算图解 b

# 参 考 文 献

[1] 齐清兰. 水力学 [M]. 北京：中国铁道出版社，2008.
[2] 齐清兰. 水力学 [M]. 北京：中国水利水电出版社，1998.
[3] 齐清兰. 水力学学习指导及考试指南 [M]. 北京：中国计量出版社，2000.
[4] 西南交通大学水力学教研室. 水力学 [M]. 北京：高等教育出版社，1983.
[5] 郑文康，刘翰湘. 水力学 [M]. 北京：水利电力出版社，1991.
[6] 吴持恭. 水力学 [M]. 北京：高等教育出版社，1982.
[7] 周善生. 水力学 [M]. 北京：人民教育出版社，1980.
[8] 西南交通大学，哈尔滨建工学院. 水力学 [M]. 北京：人民教育出版社，1979.
[9] 大连工学院水力学教研室. 水力解题指导及习题集 [M]. 北京：高等教育出版社，1984.
[10] 杨凌真. 水力学难题分析 [M]. 北京：高等教育出版社，1987.
[11] 李大美，杨小亭. 水力学 [M]. 武汉：武汉大学出版社，2004.
[12] 吴祯祥，杨玲霞. 水力学 [M]. 郑州：气象出版社，1994.
[13] 黄儒钦. 水力学教程 [M]. 第 2 版. 成都：西南交通大学出版社，1998.
[14] 毛根海. 应用流体力学 [M]. 北京：高等教育出版社，2006.
[15] 林成森. 数值计算方法 [M]. 北京：科学出版社，2005.
[16] Gerald Recktenwald. 数值方法和 MATLAB 实现与应用 [M]. 北京：机械工业出版社，2004.
[17] 蔡增基，龙天渝. 流体力学泵与风机 [M]. 北京：中国建筑工业出版社，2003.
[18] 莫乃榕，槐文信. 流体力学、水力学题解 [M]. 武昌：华中科技大学出版社，2002.